Future Talents

Marcel Rütten · Kristina Bierer
(Hrsg.)

Future Talents

Personalgewinnung und Bindung von Praktikanten und Studierenden

Springer Gabler

Hrsg.
Marcel Rütten
HR4Good
Duisburg, Nordrhein-Westfalen, Deutschland

Kristina Bierer
CLEVIS GmbH
München, Bayern, Deutschland

ISBN 978-3-658-33022-4 ISBN 978-3-658-33023-1 (eBook)
https://doi.org/10.1007/978-3-658-33023-1

Die Deutsche Nationalbibliothek verzeichnet diese Publikation in der Deutschen Nationalbibliografie; detaillierte bibliografische Daten sind im Internet über http://dnb.d-nb.de abrufbar.

Planung/Lektorat: Stefanie Winter
Springer Gabler ist ein Imprint der eingetragenen Gesellschaft Springer Fachmedien Wiesbaden GmbH und ist ein Teil von Springer Nature.
Die Anschrift der Gesellschaft ist: Abraham-Lincoln-Str. 46, 65189 Wiesbaden, Germany

Geleitwort

Exzellente Bildung ist der Garant für Erfolg im 21. Jahrhundert. Als Sprecher für Innovation, Bildung und Forschung meiner Fraktion (und zuvor mehr als 40 Jahre in der Wirtschaft) setze ich mich auch im Bundestag dafür ein, dass Unternehmen in Deutschland auch in Zukunft noch Spitzentalente für sich gewinnen können. Der Weg dorthin führt allerdings nur über Individualisierung der Talentpolitik und Freiraum für Ideen, Experimentieren und Handeln. Das bedeutet für Unternehmen, dass sie ihren Spitzentalenten zum Beispiel über freiheitliche Praktika Raum bieten müssen, um gerade in Zeiten digitaler Transformation, disruptiver Geschäftsmodelle, aber auch globaler Pandemien erfolgreich zu sein oder zu bleiben. Dieser Raum ist kein Raum zum Schmökern, sondern die Chance, den Himalaya zu erklimmen. Spitzentalent schält sich im freien Raum bestens heraus. Doch dann muss es entdeckt werden. Future Talents sind zudem ein Stück weit Anthropologen, Beobachter, Erkunder der Insel, auf der sie vielleicht einmal landen wollen und werden. Das Besondere an ihnen ist jedoch, dass sie nicht eingebürgert sind und dadurch die komplett freie Wahl haben, wofür sie sich zukünftig entscheiden wollen. Doch dann muss man alle Sinne für die Signale der Future Talents aktivieren.

Während etablierte Wirtschaftsunternehmen oft traditionelle Talenttugenden und lineare Karrierepfade favorisieren, brauchen die für das Land so nötigen Transformations- und Innovationsunternehmen talentierte Querdenker, die unkonventionelle, auch bunte Karrierewege ausprobieren. Unternehmen, die selbstsouveräne, hierarchiearme und agile Arbeit ermöglichen, gewinnen genau die Talente, die dann Treiber für geschäftlichen Erfolg werden. Talentmanagement muss daher mehr sein, als nur nach außen hin die Marke mit Employer Branding aufzupolieren. Unternehmen müssen ihre Praktikanten und Werkstudenten viel ernster nehmen, denn sie sind die besten Frühwarnsysteme. Praktikanten haben eingebaute Sensoren und ein Frühwarnradar, wie ein Unternehmen in seiner Talent-, Führungs- und Arbeitskultur tickt. Gerade weil sie noch nicht Teil des Systems sind, durchschauen sie leichter, ob von Werten moderner Arbeitswelt und Freiheit nur gesprochen wird, oder diese auch tatsächlich im Unternehmen gelebt werden. Ich habe schon vor 22 Jahren bei Lufthansa ein 360°-Feedback der Lufthansa Future Generations an die Geschäftsführung eingeführt.

Jungen Generationen wird häufig nachgesagt, sie seien verwöhnt, faul und wenig belastbar. Future Talents scheint ein ausgewogenes Verhältnis zwischen Arbeit und Freizeit tatsächlich wichtiger zu sein als Karriere. Leistungsorientierte ältere Generationen zeigen hierfür oft wenig Verständnis. Auf der anderen Seite können wir beobachten, dass wir heute eine Beschützerwelt an und eine Anspruchswelt von jungen Menschen haben, in der es schwer ist, eine innere Souveränität als UnternehmerInnen der eigenen Talente zu gewinnen. Das wiederum birgt Gefahren. Denn: Junge Menschen müssen ihre Belastungsgrenzen kennenlernen dürfen. Wer nie an die Grenzen geht, wird nie sein Potenzial kennenlernen. Work-Life-Balance darf nicht zur zähen Soße werden, die sich normativ über alle ergießt.

Praktika müssen elementarer Baustein unserer Philosophie sein, dass junge Menschen ihr Potenzial austesten können. Sie schaffen Probierräume für Spitzentalente und fördern gleichzeitig eine Talentkultur in der verschiedene Motivations- und Begabungslagen berücksichtigt werden können.

Doch das Praktikum als ein Puzzlestück in der beruflichen Bildung junger Menschen reicht allein nicht aus. Wir brauchen in Deutschland radikal neue Förderkonzepte für die neuen Fähigkeiten, die eine digitalisierte und kollaborative Netzwerk-Ökonomie einfordern. Gerade die Corona-Krise hat schmerzhaft offenbart, wie die bisherigen Plattformen für Bildung versagten. Future Skills im Spitzen-, Leistungs- und Breitensport der neuen Ökonomie und ihres unternehmerischen (Wieder-) Aufbaus sind nötig. Viele Unternehmen haben hier noch Hausaufgaben vor sich.

München, Deutschland
November 2020

Dr. rer. pol. hc. Thomas Sattelberger, MdB

Inhaltsverzeichnis

1 Einleitung . . . 1
Marcel Rütten und Kristina Bierer
1.1 Motivation für dieses Buch . . . 1
1.2 Warum das Thema Praktikanten und Future Talents relevant ist . . . 2
1.3 Worum es in diesem Buch geht . . . 3

2 Beschäftigungsarten für Future Talents . . . 7
Marcel Rütten
2.1 Einleitung . . . 7
2.2 Rechtliche Rahmenbedingen . . . 8
2.2.1 Praktikantenstatus . . . 8
2.2.2 Urlaub und Krankheit . . . 8
2.2.3 Vergütung . . . 9
2.2.4 Praktikumsvertrag . . . 9
2.2.5 Praktikumszeugnis . . . 10
2.2.6 Sozialversicherung . . . 11
2.3 Praktikumsarten . . . 11
2.3.1 Schülerpraktika . . . 11
2.3.1.1 Pflichtpraktikum in der Schulzeit . . . 12
2.3.1.2 Berufsorientierendes/freiwilliges Schülerpraktikum . . . 13
2.3.1.3 Fachpraktikum . . . 13
2.3.1.4 Fachoberschul-/Berufsbildendes Praktikum . . . 14
2.3.1.5 Girls'Day/Boys'Day . . . 14
2.3.1.6 Praktikum zum Erwerb der Fachhochschulreife . . . 15
2.3.1.7 Einstiegsqualifizierungen (EQ) . . . 16
2.3.2 Studentische Praktika . . . 16
2.3.2.1 Vorgeschriebenes Vor- oder Nachpraktikum . . . 16
2.3.2.2 Freiwilliges studentisches Praktikum . . . 17

2.3.2.3 Fachpraktikum/Zwischenpraktikum/ Pflichtpraktikum ... 18
2.3.2.4 Berufspraktisches Semester ... 18
2.3.2.5 Abschlussarbeiten im Unternehmen ... 19
2.3.3 Werkstudent:innen ... 20
2.3.4 Volontariat ... 21
2.3.5 Praktika für ausländische Studierende ... 22
2.3.6 Praktika für Geflüchtete ... 23
Literatur ... 24

3 Ergebnisse der Studie „Future Talents Report“ ... 27
Kristina Bierer
3.1 Überblick zu Arbeitgeberrankings, -wettbewerben und Bewertungsportale ... 27
3.2 Konzept des Future Talents Reports ... 28
3.3 Was und wie sich das Praktikum verändert hat ... 30
3.4 Gehalt und Arbeitszeit ... 32
3.5 Gründe für ein Praktikum und einen Arbeitgeber ... 35
3.6 Was Future Talents wichtig ist ... 37
3.6.1 Lernen ... 39
3.6.2 Führung ... 39
3.6.3 Aufgabengestaltung ... 40
Literatur ... 42

4 Ja, was erwarten sie denn – die Studierenden von ihrem Praktikum? ... 43
Peter M. Wald
4.1 Einführung und derzeitige Situation ... 43
4.2 Erwartungen der Hochschulen und Unternehmen ... 45
4.3 Erwartungen der Studierenden ... 46
Literatur ... 53

5 Praktikantenprogramme als strategische und nachhaltige Rekrutierungskanäle ... 55
Marcel Rütten
5.1 Einleitung ... 56
5.2 Praktika in Deutschland ... 56
5.2.1 Praktikumsarten ... 57
5.2.2 Marktsituation ... 57
5.3 Faktoren eines erfolgreichen Praktikantenprogramms ... 58
5.3.1 Aufgabengestaltung ... 58
5.3.2 Lernen ... 59
5.3.3 Feedback ... 59
5.3.4 Teamklima ... 60

5.3.5 Arbeitszeit . . . 60
5.3.6 Führung und Betreuung . . . 61
5.3.7 Vergütung . . . 62
5.4 Der „Intern Life Cycle“ . . . 62
5.4.1 Orientation & Attraction . . . 63
5.4.2 Recruiting . . . 64
5.4.3 Onboarding . . . 64
5.4.4 Development . . . 65
5.4.5 Retention . . . 65
5.4.6 Rehiring . . . 66
Literatur . . . 67

6 Praktikumsangebote in DAX- und MDAX-Unternehmen . . . 69
Kristina Bierer
6.1 Allgemeine Fakten zu Praktika in Deutschland . . . 69
6.2 Karriereseiten von DAX und MDAX . . . 70
6.2.1 Der Bewerbungsprozess . . . 71
6.2.2 Wer darf sich bewerben . . . 72
6.2.3 Die Rahmenbedingungen Gehalt, Arbeitszeit und Dauer . . . 72
Literatur . . . 75

7 Wie ticken Studierende bei der Suche nach Praktika und Werksstudentenjobs? . . . 77
Annina Hering
7.1 Einleitung: Was uns Daten über das Suchverhalten erzählen . . . 78
7.2 Daten und Methodik . . . 79
7.2.1 Datenbasis . . . 79
7.2.2 Methodik . . . 80
7.3 Die Suche nach Studentenjobs und Praktika: Gemeinsamkeiten und Unterschiede . . . 82
7.3.1 Saisonalität . . . 82
7.3.2 Die Suchabfrage . . . 83
7.3.3 Praxistipps für Unternehmen: Der richtige Zeitpunkt für Ausschreibungen und Stellen clever ausschreiben . . . 87
7.4 Mobilität bei Studentenjob und Praktikum . . . 88
7.4.1 Generelle Relevanz des Ortes bei der Suche . . . 89
7.4.2 Welche Angebote werden angeklickt? Vor Ort oder doch etwas weiter weg? . . . 90
7.4.3 Internationale Student:innen . . . 92
7.4.4 Praxistipps für Unternehmen: Nachwuchsfachkräfte frühzeitig gewinnen . . . 94

7.5 Hotspots für Praktika: Hippe Städte ... 94
7.5.1 Alle wollen nach Berlin ... 94
7.5.2 Praxistipps für Unternehmen: Die Rolle des Standorts ... 96
7.6 Bedeutung für den Arbeitsmarkt und 5 Empfehlungen für Unternehmen ... 97
Literatur ... 98

8 Die Generation Bewertung ... 101
Sascha Theisen und Manfred Böcker
8.1 Die gestiegene Bedeutung von Arbeitgeberbewertungsportalen ... 101
8.2 Future Talents auf Deutschlands größter Arbeitgeberbewertungsplattform ... 103
8.3 Handlungsempfehlung ... 106

9 Hochschulmarketing als nachhaltige Methode zur Gewinnung junger Talente ... 109
Tim Verhoeven
9.1 Intro ... 110
9.2 Was ist Hochschulmarketing? ... 110
9.2.1 Definition Hochschulmarketing ... 110
9.2.2 Hochschulmarketing als Teil eines Recruiting-Mix ... 112
9.2.3 Hochschulmarketing und Candidate Experience ... 113
9.2.4 Hochschulmarketing im Zwang zur Digitalisierung ... 114
9.3 Die Auswahl der richtigen Hochschule ... 116
9.4 Warum rückte Hochschulmarketing immer mehr in den Fokus? ... 118
9.5 Was macht erfolgreiches Hochschulmarketing aus? ... 120
9.5.1 Persönlicher Kontakt ... 120
9.5.2 Individueller Auftritt ... 120
9.5.3 Mehrwert ermöglichen ... 122
9.5.4 Konsistenz ... 122
9.5.5 Professionalität ... 123
9.5.5.1 Briefing ... 123
9.5.5.2 Logistik ... 124
9.5.5.3 Nachbereitung ... 125
9.6 Exkurs: Hochschulmarketing und Messbarkeit ... 126
9.6.1 Analoge Möglichkeiten ... 126
9.6.1.1 Kontaktbögen ... 127
9.6.1.2 Visitenkarten ... 127
9.6.1.3 Counter ... 128
9.6.1.4 Give-Away Verbrauch ... 128
9.6.1.5 Gewinnspiel ... 128

9.6.2 Digitale Möglichkeiten . . . 129
9.6.2.1 Landingpages . . . 129
9.6.2.2 Newsletter-Anmeldung . . . 129
9.6.2.3 Live-Registrierung . . . 130
9.6.2.4 Automatisierter Abgleich . . . 130
Literatur . . . 131

10 Online-Assessment . . . 133
Joachim Diercks
10.1 Deutlich gestiegene Bedeutung des Themas Online-Assessment . . . 134
10.1.1 Gründe für den aktuellen Boom beim Online-Assessment . . . 135
10.2 Der wichtige Zusammenhang von Selbst- und Fremdselektion – und was das mit Online-Assessment zu tun hat . . . 136
10.3 Self-Assessment: Online-Assessment zur Verbesserung der Selbstauswahl in Form von Selbsttests und Matching-Tools . . . 138
10.3.1 (Unternehmens-)Kulturelle Passung oder auch „Cultural Fit“ . . . 138
10.3.2 Berufliche Orientierung . . . 139
10.3.3 Berufsorientierungsspiele („Recruiting Games“) . . . 141
10.4 Online-Assessment: Webbasierte Auswahltests als Instrument der Bewerbervorauswahl . . . 141
10.4.1 Was wird im Rahmen von Online-Tests gemessen? . . . 143
10.4.2 Nutzen von Online-Assessments – auf Unternehmens- und auf Kandidatenseite . . . 144
10.4.2.1 Verbesserung der Auswahlqualität . . . 144
10.4.2.2 Kosteneinsparungen und kürzere Dauer der Bewerbungsprozesse . . . 145
10.4.2.3 Komfort für Bewerber und Akzeptanz . . . 146
10.4.3 Online-Assessment im Recrutainment-Format . . . 146
10.4.3.1 Online-Assessments sind Tests, keine Spiele . . . 148
10.4.3.2 Für welche Zielgruppen werden Online-Assessments eingesetzt? Und ist das nur etwas für große Unternehmen? . . . 149
10.5 Von Online-Assessment zu Recruiting Analytics, Data Driven Recruiting und People Analytics . . . 150
Literatur . . . 152

11 Talent wird überschätzt – worauf es stattdessen ankommt . . . 155
Stefan Kermas
11.1 Hintergrund . . . 155
11.2 Talent wird überschätzt . . . 156
11.2.1 Talente kommen und gehen . . . 157
11.2.2 Talent zeigt sich immer nur in der konkreten Herausforderung . . . 158
11.2.3 Talent ist zeitlos . . . 158

11.3 Talententwicklung im Deutschen Hockey-Bund 159
11.3.1 Sichtung („Recruiting“) 159
11.3.2 Entwicklung und Entfaltung 160
11.3.3 Der OSP Trainer als „begleitender Coach“ 160
11.4 Ableitungen für eine wirksame Personalentwicklung 161
11.4.1 Wieviel denkt HR im Heute, Morgen und Übermorgen?. 161
11.4.2 Werden theoretisches Trainingswissen oder praktische Skills gefördert? 162
Literatur. 163

12 Gesellschaftliche Veränderungen und was es für die Arbeit mit der Gen Z bedeutet 165
Kristina Bierer
12.1 Die Arbeitswelt verändert sich. 165
12.2 Rückblick über die Generationen. 166
12.3 Klischees über die Gen Z und was an ihnen dran ist 168
12.4 Leadership – The Road to Success 169
Literatur. 170

13 FutureCamp – Nachwuchskräfte gestalten die Zukunft Münchens 171
Stefan Döring
13.1 Wem gehört die Zukunft? 172
13.2 Keine Tagesordnung, ein Thema, unzählige Ideen 173
13.3 Die Challenge. 174
13.3.1 Digitalisierung der Verwaltung 174
13.3.2 New Work im öffentlichen Dienst 175
13.3.3 Arbeitgeberattraktivität 177
13.4 Wir! 177
13.4.1 Von Nachwuchskräften, für Nachwuchskräfte. 178
13.4.2 New Work erleben 178
13.4.3 Vernetzen, Binden, Machen lassen 179
13.5 Organisationskultur auf dem Prüfstand 179
13.5.1 Ja, wir meinen das Ernst! 180
13.5.2 Wenn Personalmarketing auf Realität trifft 180
13.5.3 New Work ja, aber! 181
13.5.4 Verantwortung übernehmen! 182
13.5.5 Was uns besonders wichtig ist 182
13.6 Die Ergebnisse zum Leben erwecken 184
13.6.1 Präsentation im Stadtrat. 184
13.6.2 WILLI – die digitale Austauschplattform für Nachwuchskräfte 184
13.6.3 Laptops statt PC. 185
13.7 Fazit – Wie es weiter geht 185
Literatur. 186

14 Future Talents – Gewinnung und Bindung von Praktikanten bei Dr. Oetker 189
Niklas Rohde und Mareen Lange
14.1 Das Unternehmen 190
14.2 Was macht die Arbeit bei Dr. Oetker besonders? – Werte und Kultur 191
14.3 Das Praktikantenprogramm bei Dr. Oetker Deutschland 192
14.4 Die Candidate Journey 194
14.4.1 Employer Branding 194
14.4.2 Hochschulmarketing 195
14.4.3 Social Media Kanäle 196
14.5 Der Rekrutierungsprozess 196
14.5.1 Online-Bewerbung 196
14.5.2 Vorstellungsgespräch 196
14.6 Die Zeit im Unternehmen 197
14.6.1 Onboarding 197
14.6.2 Eigenverantwortlichkeit von Praktikanten stärken 198
14.6.3 Feedbackkultur 199
14.6.4 Benefits 199
14.6.5 Events 200
14.6.6 Offboarding und künftige Möglichkeiten der Zusammenarbeit 200
14.7 Die Oetker-Gruppe 201

15 Der selbstbestimmte Praktikant 205
Kim Zöllner und Cecile Friedrichs
15.1 Einleitung 206
15.1.1 Welche Vorteile bringt ein gelungenes Praktikumsprogramm? 206
15.1.2 Hintergrundinformation 206
15.2 Theoretische Grundlage: Die Selbstbestimmungstheorie 207
15.3 Das Praktikum als intrinsisch motivierte Tätigkeit 209
15.4 Anwendung der Selbstbestimmungstheorie für ein erfolgreiches Praktikumskonzept 211
15.5 Kompetenzerleben im Praktikum 212
15.5.1 Vor dem Praktikum 212
15.5.2 Während des Praktikums 213
15.5.3 Nach dem Praktikum 216
15.6 Autonomie im Praktikum 216
15.6.1 Vor dem Praktikum 216
15.6.2 Während des Praktikums 217
15.6.3 Nach dem Praktikum 218
15.7 Soziale Eingebundenheit als Praktikant 218

15.7.1 Vor dem Praktikum . . . 218
15.7.2 Während des Praktikums . . . 220
15.7.3 Nach dem Praktikum . . . 220
Literatur . . . 221

16 Wie Career Services in Deutschland für die Employability von Future Talents sorgen . . . 225
Marcel Rütten
16.1 Career Services in Deutschland . . . 225
16.2 Aufgabe und Ziele . . . 226
16.2.1 Information und Beratung . . . 226
16.2.2 Praxisbezug in Lehrveranstaltungen . . . 227
16.2.3 Kontakt zwischen Hochschulen und Arbeitgebern . . . 228
Literatur . . . 230

17 Herausforderungen und Chancen bei der Vermittlung internationaler Praktikanten . . . 231
Eva Wittenzellner und Torben Dreusicke
17.1 Einleitung . . . 232
17.2 AIESEC – die internationale Studierendenorganisation zur Vermittlung von Auslandsaufenthalten . . . 233
17.2.1 AIESEC Global . . . 233
17.2.2 AIESEC Deutschland . . . 235
17.3 Das AIESEC Global Talent Programm . . . 236
17.3.1 Rekrutierungsprozess . . . 237
17.3.2 Voraussetzungen . . . 237
17.4 Beispiele zur Rekrutierung internationaler Praktikanten . . . 238
17.4.1 Internationale Praktikanten zur Erhöhung der Diversität . . . 238
17.4.2 Internationalisierung der Belegschaft mit ausländischen Praktikanten . . . 240
17.5 Herausforderung bei der Rekrutierung internationaler Praktikanten . . . 241
17.5.1 Youth Global Employability Report . . . 241
17.5.2 Hauptgründe gegen eine bisherige Einstellung von Praktikanten . . . 242
17.6 Einflüsse von internationalen Praktika . . . 244
Literatur . . . 246

18 Interessante weiterführende Quellen zum Thema . . . 249
Marcel Rütten und Kristina Bierer
18.1 Arbeitshilfen . . . 249
18.2 Auslandspraktika und Freiwilligendienste . . . 250
18.3 Jobbörsen . . . 251
18.4 Blogs . . . 251
18.5 Veranstaltungen . . . 252

Über die Herausgeber

Marcel Rütten ist seit über einem Jahrzehnt im Personalmanagement tätig und verantwortet seit 2020 als Global Director Talent Acquisition & Employer Branding bei PACCOR die Personalgewinnung des international ausgerichteten Konzerns. Zuvor konnte er bereits vielseitige Erfahrungen in verschiedenen Unternehmen vom Global Player bis zur NGO sammeln und hat durch seine Arbeit das Recruiting, Personalmarketing und Employer Branding in Deutschland über viele Jahre mitgeprägt. In seinem Blog HR4Good schreibt er über Ideen, Innovationen und Trends im Personalmanagement. Seine Konzepte im HR-Bereich wurden bereits mehrfach ausgezeichnet.

Kristina Bierer ist seit 2010 bei der CLEVIS GmbH tätig und vom ersten Tag an für das Thema Future Talents zuständig. In den vergangenen zehn Jahren hat sie den Future Talents Report zur größten, regelmäßigen Befragung zu allen Themen rund um die Nachwuchskräfte der nächsten Generationen aufgebaut und kennt wie wenig andere die Zielgruppe, die sie als Game Changer im Fokus der Digitalisierung beschreibt. Als Projektleiterin und Partnerin bei der CLEVIS GmbH leitet sie außerdem erfolgreich Projekte rund um die Digitalisierung und Transformation von zukunftsfähigen HR-Prozessen und betreut Kunden verschiedenster Branchen und Größen von der Konzeption bis zur Umsetzung.

Abbildungsverzeichnis

Abb. 3.1 Schema des Future Talents Report 29
Abb. 3.2 Entwicklung der Praktikumsvergütung seit 2010. 31
Abb. 3.3 Durchschnittsgehalt und Zufriedenheit mit Gehalt nach Branchen 32
Abb. 3.4 Überstunden differenziert nach Branchen 33
Abb. 3.5 Home-Office differenziert nach Branchen 34
Abb. 3.6 Gründe für ein Praktikum. 35
Abb. 3.7 Entscheidungsgründe für einen Arbeitgeber 36
Abb. 3.8 Einflussfaktoren auf die Arbeitszufriedenheit 2018 38
Abb. 3.9 Zufriedenheit mit den Einflussfaktoren 2018. 38
Abb. 7.1 Saisonalität bei der Suche nach Praktika und Studentenjobs. Verteilung der Suchanfragen nach Praktika und Studentenjobs auf Indeed über das Jahr, Durchschnittswerte aus 2018/2019, Quelle: Indeed 82
Abb. 7.2 Häufigste Stichworte bei der Suche nach einem Praktikum, Suchanfragen auf Indeed vom 01. August 2019 bis zum 31. Juli 2020, Quelle: Indeed 85
Abb. 7.3 Häufigste Stichworte bei der Suche nach einem Studentenjob, Suchanfragen auf Indeed vom 01. August 2019 bis zum 31. Juli 2020, Quelle: Indeed 86
Abb. 9.1 Einordnung des Hochschulmarketings in eine Recruiting Strategie 113
Abb. 10.1 Kulturmatcher. 138
Abb. 10.2 BVG-Ausbildungsmatcher 140
Abb. 10.3 Allianz Online Campus – Testitem. 144
Abb. 10.4 Collage aus verschiedenen Online-Assessments 147
Abb. 13.1 Teilnehmende auf dem FutureCamp 2018 183
Abb. 14.1 Die Standorte von Dr. Oetker 193
Abb. 17.1 Führungskräfteentwicklungsmodell von AIESEC 233
Abb. 17.2 Organigramm von AIESEC International. 234

Tabellenverzeichnis

Tab. 2.1 Übersicht Mindestlohn ... 10
Tab. 3.1 Struktur des Future Talents Fragebogens ... 30
Tab. 6.1 Transparenz auf den Karriereseiten von MDAX- und DAX-Unternehmen ... 73
Tab. 7.1 Anteil von Klicks auf Stellenausschreibungen für Praktika und Studentenjobs auf Indeed innerhalb der Hochschulstadt ... 90
Tab. 7.2 Anteil von Klicks auf Stellenausschreibungen für Praktika und Studentenjobs auf Indeed innerhalb des Hochschulbundeslandes ... 91
Tab. 7.3 Anteil an Klicks aus dem Ausland auf Stellenausschreibungen für Praktika und Studentenjobs auf Indeed ... 93
Tab. 7.4 Beliebte Städte bei der Suche nach Praktika. Anteil der Suchanfragen auf Indeed, die sich in die jeweilige Stadt richten ... 95
Tab. 8.1 Verteilung der Mittelwerte bei kununu-Bewertungen ... 102
Tab. 8.2 Durchschnittlicher kununu Score der DAX30 nach Bewerter-Gruppen ... 104
Tab. 8.3 Beantwortung von Feedback und Deutung durch die Bewerter ... 106
Tab. 9.1 Anzahl und Aufteilung der Hochschulen in Deutschland 2013–2020 ... 111
Tab. 9.2 Korrelation zwischen Zufriedenheit mit Kontaktpunkten und dem Candidate Net Promoter Score nach eigener Erhebung ... 114
Tab. 9.3 Anzahl Bezieher von Kurzarbeitergeld Mai-August 2020 im Vergleich zum Durchschnitt der Vorjahre ... 115
Tab. 9.4 Anzahl der offiziell gemeldeten Arbeitsstellen im Jahresdurchschnitt 2016–2020 ... 115
Tab. 12.1 Die Generationen seit den 1920er Jahren ... 167

1 Einleitung

Marcel Rütten und Kristina Bierer

Inhaltsverzeichnis

1.1 Motivation für dieses Buch 1
1.2 Warum das Thema Praktikanten und Future Talents relevant ist 2
1.3 Worum es in diesem Buch geht 3

1.1 Motivation für dieses Buch

Die Herausgeber Marcel Rütten und Kristina Bierer kennen sich bereits seit 2013 und beschäftigen sich seit vielen, vielen Jahren mit den Themen Praktikum und Praktikant:innen – jedoch aus unterschiedlichen Perspektiven.

Ab dem ersten Tag als Praktikantin bei der HR-Unternehmensberatung CLEVIS entwickelt und begleitet Kristina Bierer den CLEVIS Praktikantenspiegel. Dieser wurde vor dem Hintergrund initiiert, dass Kunden der Unternehmensberatung intern sehr gutes Feedback von ihren Praktikant:innen bekommen, extern aber in den gängigen Rankings im Employer Branding auf den hinteren Plätzen landen. Aufgrund des positiven Feedbacks von Teilnehmer:innen, Unternehmen und Presse wurde die heute als Future Talents Report bekannte Studie fester Bestandteil des CLEVIS-Repertoires. Besonders im Jahr 2015 hat das Thema Praktikum bundesweit für Schlagzeilen gesorgt,

M. Rütten (✉)
HR4Good, Duisburg, Deutschland
E-Mail: marcel.ruetten@icloud.com

K. Bierer
CLEVIS GmbH, München, Deutschland
E-Mail: k.bierer@clevis.de

M. Rütten und K. Bierer (Hrsg.), *Future Talents*,
https://doi.org/10.1007/978-3-658-33023-1_1

da in diesem Jahr durch die schwarz-rote Regierung der Mindestlohn eingeführt wurde. Die Studie selbst hat von Jahr zu Jahr immer mehr an Bedeutung gewonnen und zählt mittlerweile 60.000 Teilnehmer:innen. Diese Datenbasis ermöglicht es, die Attraktivität von Arbeitgebern zu analysieren und zu bewerten. Sie legt außerdem offen, was Praktikant:innen der Gen Y und Gen Z antreibt und motiviert.

Marcel Rütten hat selbst nie ein studentisches Praktikum machen dürfen. Umso mehr hat ihn die Arbeit mit jungen Talenten im Rahmen seiner beruflichen Laufbahn im Personalmanagement begeistert. Konkret wurde es dann 2013: In seiner Funktion als HR Manager der Kindernothilfe stand er vor der Frage, wie er die strategische Personalgewinnung der Non-Profit-Organisation mit einem schmalen Budget aufstellen soll. Einer der wesentlichen Faktoren seiner Strategie war das Praktikantenprogramm, dass er zu dem wichtigsten Kanal im Recruiting-Mix gestaltet hat. Mit Erfolg: Durch innovative Methoden im Personalmarketing und eine einzigartige Arbeitgebermarke hat er die Kindernothilfe zu einem der attraktivsten Praktikumsgeber in Deutschland geformt. Doch auch in seinen beruflichen Stationen danach, spielt die Gewinnung und Bindung von qualifiziertem Nachwuchs bei der Gestaltung der Recruitingstrategie immer eine außerordentliche Rolle. Darüber hinaus findet das Thema seit Jahren regelmäßig Beachtung in seinem Blog HR4Good.

Beide haben sich somit über die letzten Jahre intensiv mit der Zielgruppe der Praktikant:innen und Studierenden beschäftigt. Bei einer gemeinsamen Veranstaltung haben sie festgestellt, dass es in Deutschland bis dato noch kein Fachbuch gibt, dass sich explizit dem Thema „Praktikantenprogramme in Unternehmen" widmet. Etwas ungewöhnlich – schließlich rufen doch nahezu alle Arbeitgeber den Fachkräftemangel aus. Es ist aber nur ein weiteres Indiz dafür, dass die Zielgruppe der zukünftigen Absolvent:innen bisweilen unterschätzt wird. Also „Here we are" – mit dem ersten Buch in Deutschland zum Thema Personalgewinnung und Bindung von Praktikant:innen und Studierenden.

1.2 Warum das Thema Praktikanten und Future Talents relevant ist

Das Recruiting von Absolvent:innen unterliegt in den allermeisten Branchen in Deutschland einem starken Wettbewerb. Gründe dafür sind vor allem die demografische Entwicklung in Deutschland sowie eine immer größere Zahl von Engpassberufen, die schnell zum Schreckgespenst Fachkräftemangel führen. Unternehmen, die die Zeichen der Zeit früh genug erkannt haben, versuchen bereits einen Schritt früher anzusetzen und dem Wettbewerb um gut ausgebildete Absolvent:innen auszuweichen, indem sie sich bereits früh um Praktikant:innen bemühen. Schließlich sind die Praktikant:innen von heute die Absolvent:innen von morgen und die Fach- und Führungskräfte von übermorgen.

Praktika bieten Unternehmen eine exzellente Möglichkeit, Nachwuchskräfte erst einmal kennenzulernen, sie nachhaltig zu entwickeln und im besten Fall langfristig an das Unternehmen zu binden. Die Verbindung von theoretischem Fachwissen und praxisnaher Erfahrung kann ein Gewinn für alle Beteiligten sein. Studierende können ihr theoretisches Wissen aus dem Studiengang in der Praxis einbringen und lernen eine für sie neue Branche oder ein neues Berufsfeld kennen. Arbeitgeber wiederum erhalten neues Wissen von Praktikant:innen, lernen ihre Future Talents direkt im Arbeitsalltag kennen und haben einen direkten Einfluss auf ihre Entwicklung. Mit gelungenen Praktikantenprogrammen und ideenreichen Talent Relationship-Maßnahmen können diese im Anschluss an das Praktikum an das Unternehmen gebunden werden. Das Praktikum ist also ein erstklassiges Instrument für Unternehmen und insbesondere HR-Abteilungen, um den zukünftigen Herausforderungen in der Personalgewinnung und Bindung gewappnet zu sein.

1.3 Worum es in diesem Buch geht

Das Buch ist bewusst als Herausgeberwerk konzipiert, um unterschiedlichste Blickwinkel auf das Thema Praktikum zu zeigen. Doch bevor Sie sich als Leser:in auf innovative Konzepte und kreative Lösungsansätze freuen können, beginnt Marcel Rütten damit, unterschiedliche Beschäftigungsarten für Future Talents zu identifizieren (Kap. 2) und die Unterschiede bei den Zielgruppen sowie rechtlichen Rahmenbedingungen für Arbeitgeber aufzuzeigen. Im darauffolgenden Beitrag stellt Kristina Bierer die Ergebnisse des Future Talent Reports (Kap. 3) vor und zeigt eine Menge Insights, wie die Zielgruppe Praktikant:innen und Studierende tickt und was ihnen wichtig ist. Darüber hinaus teilt sie ihre Beobachtung, wie sich das Praktikum in den letzten Jahren verändert hat. Peter Wald beschäftigt sich ebenfalls mit den Erwartungen der Studierenden an ihr Praktikum (Kap. 4). Doch er tut dies weniger aus der Perspektive eines Studienleiters, sondern vielmehr aus der Sicht eines Hochschulprofessors mit etwa zwanzig Jahren Erfahrung. Außerdem beantwortet er aus seiner Sicht die Frage, welche Erwartungen Hochschulen und Unternehmen an das Praktikum und die Studierenden haben.

Nachdem Sie als Leser:in nun einen ersten Einblick von der Zielgruppe haben, erfahren Sie im nächsten Beitrag von Marcel Rütten, wie Unternehmen aus Praktikantenprogrammen strategische und nachhaltige Rekrutierungskanäle machen können (Kap. 5). Dabei zeigt er auf, welche Faktoren einen Einfluss auf ein erfolgreiches Praktikantenprogramm haben und welche Phasen Praktikant:innen idealerweise während des Intern-Life-Cycles durchlaufen. Doch wie steht es überhaupt um Praktikantenprogramme in der Unternehmenspraxis? Kristina Bierer hat das Praktikumsangebot deutscher DAX- und MDAX-Unternehmen untersucht (Kap. 6) und zeigt im nächsten Beitrag die Ergebnisse ihrer Erhebung. Annina Hering, Arbeitsmarktexpertin bei Indeed, hat in ihrem Beitrag ebenfalls Studierende untersucht, die sich gerade in einer Orientierungsphase befinden. Das ganze allerdings aus einem anderen Blickwinkel. Sie zeigt, was die

Daten in der Jobsuche von Indeed über das Suchverhalten der Future Talents aussagen (Kap. 7). Sascha Theisen und Manfred Böcker, die sich bereits für die Studie „Club der Gleichen“ verantwortlich zeichneten, zeigen in ihrem Beitrag, wie wichtig bereits Arbeitgeberbewertungen für die junge Generation sind. Sie untersuchen das Bewertungsverhalten der Future Talents auf Arbeitgeberbewertungsplattformen (Kap. 8) und geben Handlungsempfehlungen, wie Arbeitgeber diese für sich nutzen können. Anschließend zeigt Tim Verhoeven, ausgewiesener Experte im Recruiting, wie Unternehmen ein professionelles Hochschulmarketing aufsetzen (Kap. 9) und was es dabei zu beachten gibt. Dabei hat er viele leichtverdauliche Tipps aus seiner Praxis im Gepäck, die sich für Interessierte einfach und schnell umsetzen lassen.

Für junge Menschen spielt das Thema Orientierung eine besondere Rolle. Das Praktikum stellt meist die erste Station im Berufsleben dar. Joachim Diercks hat mit seinem Recrutainment-Ansatz bereits unzählige Online-Assessments entwickelt und zeigt im nächsten Kapitel, welche Vorteile Online-Assessments bei der Orientierung bieten und wie sie das Matching von Kandidaten und Arbeitgeber erleichtern (Kap. 10). Der Ex-Bundestrainer der deutschen Hockey-Herren, Stefan Kermas, zeigt in seinem Beitrag auf, was HR-Abteilungen und Führungskräfte eigentlich in Sachen Talent Management vom Profisport lernen können (Kap. 11). Kristina Bierer widmet sich anschließend der Frage, welche Wirkung gesellschaftliche Veränderungen auf Führung und die Arbeit mit jungen Talenten haben (Kap. 12). Bis hierhin sollten Sie nun umfassende Informationen über die Personalgewinnung der Future Talents gewonnen haben, sodass mit den nächsten Kapiteln drei Praxis-Cases vorgestellt werden, die zeigen, wie Praktikant:innen und Studierende erfolgreich in Unternehmen und Organisationen eingebunden werden können. Den Beginn macht Stefan Döring, der bei der Stadt München das FutureCamp initiiert hat. Beim FutureCamp geht es neben inhaltlichen Diskussionen darum, junge Talente zu aktivieren, zu integrieren und vor allem zu halten (Kap. 13). Anschließend stellen Niklas Rohde und Mareen Lange vor, wie der Dr. Oetker-Konzern sein Praktikantenprogramm erfolgreich ausgerichtet hat (Kap. 14). Kim Zöllner und Cecile Friedrichs von Avantgarde Experts setzen in ihrem Praktikantenprogramm voll auf Autonomie und erläutern in ihrem Case, welchen Erfolg sie mit diesem Ansatz erzielt haben (Kap. 15).

Welchen Beitrag liefern Hochschulen für die Employability von Future Talents? Marcel Rütten schaut sich im nächsten Kapitel die Aufgaben und Ziele der Career Center an deutschen Hochschulen an (Kap. 16) und beleuchtet, welchen Beitrag sie bei der Berufsorientierung und beim Berufseinstieg von Studierenden leisten. Außerdem stellen Eva Wittenzellner und Torben Dreusicke die internationale Austauschorganisation AIESIC vor und zeigen auf, welche Chancen und Risiken bei der Vermittlung internationaler Praktikant:innen entstehen können (Kap. 17). Wem das alles noch nicht ausreicht, der findet im finalen Kapitel (Kap. 18) noch weiterführende Quellen, um auf dem aktuellen Stand zu bleiben und Details noch weiter zu vertiefen. Die Quellen und Informationen reichen von Arbeitshilfen über Spezialjobbörsen und HR-Blogs bis hin zu ausgewählten Veranstaltungen.

Wir wünschen Ihnen viel Vergnügen beim Lesen dieses Buches und hoffen, dass Sie viele Ideen und Anregungen für Ihre berufliche Praxis finden, damit Sie sich in Zukunft gut gewappnet fühlen, die Future Talents für sich zu gewinnen!

Marcel Rütten ist seit über einem Jahrzehnt im Personalmanagement tätig und verantwortet seit 2020 als Global Director Talent Acquisition & Employer Branding bei PACCOR die Personalgewinnung des international ausgerichteten Konzerns. Zuvor konnte er bereits vielseitige Erfahrungen in verschiedenen Unternehmen vom Global Player bis zur NGO sammeln und hat durch seine Arbeit das Recruiting, Personalmarketing und Employer Branding in Deutschland über viele Jahre mitgeprägt. In seinem Blog HR4Good schreibt er über Ideen, Innovationen und Trends im Personalmanagement. Seine Konzepte im HR-Bereich wurden bereits mehrfach ausgezeichnet.

Kristina Bierer ist seit 2010 bei der CLEVIS GmbH tätig und vom ersten Tag an für das Thema Future Talents zuständig. In den vergangenen zehn Jahren hat sie den Future Talents Report zur größten, regelmäßigen Befragung zu allen Themen rund um die Nachwuchskräfte der nächsten Generationen aufgebaut und kennt wie wenig andere die Zielgruppe, die sie als Game Changer im Fokus der Digitalisierung beschreibt. Als Projektleiterin und Partnerin bei der CLEVIS GmbH leitet sie außerdem erfolgreich Projekte rund um die Digitalisierung und Transformation von zukunftsfähigen HR-Prozessen und betreut Kunden verschiedenster Branchen und Größen von der Konzeption bis zur Umsetzung.

Beschäftigungsarten für Future Talents

2

Marcel Rütten

Inhaltsverzeichnis

2.1 Einleitung . . . 7
2.2 Rechtliche Rahmenbedingen . . . 8
 2.2.1 Praktikantenstatus . . . 8
 2.2.2 Urlaub und Krankheit . . . 8
 2.2.3 Vergütung . . . 9
 2.2.4 Praktikumsvertrag . . . 9
 2.2.5 Praktikumszeugnis . . . 10
 2.2.6 Sozialversicherung . . . 11
2.3 Praktikumsarten . . . 11
 2.3.1 Schülerpraktika . . . 11
 2.3.2 Studentische Praktika . . . 16
 2.3.3 Werkstudent:innen . . . 20
 2.3.4 Volontariat . . . 21
 2.3.5 Praktika für ausländische Studierende . . . 22
 2.3.6 Praktika für Geflüchtete . . . 23
Literatur . . . 24

2.1 Einleitung

Bevor Sie sich als Leser:in dieses Buches damit beschäftigen, wie die Zielgruppe der Future Talents tickt, wonach sie sucht und wie Sie in Ihrem Unternehmen die besten Strategien entwickeln können, um die zukünftigen Talente bereits frühzeitig für sich zu

M. Rütten (✉)
HR4Good, Duisburg, Deutschland
E-Mail: marcel.ruetten@icloud.com

M. Rütten und K. Bierer (Hrsg.), *Future Talents*,
https://doi.org/10.1007/978-3-658-33023-1_2

gewinnen, soll dieses Kapitel Ihnen helfen und einen umfassenden Überblick geben, welche speziellen Beschäftigungsformen für Schüler:innen sowie Studierende in Deutschland existieren und welche rechtlichen Rahmenbedingungen jeweils zu berücksichtigen sind. Doch nicht alle von diesen Beschäftigungsformen gehören zum Fokus der nachfolgenden Kapitel. Der Schwerpunkt dieses Herausgeberwerks liegt vor allem bei der Zielgruppe der Studierenden und Absolvent:innen. Nichtsdestotrotz können auch alle anderen Formate dazu beitragen, dass Sie junge Menschen bereits frühzeitig für Ihr Unternehmen begeistern und sich Ihr frühzeitiges Engagement langfristig auszahlen wird. Im Folgenden finden Sie daher neben den rechtlichen Rahmenbedingungen alle wesentlichen Beschäftigungsformen für Schüler:innen, Studierende, Volontär:innen und Geflüchtete.

2.2 Rechtliche Rahmenbedingen

2.2.1 Praktikantenstatus

Bei der Definition des rechtlichen Status von Praktikant:innen kommt es vor allem darauf an, ob das Praktikum freiwillig ist oder nicht. Alle Schüler:innen und Studierende, die ein Pflichtpraktikum absolvieren, behalten ihren Status als eben solche. Das bedeutet, dass sie keine Arbeitnehmer:innen oder Beschäftigte im betriebsverfassungsrechtlichen Sinne sind. Manche Regelungen aus dem Betriebsverfassungsgesetz (BetrVG) oder dem Personalvertretungsgesetz (BPersVG) können dennoch für Schüler:innen und Studierende gelten. Schüler:innen und Studierende, die ein freiwilliges Praktikum absolvieren sind Arbeitnehmer:innen, für die das BetrVG bzw. das BPersVG gilt [3]. Für Praktikant:innen, die ein Praktikum absolvieren, das nicht Bestandteil einer Schul- oder Hochschulausbildung ist, gilt außerdem das Berufsbildungsgesetz (BBiG). Ausgenommen sind somit Praktikant:innen, die ihr Praktikum als Schüler:innen und Student:innen von allgemeinbildenden Schulen, Fach-, Berufsfach-, Fachober-, Fachhoch- und Hochschulen absolvieren. Für Praktika, die unter das BBiG fallen, gelten dadurch andere Regelungen (zum Beispiel für Vergütung und Urlaub) als bei Pflichtpraktika. Freiwillige Praktika begründen grundsätzlich ein privatrechtliches Vertragsverhältnis, dass durch einen Praktikumsvertrag geregelt wird.

2.2.2 Urlaub und Krankheit

Pflichtpraktikant:innen haben im Rahmen des Praktikums weder einen gesetzlichen Anspruch auf Urlaub noch auf Entgeltfortzahlung im Krankheitsfall. Praktikumsgeber können, wenn sie wollen, hiervon natürlich zu Gunsten der Praktikant:innen abweichen, um zum Beispiel Praktikant:innen in ihrem Unternehmen mit einem unterschiedlichen Status gleichermaßen zu behandeln. Praktikant:innen, die unter das BBiG fallen, haben einen gesetzlichen Anspruch auf Urlaub und Entgeltfortzahlung im Krankheitsfall. In der Regel wird für jeden vollen Praktikumsmonat ein Zwölftel des gesamten Jahresurlaubs gewährt.

2.2.3 Vergütung

Wann wird ein Praktikum vergütet? Die Frage lässt sich seit der Einführung des Mindestlohns in 2015 gar nicht mehr so einfach beantworten, sondern bedarf eines detaillierteren Blickes. Grundsätzlich gilt, dass Pflichtpraktikant:innen keinen Anspruch auf eine Vergütung haben. Praktikumsgeber können davon aber natürlich abweichen und ihren Praktikant:innen dennoch eine Vergütung anbieten. Dies kommt weniger bei Schülerpraktikant:innen vor. Bei studentischen Praktikant:innen ist das aber mittlerweile mehr als üblich. Nichtsdestotrotz entsteht hieraus kein Anspruch auf Vergütung von Pflichtpraktikant:innen. Bei einem freiwilligen Praktikum, dass unter das BBiG fällt, haben Praktikant:innen einen Anspruch auf eine angemessene Vergütung – jedoch keine volle Vergütung der Arbeitszeit. Ausgenommen hiervon sind Praktika, die weniger als einen Monat andauern oder solche, die keinen wirtschaftlich verwertbaren Beitrag zum Betriebsergebnis leisten und eher als Hospitation betrachtet werden können.

Soweit so klar. Aber jetzt wird es tricky, denn: Praktika, die nicht Bestandteil einer Schul- oder Hochschulausbildung sind und dem BBiG unterliegen, können unter die Anwendung des Mindestlohngesetztes (MiLoG) fallen. Es gibt allerdings eine Menge Ausnahmen hiervon. Pflichtpraktika müssen, egal wie lange sie andauern, nicht mit dem Mindestlohn vergütet werden. Orientierungspraktika oder Vorpraktika sind ebenso wie freiwillig ausbildungsbegleitende Praktika, die nicht länger als drei Monate dauern, nicht mindestlohnpflichtig. Damit Sie einen besseren Überblick erhalten, welche Praktika mindestlohnpflichtig sind und welche nicht, finden Sie in Tab. 2.1 eine hilfreiche Übersicht.

2.2.4 Praktikumsvertrag

Ein Praktikumsvertrag in schriftlicher Form ist keine Pflicht. Aber: Praktikumsverträge stellen die Zusammenarbeit von Beginn an auf eine klar definierte Basis und vermeiden etwaige Missverständnisse. Um sowohl für Praktikant:innen als auch für den Praktikumsgeber Klarheit über die konkreten Bedingungen und damit auch Verlässlichkeit sowie eine Vertrauensbasis für beide Seiten zu schaffen, macht es absolut Sinn, die Vereinbarungen in einem Vertrag festzuhalten. Diejenigen Praktikant:innen, die unter das MiLoG fallen, haben sogar einen Anspruch auf die schriftliche Niederlegung der wesentlichen Vertragsbedingungen vor Vertragsbeginn. Der Vertrag muss in diesem Fall folgende Elemente enthalten:

Tab. 2.1 Übersicht Mindestlohn

Nicht mindestlohnpflichtig	Mindestlohnpflichtig
Pflichtpraktika im Rahmen von Schule, Ausbildung oder Studium	Praktikanten ohne Immatrikulation mit einer abgeschlossenen Berufsausbildung oder einem Studienabschluss
Freiwillige Praktika bis zu drei Monaten, die während des Studiums oder der Ausbildung absolviert werden	Freiwillige Praktika, die begleitend zum Studium oder zur Ausbildung absolviert werden und länger als drei Monate dauern
Freiwillige Praktika bis zu drei Monaten, die zur Orientierung bei der Ausbildungs- oder Studienwahl dienen	Jedes zusätzlich freiwillige Praktikum, das begleitend zu Studium oder Ausbildung bei demselben Arbeitgeber absolviert wird
Praktika zur Teilnahme an einer Einstiegsqualifizierung nach SGB III	Freiwillige Praktika, die zur Orientierung dienen und länger als drei Monate dauern
Praxisphasen während eines dualen Studiums	
Jede:r unter 18 Jahren ohne Berufsabschluss	
Anfertigungen von Studien-/Abschlussarbeiten wie Bachelor- und Masterarbeiten im Unternehmen, solange nur Arbeiten zur reinen Erstellung der Abschlussarbeit getätigt werden	

- Die mit dem Praktikum verfolgten Lern- und Ausbildungsziele,
- Beginn und Dauer des Praktikums,
- Dauer der regelmäßigen täglichen Praktikumszeit,
- Zahlung und Höhe der Vergütung,
- Dauer des Urlaubs,
- und ein in allgemeiner Form gehaltener Hinweis auf gegebenenfalls anzuwendende Tarifverträge, Betriebs- oder Dienstvereinbarungen.

2.2.5 Praktikumszeugnis

Bei Beendigung des Praktikums haben Praktikant:innen ebenso wie Auszubildende einen Anspruch auf ein qualifiziertes schriftliches Arbeitszeugnis. In dem Zeugnis müssen definitiv Angaben über Art, Dauer und Ziel des Praktikums sowie über die erworbenen beruflichen Fertigkeiten gemacht werden. Eine Aushändigung ausschließlich in elektronischer Form ist ausgeschlossen. Dies ist in § 16 BBiG geregelt.

2.2.6 Sozialversicherung

Die Sozialversicherung in Deutschland umfasst die vier Sozialversicherungszweige der Kranken-, Pflege-, Renten- und Arbeitslosenversicherung. Diese haben auch Einfluss auf das Angebot von Praktika, denn der Erwerb beruflicher Kenntnisse, Fertigkeiten oder Erfahrungen im Rahmen einer betrieblichen Berufsbildung, gilt als Beschäftigung im Sinne der Sozialversicherung. Das bedeutet, dass Praktika, die genau dazu dienen Praktikant:innen eben diese Kenntnisse, Fertigkeiten oder Erfahrungen in Betrieben zu vermitteln, grundsätzlich für die einzelnen Sozialversicherungszweige versicherungspflichtig sind. Doch nicht jedes Praktikum ist automatisch sozialversicherungspflichtig. Ob ein Praktikum sozialversicherungspflichtig ist, hängt in der Regel von mehreren Faktoren ab.

- Handelt es sich um ein freiwilliges oder Pflichtpraktikum?
- Handelt es sich um ein Vor- bzw. Nachpraktikum oder um ein Zwischenpraktikum?
- Liegt die regelmäßige wöchentliche Arbeitszeit unter oder über 20 h?
- Wird eine Praktikumsvergütung gezahlt?
- In welcher Höhe wird die Praktikumsvergütung bezahlt?
- Wird das Praktikum vor oder nach dem 25. Geburtstag durchgeführt?

Sie sehen, dass die Regeln zur Sozialversicherung sehr komplex sind. Im Rahmen dieses Herausgeberwerks können wir dieses Thema daher nur anschneiden und geben unter den möglichen Praktikumsarten im Folgenden (Abschn. 2.3) einen Hinweis, ob die jeweilige Praktikumsart der Sozialversicherungspflicht unterliegt.

2.3 Praktikumsarten

2.3.1 Schülerpraktika

Bei Schülerpraktika werden vor allem junge Menschen unter 18 Jahren angesprochen. Diese fallen allerdings unter das Jugendarbeitsschutzgesetz. Laut §§ 2 und 5 des Jugendarbeitsschutzgesetzes ist die Beschäftigung von Kindern und vollzeitschulpflichtigen Jugendlichen verboten. Ausgenommen sind beispielsweise Tätigkeiten im Rahmen eines schulischen Betriebspraktikums.[1] Doch es gelten ganz besondere Regelungen für die Arbeits- und Ruhezeiten.

[1]Das vollständige Jugendarbeitsschutzgesetz finden Sie im Internet: https://www.gesetze-im-internet.de/jarbschg/.

Schülerpraktikum ist nicht gleich Schülerpraktikum, wie Sie im Folgenden sehen werden:

2.3.1.1 Pflichtpraktikum in der Schulzeit

Pflichtpraktikum in der Schulzeit

- **Zielgruppe:** Schüler:innen zwischen der 8. und 10. Klasse aller weiterführenden Schulen
- **Dauer:** 2 bis 3 Wochen
- **Sozialversicherungspflicht:** Nein
- **Lohn:** Nein
- **Mindestlohn:** Nein

Das Pflichtpraktikum in der Schulzeit ist für die meisten Jugendlichen in Deutschland der erste Berührungspunkt mit potenziellen Arbeitgebern und die erste Station im Arbeitsleben. Dieses Praktikum soll dazu dienen, Schüler:innen einen ersten Eindruck von der Arbeitswelt zu vermitteln und vielleicht schon ein konkretes Bild vom zukünftigen Jobwunsch zu geben, indem sie einen ersten Einblick von bestimmten Berufsbildern erhalten.

Je nach Schulform findet das Pflichtpraktikum in der Schulzeit in unterschiedlichen Klassen statt. An Haupt- und Realschulen, wo die Schulzeit in der Regel nach der 10. Klasse endet, finden Praktika meist in der 9. und/oder 10. Klasse statt. Manchmal starten diese beiden Schulformen sogar in der 8. Klasse mit dem ersten Praktikum und bieten nach Möglichkeit noch eine zweite Phase zu einem späteren Zeitpunkt an, um die Jugendlichen bestmöglich auf das Berufsleben vorzubereiten. Gymnasien starten in der Regel etwas später mit ihren Pflichtpraktika. Meistens findet das erste Praktikum hier erst in der 10. oder sogar in der 11. Klasse statt.

Ein Pflichtpraktikum während der Schulzeit wird grundsätzlich als Schulveranstaltung gewertet. Daher sind die Schüler:innen über die Schule unfallversichert und in der Regel über ihre Familie haftpflichtversichert. Eine Vergütung ist normalerweise nicht vorgesehen. Viele Betriebe organisieren dennoch häufig, wie bei anderen Praktikumsformaten auch, eine kleine Aufmerksamkeit nach Abschluss des Praktikums. Außerdem erhalten Praktikant:innen nach Abschluss in der Regel eine Teilnahmebestätigung, eine Urkunde oder sogar ein kurzes Praktikumszeugnis.

2.3.1.2 Berufsorientierendes/freiwilliges Schülerpraktikum

Berufsorientierendes/freiwilliges Schülerpraktikum
- **Zielgruppe:** Schüler:innen aller Schulformen
- **Dauer:** Je nach Vereinbarung mit dem Betrieb/meist für die Dauer der Ferien
- **Sozialversicherungspflicht:** Nein
- **Lohn:** Nach Vereinbarung
- **Mindestlohn:** Nein

Ein berufsorientierendes oder freiwilliges Schülerpraktikum ist auch als Schnupperpraktikum oder Ferienpraktikum bekannt. Dadurch sollen Schüler:innen die Möglichkeit erhalten, unverbindlich in einen Beruf hineinzuschnuppern oder eine bestimmte Branche kennenzulernen [5]. Das freiwillige Schülerpraktikum dient der Orientierung zur Berufs- oder Studienwahl. Das Praktikum wird in der Regel direkt zwischen dem Praktikumsbetrieb und den jeweiligen Praktikant:innen bzw. bei Minderjährigen deren gesetzlichen Vertreter:innen vereinbart und findet daher nicht als Schulveranstaltung statt. Das freiwillige Schülerpraktikum wird meist von Minderjährigen absolviert und dauert in der Regel zwei bis sechs Wochen. Da es daher unterhalb von drei Monaten liegt, ist es nicht mindestlohnpflichtig.

2.3.1.3 Fachpraktikum

Fachpraktikum
- **Zielgruppe:** Schüler:innen aus besonderen Bildungsgängen in beruflichen Schulen
- **Dauer:** Zwischen mehreren Tagen pro Woche bis hin zu Blockpraktika, mindestens 160 h
- **Sozialversicherungspflicht:** Unter Umständen
- **Lohn:** Üblicherweise nicht
- **Mindestlohn:** Nein

Das Fachpraktikum ist ganz klar darauf ausgelegt, die Kenntnisse in einem bereits festgelegten Fachbereich zu vertiefen. Ein Fachpraktikum richtet sich vor allem an Schüler:innen aus besonderen Bildungsgängen in beruflichen Schulen wie Berufsfachschulen, Fachoberschulen oder Fachschulen. Die Dauer des Fachpraktikums ist je nach Bildungsgang unterschiedlich geregelt und reicht von drei Tagen pro Woche bis zu mehrmonatigen Blockpraktika. Da die Teilnehmer:innen in ihren Bildungsgängen ausschließlich theoretische Inhalte vermittelt bekommen, dient das Fachpraktikum dazu den betrieblichen Part einer bestimmten Ausbildung zu liefern. Meistens ist das Fachpraktikum notwendig, um den praktischen Teil der Fachhochschulreife zu absolvieren [6].

2.3.1.4 Fachoberschul-/Berufsbildendes Praktikum

Fachoberschul-/Berufsbildendes Praktikum

- **Zielgruppe:** Schüler:innen der Fachoberschule
- **Dauer:** mindestens 800 h bzw. ein Jahr
- **Sozialversicherungspflicht:** Nein
- **Lohn:** Nach Vereinbarung
- **Mindestlohn:** Nein

Die Ausbildung an einer Fachoberschule dauert in der Regel zwei Jahre in den Jahrgangsstufen 11 und 12. Die Ausbildung in Jahrgangsstufe 11 umfasst meist während der Unterrichtszeit an drei Tagen ein fachbezogenes Praktikum und an zwei Wochentagen in Teilzeitform insgesamt 12 h Unterricht. Die Ausbildung in Jahrgangsstufe 12 erfolgt in Vollzeitform als Unterricht. Für den Eintritt in die Jahrgangsstufe 12 ist allerdings nicht nur die Versetzung erforderlich, sondern eben auch ein ordnungsgemäß durchgeführtes Praktikum, das durch die Schule anerkannt ist und durch den jeweiligen Praktikumsbetrieb bescheinigt wurde. Üblicherweise werden Fachoberschulpraktika nicht vergütet. Es gibt aber durchaus einige Betriebe, die ihren Praktikant:innen freiwillig eine Praktikumsvergütung zahlen.

2.3.1.5 Girls'Day/Boys'Day

Girls'Day/Boys'Day

- **Zielgruppe:** Schüler:innen ab der 5. Klasse
- **Dauer:** 1 Tag
- **Sozialversicherungspflicht:** Nein
- **Lohn:** Nein
- **Mindestlohn:** Nein

Das bekannteste Angebot unter den Praxistagen ist der sogenannte Girls'Day. Der Girls'Day wurde 2001 ins Leben gerufen und ist ein bundesweites Projekt zur Berufs- und Studienwahl von Mädchen. Der Aktionstag soll junge Mädchen ab der 5. Klasse vor allem für technische und naturwissenschaftliche Berufe begeistern, die traditionell eher männlich geprägt sind. Hierzu zählen alle Berufe und Studienfächer, in denen der Frauenanteil unter 40 % liegt. Mit dem Girls'Day soll das Berufswahlspektrum von

Mädchen erweitert werden, indem vor allem handwerklich-technische Unternehmen, Betriebe mit technischen Abteilungen und Hochschulen mit technisch-naturwissenschaftlichen Bereichen am Veranstaltungstag unterschiedliche Angebote machen. In den letzten Jahren haben fast durchgängig immer mindestens 100.000 Schülerinnen pro Jahr am Girls'Day teilgenommen, der als Schulveranstaltung organisiert ist. 2010 wurde neben dem Girls'Day auch der Boys'Day als männliches Pendant eingeführt. Das Ziel des Boys'Day ist vor allem, den Anteil von Jungen und Männern in sozialen, erzieherischen und pflegerischen Bereichen zu erhöhen.

2.3.1.6 Praktikum zum Erwerb der Fachhochschulreife

Praktikum zum Erwerb der Fachhochschulreife

- **Zielgruppe:** Schüler:innen, die die Qualifikationsphase in der gymnasialen Oberstufe, des Abendgymnasiums, des Kollegs oder des Beruflichen Gymnasiums erfolgreich absolviert haben und denen der schulische Teil der Fachhochschulreife zuerkannt wurde
- **Dauer:** 1 Jahr
- **Sozialversicherungspflicht:** Nein
- **Lohn:** Je nach gesetzlichen und tariflichen Bestimmungen, die für die jeweilige Praktikumsstelle gelten
- **Mindestlohn:** Nein

Die Fachhochschulreife besteht aus einem schulischen und einem fachpraktischen Teil. Der fachpraktische Teil kann auf unterschiedliche Weise erworben werden. Dies kann entweder durch eine abgeschlossene Berufsausbildung oder durch eine langjährige Berufstätigkeit geschehen oder eben durch ein gelenktes Praktikum, das ein Jahr dauert. Ziel des gelenkten Praktikums ist, dass Praktikant:innen auf das Berufsleben vorbereitet werden, die Berufswahlentscheidung abgesichert wird und gleichzeitig eine Orientierung für ein mögliches Studium an einer Fachhochschule geboten wird. In dem Praktikum zum Erwerb der Fachhochschulreife sollen Praktikant:innen grundlegende Kenntnisse über Arbeits- und Leistungsprozesse durch Anschauung und eigene Mitarbeit erlernen, indem sie berufs- und fachbezogene Aufgaben lösen und den Berufsalltag kennenlernen. Diese Form des Praktikums ist keine Schulveranstaltung, die Praktikant:innen demnach keine Schüler:innen.

2.3.1.7 Einstiegsqualifizierungen (EQ)

Einstiegsqualifizierung (EQ)

- **Zielgruppe:** Ausbildungsbewerber:innen mit individuell eingeschränkten Vermittlungsperspektiven
- **Dauer:** 6 bis 12 Monate
- **Sozialversicherungspflicht:** Ja
- **Lohn:** Praktikumsvergütung wird zwischen Betrieb und Auszubildenden vereinbart und durch Agentur für Arbeit gefördert
- **Mindestlohn:** Nein

Die Einstiegsqualifizierung (EQ) richtet sich explizit an Jugendliche, die sich zwar bereits für ein Berufsbild entschieden, aber bis dato noch keinen Ausbildungsplatz gefunden haben. Sie soll Jugendlichen eine Chance bieten, die noch nicht voll für eine klassische Ausbildung geeignet sind. Die Erfahrungen der letzten Jahre haben gezeigt, dass sich die Einstiegsqualifizierung bewährt hat. Denn mehr als 60 % der EQ-Absolvent:innen erhalten im Anschluss einen Ausbildungsplatz. Gerade für leistungsschwächere sind EQs somit eine hervorragende Brücke in eine betriebliche Ausbildung [5]. Gerade durch die demographische Entwicklung in Deutschland und den Trend hin zu immer mehr Student:innen kann die Einstiegsqualifizierung dazu beitragen, dass Kandidat:innen, die vielleicht nicht zu Beginn eine steile Karriere hinlegen, eine Möglichkeit erhalten, sich zu beweisen und ihren Weg zu gehen. Arbeitgeber haben durch die Einstiegsqualifizierung die Flexibilität, dass sie sich nicht sofort für die komplette Ausbildung entscheiden müssen. Im erfolgreichen Fall geht von der Einstiegsqualifizierung aber eine ungeheure Identifikation und Bindung von jungen Talenten aus.

2.3.2 Studentische Praktika

2.3.2.1 Vorgeschriebenes Vor- oder Nachpraktikum

Vorgeschriebenes Vor- oder Nachpraktikum

- **Zielgruppe:** Studierende vor Beginn oder nach Abschluss ihres Studiums
- **Dauer:** Je nach Studienrichtung 6 Wochen bis 6 Monate
- **Sozialversicherungspflicht:** Nur bei Vergütung oder fehlender Immatrikulation
- **Lohn:** Nach Vereinbarung
- **Mindestlohn:** Nein

Bei einigen Studiengängen ist ein Vorpraktikum verpflichtend, damit das Studium überhaupt aufgenommen werden kann. Diese Praktikumsart ist vor allem bei Hochschulen für angewandte Wissenschaften oder in ingenieur- und naturwissenschaftlichen Studiengängen an Universitäten vor der Aufnahme des Studiums beliebt. Im Vorpraktikum sollen Praktikant:innen grundlegende Kenntnisse über die Arbeitswelt des jeweiligen Fachgebiets erhalten und die gebräuchlichen Arbeits- und Bearbeitungsverfahren kennenlernen.

In anderen Studiengängen ist ein Praktikum im Anschluss an das Studium zu leisten. Das bedeutet, dass die komplette theoretische Ausbildung vor dem Praktikum abgeschlossen sein muss. Praktikant:innen müssen also bis zu diesem Praktikum alle Prüfungen erfolgreich abgeschlossen haben. Daher kommt es natürlich häufig vor, dass Praktikant:innen zu diesem Zeitpunkt gar keine Studierenden mehr sind, da sie durch das erfolgreiche Bestehen aller Prüfungen automatisch exmatrikuliert werden.

Liegt eine Immatrikulation noch nicht oder nicht mehr vor, werden Praktikant:innen als Arbeitnehmer:innen gewertet. Das Praktikum wird dadurch sozialversicherungspflichtig. Für Unternehmen, die keine Praktikumsvergütung zahlen (können oder wollen), ist dieses Praktikum daher weniger attraktiv und somit auch das Angebot an Vor- und Nachpraktika deutlich geringer. Welche exakten Anforderungen an das jeweilige Praktikum gestellt werden, wird individuell in den Studienordnungen der Hochschulen oder der Studiengänge geregelt.

2.3.2.2 Freiwilliges studentisches Praktikum

Freiwilliges studentisches Praktikum
- **Zielgruppe:** (angehende) Studierende, Absolvent:innen
- **Dauer:** Nach Vereinbarung
- **Sozialversicherungspflicht:** Ja
- **Lohn:** Ja
- **Mindestlohn:** Ja, wenn Praktika länger als 3 Monate dauern oder beim selben Arbeitgeber stattfinden

Das freiwillige studentische Praktikum ist der Klassiker in der Berufsorientierung und gehört mit Abstand zu den beliebtesten Beschäftigungsarten für Future Talents – sowohl für die Praktikant:innen selbst als auch für Unternehmen. (Angehende) Studierende und Absolvent:innen haben mit diesem Format die Möglichkeit, erste praktische Einblicke in die Berufswelt zu erhalten und ihr Profil um erste Erfahrungen im Arbeitsleben anzureichern. Unternehmen können freiwillige Praktikant:innen meist schnell und gut in den Arbeitsalltag einbinden, sodass das Unternehmen für sich einen wirtschaftlichen Benefit erzielt und gleichzeitig noch an der Ausbildung junger Menschen mitwirkt. Freiwillige Praktika werden in der Regel meist nicht zu Beginn des Studiums, sondern eher frühestens ab dem dritten oder vierten Semester absolviert. Der Zeitpunkt des Praktikums kann von den Studierenden völlig frei gewählt werden und wird nicht von der Hochschule vorgegeben.

Viele Studierende absolvieren während ihres Studiums teilweise sogar mehr als ein Praktikum. Doch anders als früher, als man noch von der Generation Praktikum sprach, nutzen Studierende heute mehrere Praktika, um sich auszutesten und so viele potenzielle Arbeitsbereiche wie möglich kennenzulernen.

Ein wesentlicher Unterschied beim freiwilligen studentischen Praktikum zum Vor- oder Nachpraktikum ist die Immatrikulation. Ohne Immatrikulation zählt das Praktikum nicht zu den Beschäftigungen im Rahmen der betrieblichen Berufsbildung und wird dadurch sozialversicherungspflichtig. Nicht selten bieten Arbeitgeber daher ausschließlich freiwillige Praktika während des Studiums an.

2.3.2.3 Fachpraktikum/Zwischenpraktikum/Pflichtpraktikum

Fachpraktikum/Zwischenpraktikum/Pflichtpraktikum

- **Zielgruppe:** Studierende an Hochschulen und Hochschulen für angewandte Wissenschaften
- **Dauer:** Nach Vereinbarung oder Studienordnung
- **Sozialversicherungspflicht:** Nur bei Vergütung
- **Lohn:** Nach Vereinbarung
- **Mindestlohn:** Nein

Das Ziel des Fach- oder Zwischenpraktikums ist vergleichbar zum freiwilligen Praktikum. Studierende sollen vor ihrem ersten berufsqualifizierenden Abschluss einen Einblick in die Arbeitswelt der jeweiligen Studienrichtung erhalten. Anders als bei einem freiwilligen Praktikum, das während des Studiums absolviert wird, ist das Fach- oder Zwischenpraktikum verpflichtend und Studierende können nicht komplett nach ihren eigenen Wünschen und Vorstellungen planen, sondern müssen die konkreten Vorgaben und Studienordnungen berücksichtigen. Das Fachpraktikum kann aber ebenso in der vorlesungsfreien Zeit oder parallel zu den Vorlesungen absolviert werden.

2.3.2.4 Berufspraktisches Semester

Berufspraktisches Semester

- **Zielgruppe:** Studierende
- **Dauer:** je nach Studienordnung 3 bis 5 Monate, frühestens ab dem 3. Semester
- **Sozialversicherungspflicht:** Nein
- **Lohn:** Nein
- **Mindestlohn:** Nein

Das Berufspraktische Studium (BPS) ist eine besondere Praktikumsart und ist üblicherweise in Studiengängen an Hochschulen für angewandte Wissenschaften integriert. Das BPS hat den Zweck, dass Studierende das im Hörsaal Erlernte und Verstandene in realen Situationen der Berufspraxis für einen längeren Zeitraum anwenden. Das BPS zeigt Studierenden, wie sich unter den Rahmenbedingungen beruflicher Wirklichkeit die Anwendung des Gelernten auch persönlich erleben lässt. Das Ziel ist, dass Studierende mit den hierbei gemachten Erfahrungen schnell in eine Berufsreife hineinwachsen, die es ihnen nach Abschluss des Studiums erlaubt, als Generalistin und als Generalist in der Praxis eingesetzt zu werden. Außerdem sollen sie eine Einführung in Aufgaben des späteren beruflichen Einsatzfeldes und Kenntnisse über das soziale Umfeld ihres Tätigkeitsbereiches erfahren (vgl. [8]). In der Zeit ihres BPS bearbeiten Studierende meistens eigene wenn auch überschaubare Projekte. Alternativ ist die Erstellung einer berufsbezogenen Projektarbeit ein wesentlicher Teil des BPS.

2.3.2.5 Abschlussarbeiten im Unternehmen

Abschlussarbeit im Unternehmen

- **Zielgruppe:** Studierende
- **Dauer:** 6 Wochen bis 6 Monate (bei Bedarf sogar länger)
- **Sozialversicherungspflicht:** individuelle Abstimmung mit Krankenkasse oder Berufsgenossenschaft erforderlich
- **Lohn:** Nein
- **Mindestlohn:** Nein, wenn die Abschlussarbeit nicht in Kombination mit einem Praktikum oder einer Werkstudententätigkeit absolviert wird.

Jedes Studium endet mit einer Abschlussarbeit. Sie dient dazu, dass Studierende ein Problem selbständig auf der Grundlage wissenschaftlicher Methoden und Erkenntnisse bearbeiten. Gerade an Hochschulen für angewandte Wissenschaften und Berufsakademien ist es üblich, dass Studierende für ihre Abschlussarbeit ein Thema aus der Praxis suchen. Wie die Themen zustande kommen, ist dabei sehr unterschiedlich. Der Impuls kann dabei sowohl von den Studierenden, von den Dozent:innen oder vom Unternehmen kommen.

Die Abschlussarbeit im Unternehmen zu schreiben hat einige Vorteile. Erstens wäre da der mögliche Berufseinstieg, den die Abschlussarbeit im Unternehmen bieten könnte. Ist der Arbeitgeber mit der Abschlussarbeit bzw. mit der Zusammenarbeit zufrieden, kommt es nicht selten zu einer direkten Übernahme. Schließlich bieten viele Unternehmen die Begleitung von Abschlussarbeiten genau aus diesem Grund an. Die Arbeitgeber haben im Rahmen der Abschlussarbeit die Möglichkeit, die Praktikant:innen und ihre Arbeitsweise kennenzulernen und können sich einen aufwendigen Bewerbungsprozess oder eine mögliche Probezeit sparen. Darüber hinaus erarbeiten Student:innen monatelang Konzepte, die nach Abgabe in der operativen Arbeit des Unternehmens umgesetzt werden könnten.

Abschlussarbeiten im Unternehmen haben außerdem den großen Vorteil, dass sie sehr praxis- und anwendungsbezogen sind, was für viele Studierende ein weiterer entscheidender Vorteil ist. Unternehmen gestatten Studierenden die Nutzung betrieblicher Einrichtungen, Studierende erhalten im Bestfall alle notwendigen betrieblichen Informationen und bekommen die Gelegenheit, betriebliche Prozesse zu begleiten. Die Schwierigkeit bei Abschlussarbeiten bleibt dennoch, dass die Studierenden nicht (ausreichend) in den Arbeitsalltag eingebunden sind. Daher bietet es sich häufig an, dass Studierende darüber hinaus bei dem Arbeitgeber (z. B. in Form eines Praktikums oder einer Werkstudententätigkeit) tätig werden. Das erhöht meistens auch die Chance auf anschließende Übernahme.

Doch auch, wenn die Studierenden nach ihrer Abschlussarbeit nicht übernommen werden sollten, sammeln sie zu diesem Zeitpunkt wichtige praktische Erfahrungen und Kontakte. Auch der Zugang zu Ressourcen ist meist einfacher. So haben Studierende beispielsweise die Möglichkeit, an exklusive Informationen zu gelangen, mit Spezialist:innen zu reden oder beispielsweise im naturwissenschaftlichen Bereich die Chance, mit hochmodernen Geräten zu arbeiten.

2.3.3 Werkstudent:innen

Werkstudent:innen

- **Zielgruppe:** Studierende bis 30 Jahren oder bis zum 14. Semester
- **Dauer:** Nach Vereinbarung
- **Sozialversicherungspflicht:** Rentenversicherungspflicht besteht ab einem Verdienst von €450,-
- **Lohn:** Ja
- **Mindestlohn:** Ja

Anstatt eines regulären Praktikums entscheiden sich viele Studierende im Laufe ihres Studiums für eine Werkstudententätigkeit. In beiden Fällen sammeln Studierende zwar wertvolle Berufserfahrung und stellen sich erstmals ihrem potenziellen Arbeitgeber nach dem Studium vor. Im Unterschied zum Praktikum geht es bei der Werkstudententätigkeit zwar auch aber nicht vorrangig ums Lernen, sondern um eine Arbeitsleistung, die entlohnt wird. Bei einer Werkstudententätigkeit bekommen Studierende ein festes Monatsgehalt, was bei einem Praktikum, das weniger als drei Monate dauert oder vom Lehrstuhl vorgeschrieben wird, nicht immer selbstverständlich ist.

Dank des Werkstudentenstatus sind Studierende weitestgehend von der Sozialversicherung befreit. Eine Ausnahme bildet die Rentenversicherung, die ab einem Verdienst in Höhe von 450 € fällig wird. Somit sind Werkstudentenjobs sowohl für Studierende als auch für Arbeitgeber attraktiv. In der vorlesungsfreien Zeit können Studierende sogar deutlich mehr als 20 h pro Woche arbeiten, ohne dass weitere Abgaben fällig werden. Weil das Studium Priorität vor dem Job haben soll, dürfen Studierende (außer in der vorlesungsfreien Zeit) aber maximal 20 h pro Woche arbeiten.

Eine Werkstudententätigkeit zeichnet sich dadurch aus, dass sie sich zeitlich gut mit dem Studium vereinbaren lässt und Studierende währenddessen auch noch etwas lernen können. Wer einen Job als Werkstudent:in findet, der gut zum eigenen Studienfach passt, kann sein Wissen aus dem Studium weiter vertiefen und im Bestfall sogar praktisch anwenden. Nicht selten dauert eine Werkstudententätigkeit auch mehrere Semester und kann dazu führen, dass Studierende nach ihrem Abschluss übernommen werden. Viele Arbeitgeber bieten ihren Werkstudent:innen an, dass sie ihre Abschlussarbeiten im Unternehmen schreiben können.

Voraussetzung für die Werkstudententätigkeit ist, dass die Studierenden immatrikuliert sind. Ausgeschlossen sind daher Studierende im Urlaubssemester oder Doktorand:innen. Student:innen, die älter als 30 Jahre sind oder bereits im 14 Semester studieren, müssen ebenfalls auf die Privilegien von Werkstudent:innen verzichten. Duale Student:innen gelten zudem nicht als Werkstudent:innen, da sie bereits eine Art Ausbildungsvertrag abgeschlossen haben, der beinhaltet, dass der Arbeitgeber ein Gehalt bezahlt und die Studiengebühren übernimmt.

2.3.4 Volontariat

Volontariat

- **Zielgruppe:** Absolvent:innen im Bereich Journalismus oder PR
- **Dauer:** 15 bis 24 Monate
- **Sozialversicherungspflicht:** Ja
- **Lohn:** Ja
- **Mindestlohn:** Ja

Eine besondere Form der Beschäftigung von Future Talents ist das Volontariat, das vor allem in journalistischen Bereichen wie Zeitungen oder Radio oder aber auch in Public Relations-Abteilungen und -Bereichen beliebt ist. Gerade in der Medienbranche ist das Volontariat als Einstiegsmöglichkeit sehr weit verbreitet und fast schon so etwas wie die zwingende Voraussetzung, um einen der begehrten Jobs in größeren Redaktionen zu ergattern. Doch Volontariatsstellen sind heiß begehrt, da das redaktionelle Ausbildungsangebot knapp ist und Quereinsteiger:innen sind in diesem Bereich nahezu chancenlos. Nicht selten geht dem Volontariat daher ein Praktikum, eine Aushilfstätigkeit oder freiberufliche Mitarbeit voraus. Laut dem Deutschen Journalistenverband gibt es in Deutschland aktuell etwa 3000 Volontariate [4]. Davon entfallen knapp 2000 Plätze auf Tageszeitungen und Zeitschriften. Rund 800 Volontariate werden im privaten und öffentlichen Rundfunk vergeben. Doch mittlerweile gibt es auch eine riesige Anzahl von Volontariaten in Onlinemedien. Hierzu gibt es allerdings noch nicht einmal Schätzzahlen. Anders als bei naturwissenschaftlichen oder technischen Berufen gibt es im journalistischen Bereich eine deutliche Mehrheit von weiblichen Nachwuchskräften [4]. Typischerweise dauern Volontariate zwischen 15 und 24 Monaten. Sie sind daher schon aufgrund ihrer durchschnittlichen Dauer deutlich intensiver als andere Praktikumsformate. In der Regel durchlaufen Volontär:innen während ihrer redaktionellen Ausbildung mindestens drei verschiedene Redaktionsbereiche bzw. redaktionelle Ressorts, die erwarten lassen, dass die Nachwuchskräfte ein umfassendes journalistisches Handwerk in Form von Recherche, Vermittlung und Präsentationsformen erlernen. Ergänzend zum praktischen Teil im Betrieb besuchen Volontär:innen zusätzlich noch überbetriebliche Seminare an Journalistenschulen oder anderen Einrichtungen. Im ersten Jahr sollten diese nach Möglichkeit mindestens vier Wochen und im zweiten Jahr mindestens zwei Wochen betragen.

Das Volontariat mündet allerdings nicht automatisch in einer Festanstellung. Da in dieser Branche Zeit- oder Pauschalverträge auf der Tagesordnung stehen, wenden sich Absolvent:innen der Branche entweder ab und suchen ihr Glück zum Beispiel in Kommunikations- oder PR-Abteilungen von Unternehmen oder sie akzeptieren eine freie journalistische Tätigkeit. Unter dem Strich steht das Volontariat aber vor allem für ein Ausbildungsformat, bei dem das Lernen im Vordergrund steht. Aus dieser Perspektive ist das Volontariat ein wichtiges Instrument, um eine bestimmte Zielgruppe unter den Future Talents für sich zu gewinnen.

2.3.5 Praktika für ausländische Studierende

Genauso wie sich deutsche Studierende für ein Praktikum im Ausland interessieren, ist das Interesse von ausländischen Studierenden an einem Praktikum in Deutschland groß. Dabei kommen fast alle der vorgenannten Beschäftigungsarten für ein studentisches Praktikum infrage. Für deutsche Unternehmen kann es aus unterschiedlichsten Gründen (z. B. Engpassberufe oder Diversity) sehr viel Sinn machen, ausländische Studierende für ein Praktikum in ihrem Unternehmen zu gewinnen. Für Staatsbürger:innen der Europäischen Union ist die Situation relativ einfach. Aufgrund der uneingeschränkten Arbeitnehmerfreizügigkeit gibt es im Vergleich zu deutschen Studierenden nämlich keinerlei Einschränkungen, die Unternehmen oder ausländische Studierende berücksichtigen müssen.

Für Studierende, die nicht der EU angehören, gibt es jedoch einige Besonderheiten, die zu berücksichtigen sind, bevor sie ihr Praktikum bei einem deutschen Unternehmen starten können. Die wichtigste Voraussetzung für ein Praktikum von Nicht-EU-Bürger:innen ist die Immatrikulation an einer Hoch- oder Fachhochschule innerhalb der Europäischen Union, denn hierdurch wird der Status als Praktikant:in nachgewiesen [7]. Studierende, die nicht aus der EU stammen, benötigen zudem eine entsprechende Erlaubnis der Behörden, dass sie ihr Praktikum bei einem deutschen Unternehmen absolvieren dürfen. Die Erlaubnis dazu erteilt die Bundesagentur für Arbeit. Die Bundesagentur muss die Beschäftigung genehmigen, wenn Student:innen weder einem EU-Staat, noch einem Land des Europäischen Wirtschaftsraums, noch der Schweiz angehört. Die Voraussetzungen für die Genehmigung sind dann gegeben, wenn sich das Praktikum fachlich auf das Studium bezieht und die Student:innen sich mindestens im fünften Semester befinden [1]. Die Praktikumsdauer ist für studienfachbezogene Praktika zwar auf insgesamt zwölf Monate begrenzt, grundsätzlich gilt aber, dass die Arbeitsbedingungen dieselben sein müssen, wie für deutsche Praktikant:innen (vgl. [8]). Es gelten außerdem dieselben sozialversicherungsrechtlichen Regeln.

2.3.6 Praktika für Geflüchtete

Gerade in den letzten Jahren hat uns das Thema der globalen Fluchtbewegungen in Europa sehr stark beschäftigt und bewegt. Auch wenn die Debatte hierzu immer wieder kontrovers geführt wurde und wird, gibt es unter Geflüchteten eine Vielzahl gut ausgebildeter Talente, die Unternehmen hierzulande benötigen.

Immer mehr Unternehmen schaffen daher Möglichkeiten, um junge und qualifizierte Geflüchtete in die Arbeitswelt zu integrieren und für ihr Unternehmen zu gewinnen. Der erste Schritt hierfür ist meist ein Praktikum. Durch Praktika für qualifizierte Geflüchtete kann ein wichtiger Beitrag zu deren Integration geleistet werden. Damit Geflüchtete allerdings ein Praktikum in Deutschland beginnen dürfen, sind einige Voraussetzungen zu beachten. Die wichtigste Voraussetzung ist der Arbeitsmarktzugang, der es Geflüchteten überhaupt erst erlaubt, eine Arbeit in Deutschland aufzunehmen.

Asylberechtigte und anerkannte Geflüchtete haben in Deutschland generell einen Aufenthaltstitel samt uneingeschränkter Arbeitserlaubnis. Hier müssen Arbeitgeber also keine Besonderheiten beachten. Anders sieht es für Asylbewerber:innen und geduldete Personen aus. Sie haben grundsätzlich keine Erlaubnis für eine Beschäftigung und dürfen in der Regel in keinem Beschäftigungsverhältnis stehen. Doch keine Regel ohne Ausnahme. Diese Personen dürfen ein Beschäftigungsverhältnis eingehen, wenn:

- die Wartefrist von drei Monaten erfüllt wurde,
- der Aufenthaltsort nicht in einer Aufnahmeeinrichtung ist
- und die Erlaubnis der Ausländerbehörde zur Beschäftigung bzw. zum Praktikum vorliegt.

Wenn diese Bedingungen erfüllt sind, ist die Einstellung von Asylbewerber:innen als Praktikant:innen vollkommen legitim. Die Zustimmungserfordernis der Bundesagentur für Arbeit ist seit dem 1. August 2015 außerdem nicht mehr zwingend notwendig und fällt bei Pflichtpraktika, Orientierungspraktika sowie studienbegleitenden Praktika von bis zu drei Monaten weg. Neben einer Hospitation und der Einstiegqualifizierung kommen für Geflüchtete daher folgende Praktikumsarten infrage:

Pflichtpraktikum
Pflichtpraktika, die aufgrund einer schulrechtlichen Bestimmung, einer Ausbildungsordnung, einer hochschulrechtlichen Bestimmung oder im Rahmen einer gesetzlich geregelten Berufsakademie durchgeführt werden, bedürfen nicht der Zustimmung durch die Bundesagentur für Arbeit. Praktika, die für die Anerkennung ausländischer Berufsabschlüsse erforderlich sind, können ebenfalls als Pflichtpraktika gewertet werden.

Praktika zur Berufsorientierung
Praktika zur Berufsorientierung sind vor allem für Personen gedacht, die noch keine Berufsausbildung absolviert haben oder deren Berufsabschlüsse (noch) nicht anerkannt wurden. Sie sind zustimmungsfrei, wenn sie bis zu drei Monate dauern. Ein Orientierungspraktikum von mehr als drei Monaten ist zustimmungspflichtig. Asylbewerber:innen und Geduldete erlangen durch diese vorübergehende betriebliche Tätigkeit praktische Kenntnisse und Erfahrungen. Das betriebliche Orientierungspraktikum muss einen Bezug zu der angestrebten Ausbildung aufweisen. Dabei kommt es nicht darauf an, ob die Ausbildung im Anschluss tatsächlich angetreten wird. Es können daher mehrere Orientierungspraktika zustimmungsfrei sein, wenn sich Asylsuchende und Geduldete auf verschiedene Ausbildungen orientieren wollen. Auch nach abgeschlossener Berufsausbildung kann ein Praktikum der beruflichen Umorientierung oder der Orientierung für die Aufnahme eines Studiums dienen.

Ausbildungsbegleitende Praktika
Ein Praktikum, das begleitend zu einer Berufs- oder Hochschulausbildung absolviert wird und maximal drei Monate dauert, muss ebenfalls nicht durch die Bundesagentur für Arbeit genehmigt werden. Voraussetzung hierfür ist, dass ein inhaltlicher Bezug zur Ausbildung gegeben ist und zuvor kein ausbildungsbegleitendes Praktikumsverhältnis mit demselben Arbeitgeber bestanden hat. Dauert das Praktikum länger als drei Monate, ist weiterhin die Zustimmung der Bundesagentur für Arbeit erforderlich [2].

Literatur

1. Bundesagentur für Arbeit. (o. J.). Ausländische Studierende beschäftigen. https://www.arbeitsagentur.de/unternehmen/arbeitskraefte/auslaendische-studierende-beschaeftigen. Zugegriffen: 25. Okt. 2020.

2. Bundesagentur für Arbeit. (2017). Praktische Tätigkeiten Asylbewerber und Geduldete.
3. Bundesministerium für Arbeit und Soziales, Bundesministerium für Bildung und Forschung, Bundesvereinigung der Deutschen Arbeitgeberverbände, Zentralverband des Deutschen Handwerks, Deutscher Industrie- und Handelskammertag, Bundesverband der Freien Berufe. (2011). Praktika – Nutzen für Praktikanten und Unternehmen.
4. Deutscher Journalisten-Verband e. V. (2020). https://www.djv.de/startseite/info/themen-wissen/aus-und-weiterbildung/volontariat. Zugegriffen: 24. Okt. 2020.
5. Deutscher Industrie- und Handelskammertag e. V. (DIHK). (2019). Einstiegsqualifizierung mit IHK-Zertifikat – Azubi auf Probe.
6. Deutscher Industrie- und Handelskammertag e. V. (DIHK). (2019). Schülerpraktikum: Ein Leitfaden für Unternehmen.
7. Haufe Online Redaktion. (2015). https://www.haufe.de/personal/entgelt/in-deutschland-arbeitende-auslaendische-studenten_78_312108.html. Zugegriffen: 25. Okt. 2020.
8. Porzelt, B., Rossmann, F., Rowedder, K., & Simonis, S. (2017). *Praktika gestalten – Ein Praxisleitfaden für Unternehmen*. Darmstadt: Industrie- und Handelskammer Darmstadt Rhein Main Neckar.

Marcel Rütten ist seit über einem Jahrzehnt im Personalmanagement tätig und verantwortet seit 2020 als Global Director Talent Acquisition & Employer Branding bei PACCOR die Personalgewinnung des international ausgerichteten Konzerns. Zuvor konnte er bereits vielseitige Erfahrungen in verschiedenen Unternehmen vom Global Player bis zur NGO sammeln und hat durch seine Arbeit das Recruiting, Personalmarketing und Employer Branding in Deutschland über viele Jahre mitgeprägt. In seinem Blog HR4Good schreibt er über Ideen, Innovationen und Trends im Personalmanagement. Seine Konzepte im HR-Bereich wurden bereits mehrfach ausgezeichnet.

Ergebnisse der Studie „Future Talents Report" 3

Kennzahlen des Praktikums und was für Future Talents wichtig ist

Kristina Bierer

Inhaltsverzeichnis

3.1 Überblick zu Arbeitgeberrankings, -wettbewerben und Bewertungsportale . . . 27
3.2 Konzept des Future Talents Reports . . . 28
3.3 Was und wie sich das Praktikum verändert hat . . . 30
3.4 Gehalt und Arbeitszeit . . . 32
3.5 Gründe für ein Praktikum und einen Arbeitgeber . . . 35
3.6 Was Future Talents wichtig ist . . . 37
3.6.1 Lernen . . . 39
3.6.2 Führung . . . 39
3.6.3 Aufgabengestaltung . . . 40
Literatur . . . 42

3.1 Überblick zu Arbeitgeberrankings, -wettbewerben und Bewertungsportale

Arbeitgeberrankings und Arbeitgeberwettbewerbe gibt es international und auch in Deutschland zahlreiche. Sie beschäftigen sich mit den verschiedensten Aspekten der Arbeitgeberqualität oder des Employer Brandings.

Klassische Arbeitgeberrankings erfassen die externe Arbeitgeberattraktivität, also wie ein Arbeitgeber von außen wahrgenommen wird. Vereinfacht beschrieben bewerten Berufserfahrene, Studierende oder Schüler:innen Faktoren, die einen Arbeitgeber beschreiben, zu einem bestimmen Unternehmen oder ordnen Unternehmen danach an,

K. Bierer (✉)
CLEVIS GmbH, München, Deutschland
E-Mail: k.bierer@clevis.de

M. Rütten und K. Bierer (Hrsg.), *Future Talents*,
https://doi.org/10.1007/978-3-658-33023-1_3

wie sie bestimmte Faktoren zu erfüllen scheinen. Die Marktforschungsunternehmen hinter diesen Befragungen erstellen, basierend auf den Daten, Rankings und veröffentlichen diese in der Regel differenziert nach Zielgruppen, Branchen, Studiengängen o. ä. So veröffentlichen die großen Anbieter wie Trendence oder Universum jährlich Rankings, die beispielsweise die beliebtesten Arbeitgeber von Studierenden küren. Bei Wirtschaftswissenschaftler:innen und Ingenieurwissenschaftler:innen sind seit Jahren die deutschen Automobilkonzerne, sowie die IT-Giganten Apple und Google auf den vorderen Plätzen vertreten. Die bewerteten Unternehmen haben die Möglichkeit, kostenpflichtig Benchmarkings zu erwerben und so einen detaillierten Einblick in die Treiber ihrer Platzierung zu bekommen. Außerdem lassen sich Aussagen über grundsätzliche Attraktivität, Motivation und Einstellungen der jeweiligen Zielgruppe treffen.

Im Gegensatz dazu stehen Arbeitgeberwettbewerbe. Unternehmen beauftragen kostenpflichtig einen Audit durch Institute wie Great Place to Work oder Top Job. Welche Faktoren dabei herangezogen werden, unterscheidet sich zwischen den Instituten. Jobsicherheit, Karrierechancen, Unternehmenskultur oder Nachhaltigkeit – jedes Institut hat einen eigenen Ansatz. Auch die Methoden sind verschieden, meist werden aber persönliche Interviews und Fragebögen konsolidiert und führen zu den Auszeichnungen und der Verleihung von Gütesiegeln. Diese wiederum können für internes und externes Employer Branding genutzt werden.

Mit Glassdoor und kununu haben sich in den vergangenen Jahren noch weitere Plattformen ergeben, die sich mit der Qualität von Arbeitgebern auseinandersetzen. Auf diesen Portalen bewerten aktuelle und ehemalige Mitarbeiter:innen ihren Arbeitgeber – analog zu Produktbewertungen in Onlineshops. Ähnlich wie bei diesen Produktbewertungen muss aber keinerlei Nachweis darüber vorliegen, dass wirklich ein Arbeitsverhältnis mit dem Unternehmen besteht oder bestand. Die Bewertung kann jederzeit vorgenommen werden. Wieder werden verschiedene Faktoren herangezogen, für welche sowohl der Gesamtdurchschnitt als auch die einzelnen Bewertungen und Begründungen frei zugänglich sind. Organisationen haben die Möglichkeit, kostenpflichtig ein Employer Branding-Profil freizuschalten. Kununu zeichnet außerdem in Kooperation mit FOCUS jährlich die besten Arbeitgeber auf Basis dieser Bewertungen aus und bietet ebenfalls ein kostenpflichtiges Siegel für die Verwendung im internen und externen Employer Branding an.

3.2 Konzept des Future Talents Reports

Ähnlich wie die Arbeitgeberbewertungsportale funktioniert der Future Talents Report von CLEVIS (s. Abb. 3.1). Dieser stellt aber eine Verknüpfung zur externen Sichtweise der Arbeitgeberrankings her. Alleinstellungsmerkmal des Future Talents Reports ist, dass die Teilnehmer:innen zusätzlich zur Bewertung der erlebten Arbeitgeberqualität im Praktikum auch die Außenwahrnehmung eines anderen, zufällig ausgewählten Unternehmens bewerten. So kann über diese zweite Dimension eine differenzierte Aussage über die Arbeitgeberattraktivität des Unternehmens abgeleitet werden.

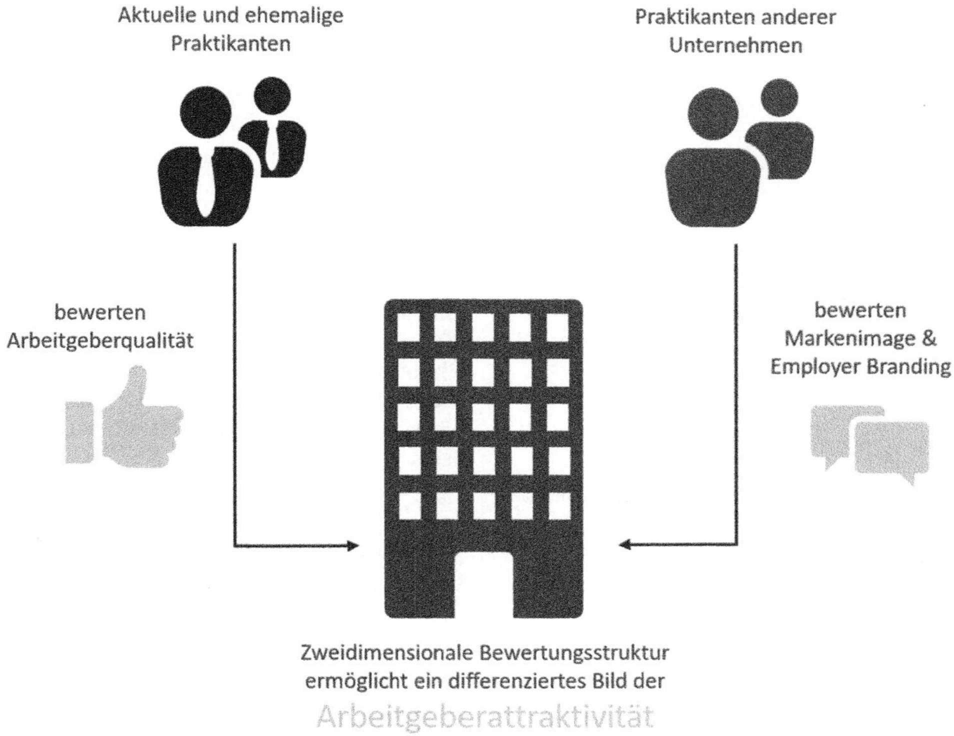

Abb. 3.1 Schema des Future Talents Report

Prinzipiell wurde die Struktur des Fragebogens über die Jahre hinweg beibehalten, Abweichungen gibt es aber in einzelnen Fragestellungen, um auf Änderungen der gesetzlichen Rahmenbedingungen und neue wissenschaftliche Erkenntnisse reagieren zu können. Außerdem werden jedes Jahr neue Fokusthemen gesetzt (s. Tab. 3.1).

Seit 2010 werden jährlich Praktikant:innen und Werkstudent:innen im Rahmen einer Online-Befragung aufgefordert, ihr Praktikum zu bewerten. Im Schnitt teilen ca. 6000 Teilnehmer:innen ihre Erfahrungen. Ca. 80 % der Bewertungen werden dabei von den Arbeitgebern selbst generiert, d. h. die Unternehmen fordern per E-Mail oder im Intranet ihre Praktikant:innen auf ihre Bewertung abzugeben. Diese hohe Anzahl spricht für das Interesse der Unternehmen zum einen am Feedback der Praktikant:innen und Werkstudent:innen und zum anderen aber auch am Stellenwert dieser Mitarbeitergruppe. Die restlichen 20 % werden über Hochschulen, Teilnehmer:innen aus vergangenen Jahren, Social Media und Kooperationspartnern wie kununu und Absolventa generiert.

Die Breite des Fragebogens ermöglicht es für die so zukunftsträchtige Zielgruppen der Generation Y und Generation Z, also der Future Talents, Merkmale attraktiver Arbeitgeber, wichtige Merkmale einer Führungskraft, aber auch Antriebs- und Motivationsfaktoren abzuleiten.

Tab. 3.1 Struktur des Future Talents Fragebogens

Struktur des Future Talents Fragebogens	Beispiele aus dem Fragenbogen
Merkmale des Praktikums	Handelt es sich bei Deinem Praktikum um ein Pflichtpraktikum? In welchem Bereich Deines Unternehmens bist Du tätig? Welche dieser Onboardingleistungen werden bzw. wurden während Deines Praktikums angeboten?
Interne Sichtweise: Arbeitgeberqualität im Praktikum	Ich habe die Möglichkeit, meinen Kollegen offen und ehrlich Feedback zu geben Während meines Praktikums werden mir Möglichkeiten zur Weiterentwicklung geboten Ich würde mich generell erneut bei dem Unternehmen bewerben
Externe Sichtweise: Markenimage & Employer Branding	Das Unternehmen A ist ein Unternehmen, mit dem ich mich mehr identifizieren kann als mit anderen Unternehmen Das Unternehmen A ist ein Unternehmen, bei dem ich es mehr als bei anderen Unternehmen bedauern würde, wenn es nicht mehr bestünde
Persönlichkeitsmerkmale	Später im Beruf Karriere zu machen ist mir wichtig Ich werde leicht nervös und unsicher
Demographische Angaben	Welcher Fächergruppe gehört Dein Studienfach an? In welchem Jahr wurdest Du geboren?

3.3 Was und wie sich das Praktikum verändert hat

Dass das Praktikum sich über die vergangenen zehn Jahre stark verändert hat, ist unstrittig und hat verschiedene Gründe.

Wurde in den letzten Jahren dem Praktikum bereits mehr Wertschätzung entgegengebracht und war in vielen Branchen die kaffeekochende und kopierende Generation Praktikum nur noch eine Randerscheinung, so mussten sich Ende 2014 alle Organisationen – unabhängig von Branche und Größe – auf geänderte gesetzliche Rahmenbedingungen einstellen.

Die Einführung des Mindestlohns für einen Teil der Praktika (Kap. 2) hat Unternehmen 2015 gezwungen, sich über die Gehaltsstruktur ihrer Praktika und somit auch über die Praktikantenprogramme Gedanken zu machen. In den meisten Branchen hat die Einführung von damals 8,50 € pro Stunde (2020: 9,35 €) den „Preis" für ein Praktikum deutlich erhöht. Außerdem mussten Unternehmen durch die Differenzierung des Mindestlohns sich Gedanken machen, inwiefern der Grundsatz „Gleicher Lohn für gleiche Arbeit", der bis dahin in vielen Unternehmen für Praktika galt, nun noch relevant ist. In der Regel wurden bis dato Praktikant:innen innerhalb eines Unternehmens gleich bezahlt. Lediglich

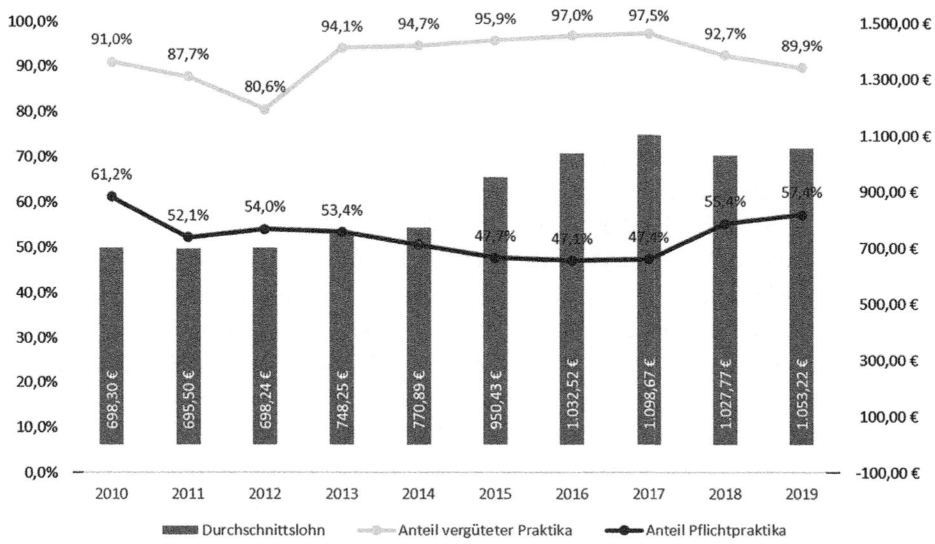

Abb. 3.2 Entwicklung der Praktikumsvergütung seit 2010

eine Differenzierung nach Standorten oder Abteilungen kam gelegentlich vor. Durch die Trennung von Pflichtpraktika und freiwilligen Praktika durch den Gesetzgeber stand nun aber die Frage im Raum, für welche Richtung sich Arbeitgeber entscheiden:

- Sollen Praktikumsarten gleichgesetzt werden und somit für alle Praktika der Mindestlohn im Unternehmen gezahlt werden?
- Sollen Pflichtpraktikant:innen mit einer geringeren Entlohnung diskriminiert werden?
- Sollen freiwillige Praktika nur noch bis zu einer Dauer von drei Monaten angeboten werden?

Unternehmen haben sich hier sehr unterschiedlich entschieden. Insgesamt hat der Mindestlohn zumindest im Jahr 2015 aber dazu geführt, dass sich das Praktikumsangebot verändert hat [1].

Abb. 3.2[1] zeigt deutlich, dass die Einführung des Mindestlohns im Jahr 2015 zu einer Erhöhung des durchschnittlichen Bruttolohns von Praktikant:innen geführt hat und die Zahl der unbezahlten Praktika gesunken ist. Allerdings fällt auch auf, dass in den vergangenen zwei Jahren der Anteil bezahlter Praktika und auch der Bruttolohn rückläufig sind, obwohl der Mindestlohn gestiegen ist. Gleichzeitig ist der Anteil der Pflichtpraktika[2] in diesen Jahren gestiegen. Die Vermutung liegt nahe, dass Unternehmen die Gehälter zwischen Pflicht- und freiwilligen Praktika durchaus unterscheiden.

[1]Die Jahreszahlen geben die Befragungsperiode wieder, die Veröffentlichung der Studie erfolgt dann jeweils im Januar des darauffolgenden Jahres.

[2]Im Jahr 2014 war die Frage, ob es sich bei dem Praktikum um ein Pflichtpraktikum handelt, nicht im Fragebogen enthalten, weswegen in der Grafik für dieses Jahr kein Mittelwert ausgewiesen werden kann.

3.4 Gehalt und Arbeitszeit

Der für Praktikant:innen gezahlte Bruttolohn ist zwar größtenteils gesetzlich geregelt, was darüber hinaus gezahlt wird unterscheidet sich jedoch stark zwischen einzelnen Branchen. Branchen mit tendenziell überdurchschnittlichen Arbeitszeiten, wie die Branchen Unternehmensberatung, Wirtschaftsprüfung & Recht (1175 € pro Monat) bieten ein überdurchschnittlich hohes Gehalt, erwarten aber auch entsprechende Gegenleistungen. Nur Arbeitgeber der Branche Konsum- & Gebrauchsgüter zahlen mit 1331 € nochmal deutlich mehr. Die mit Abstand geringsten Gehälter im Rahmen eines Praktikums werden in der öffentlichen Verwaltung (336 € pro Monat) und in Forschungseinrichtungen (625 € pro Monat) gezahlt. Sogar in der Branche Vereine, NGOs & soziale Dienste werden im Durchschnitt 653 € pro Monat gezahlt (s. Abb. 3.3).

In der Branche Unternehmensberatung, Wirtschaftsprüfung & Recht scheint das Erwartungsmanagement bzgl. der Arbeitszeiten und Überstunden offen und transparent zu laufen, denn auch trotz der durchschnittlich höchsten Überstundenanzahl pro Woche, sind die Praktikant:innen mit der Anzahl der Überstunden zufriedener als der Studiendurchschnitt (3,5), (s. Abb. 3.4).

2020 [2] machten 44 % der Future Talents regelmäßig Überstunden, was negativ mit der Gesamtzufriedenheit des Praktikums korreliert. Das bedeutet, je mehr Überstunden, desto geringer die Zufriedenheit mit dem Praktikum und dem Arbeitgeber. Gleichzeitig haben Maßnahmen, die einen positiven Einfluss auf die Work-Life-Balance haben können, auch einen positiven Einfluss auf die Zufriedenheit mit dem Praktikum

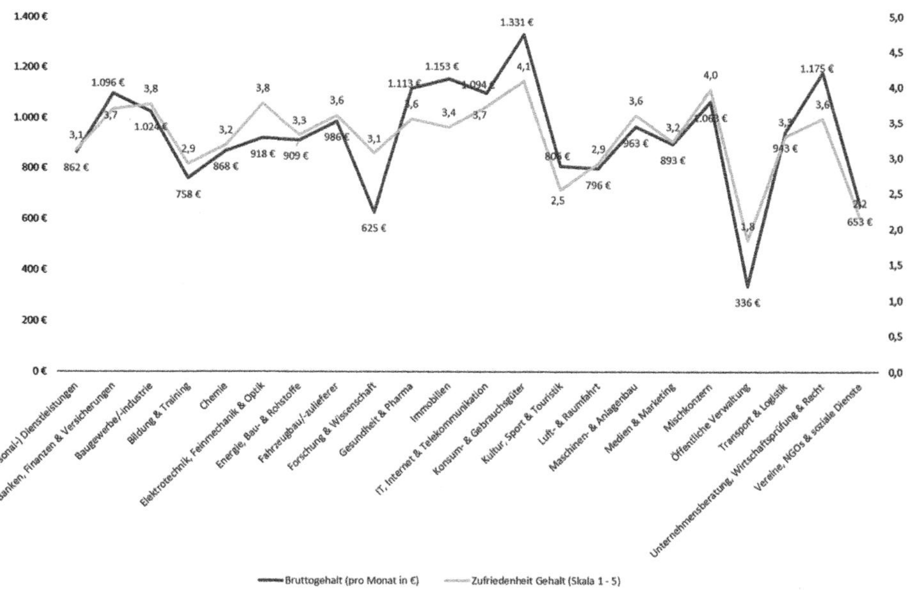

Abb. 3.3 Durchschnittsgehalt und Zufriedenheit mit Gehalt nach Branchen

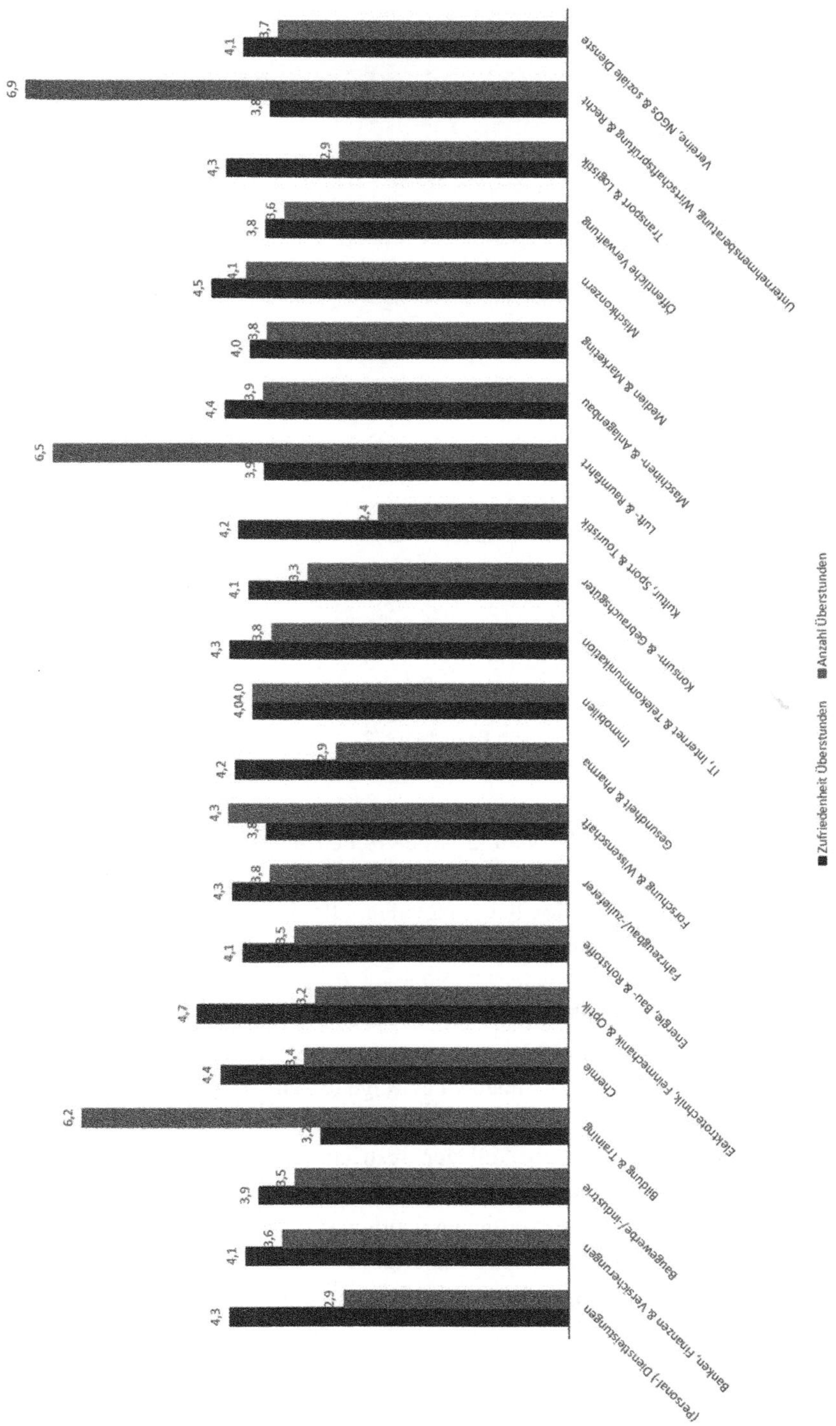

Abb. 3.4 Überstunden differenziert nach Branchen

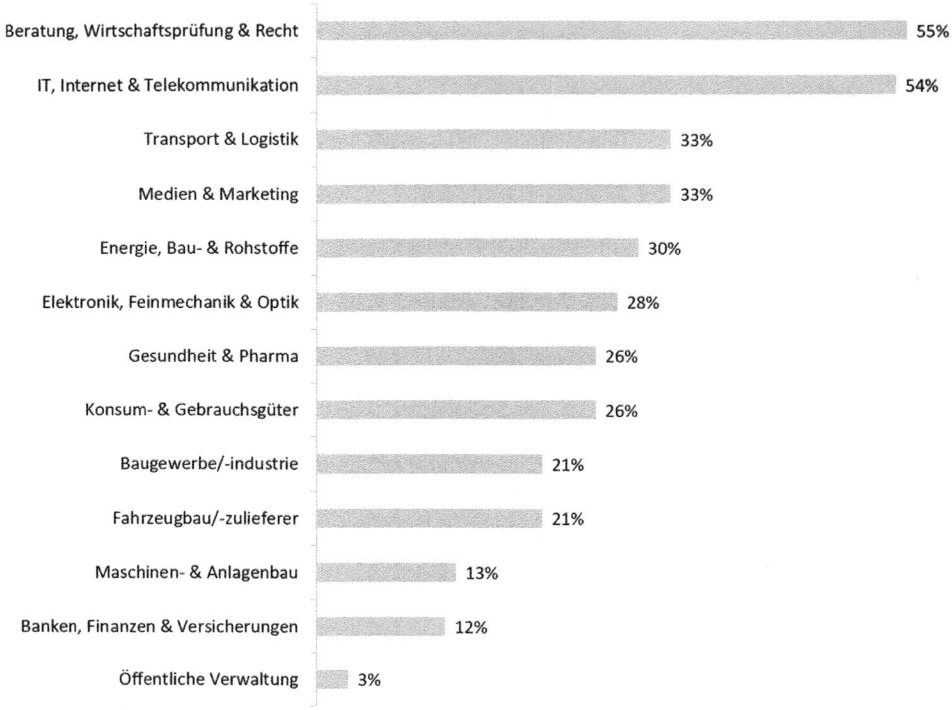

Abb. 3.5 Home-Office differenziert nach Branchen [2]

sowie auf die Bereitschaft, sich erneut bei dem Unternehmen zu bewerben. Unternehmen, die Möglichkeiten wie flexible Arbeitszeiten und Home-Office anbieten, sind folglich attraktiver für Future Talents. Fast 90 % der Praktikant:innen haben zwar die Möglichkeit ihre Arbeitszeiten flexibel einzuteilen, allerdings haben nur knapp 30 % die Möglichkeit auch aus dem Home-Office zu arbeiten. Besonders die Branchen Beratung, Wirtschaftsprüfung & Recht sowie IT, Internet & Telekommunikation bieten ihren Praktikant:innen und Werkstudent:innen am häufigsten die Möglichkeit im Home-Office zu arbeiten. Da insbesondere in Unternehmensberatungen mobiles und ortsunabhängiges Arbeiten Teil des Alltags ist, finden die Regelungen für feste Mitarbeiter:innen anscheinend auch Anwendung im Praktikum. In weniger mobilen und aufgrund von beispielsweise datenschutzrechtlichen Auflagen restriktiveren Branchen, wie z. B. in der öffentlichen Verwaltung und im Sektor Banken, Finanzen & Versicherungen ist eine Home-Office-Regelung für Praktikant:innen deutlich seltener (s. Abb. 3.5).

Besonders in diesen Branchen sollten Arbeitgeber überlegen, welche anderen Anreize geschaffen werden können, um die Work-Life-Balance attraktiver gestalten zu können.

3.5 Gründe für ein Praktikum und einen Arbeitgeber

Im Rahmen des Future Talents Reports werden seit mehr als zehn Jahren Studierende zu ihren Erfahrungen im Rahmen des Praktikums befragt, d. h. es werden Praktika, die während des Studiums oder im Gap Year absolviert werden, bewertet. Schülerpraktika o.ä. sind nicht Teil der Befragung.

Wie in Abschn. 3.3 erwähnt, sind mehr als die Hälfte der Praktika in den vergangenen Jahren Pflichtpraktika gewesen, die im Rahmen einer Studienordnung als Bestandteil des Studiums vorgesehen sind. Tatsächlich ist die Vorschrift durch die Studienordnung aber bei den meisten Pflichtpraktikant:innen nicht die Hauptmotivation für das Praktikum. 2019 gaben knapp 87 % den Wunsch Berufserfahrung zu sammeln und etwas zu lernen als Grund für ihr Praktikum an. Ebenso war für 80 % die Vorgabe der Hochschule ein Grund, gefolgt von der Möglichkeit den Lebenslauf aktiv durch die Praxiserfahrung zu gestalten (s. Abb. 3.6).

Damit unterscheidet sich die Rangfolge der Gründe bei Personen, die ein freiwilliges Praktikum absolvierten, nicht allzu groß, nur die Ausprägungen sind deutlicher. Mehr als neun von zehn Teilnehmer:innen gaben als Hauptgrund an, praktische Erfahrungen sammeln zu wollen, gefolgt davon, dass sich ein Praktikum gut im Lebenslauf macht. Ein Viertel der Praktikant:innen absolvierte das Praktikum, um Geld zu verdienen.

Der Faktor, etwas lernen zu wollen, spielt aber nicht nur eine Rolle, wenn es darum geht, ob man überhaupt ein Praktikum machen möchte, sondern auch wenn es um die konkrete Entscheidung für einen Arbeitgeber geht. Der am häufigsten genannte Grund, warum man sich für einen Arbeitgeber entschieden hat, ist, dass man davon überzeugt ist in dem Unternehmen viel zu lernen, gefolgt davon, theoretische Inhalte aus dem Studium in der Praxis anwenden zu können und ein bestimmtes Berufsfeld oder eine bestimmte Branche kennenzulernen. Der

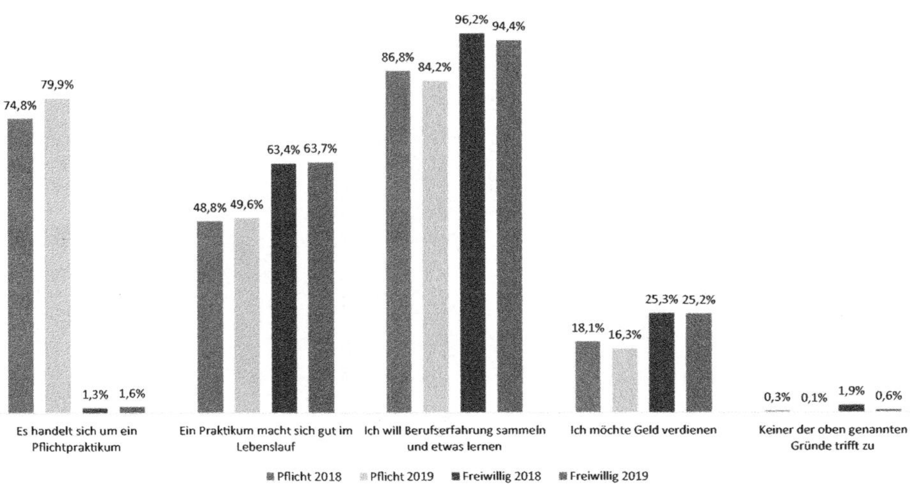

Abb. 3.6 Gründe für ein Praktikum [3, 4]

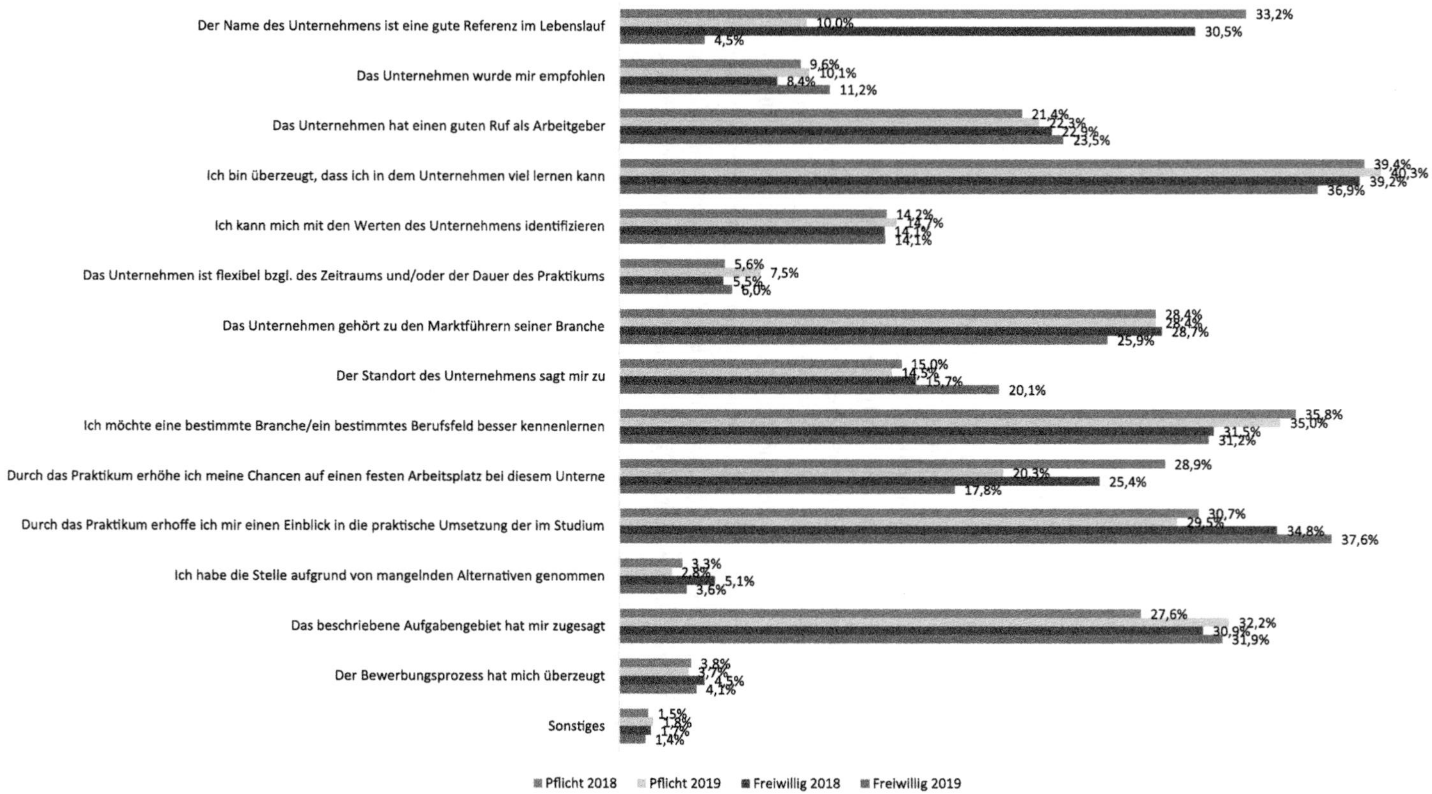

Abb. 3.7 Entscheidungsgründe für einen Arbeitgeber [3, 4]

Orientierungscharakter eines Praktikums steht also klar im Vordergrund für Future Talents. Dass die Future Talents für ein Praktikum auch sehr mobil sind und bereit sind umzuziehen, bestätigt auch der Faktor, dass 2019 nur für 14,5 % (Pflichtpraktikum) bzw. 20,1 % (Freiwilliges Praktikum) der Standort des Unternehmens bei der Entscheidung eine Rolle spielte. Dies wird auch dadurch bestätigt, dass der Anteil der Praktikant:innen, die für ein Praktikum umgezogen sind, seit Jahren bei 50 % liegt. Noch weniger Einfluss auf die Entscheidung hat der Auftritt des Arbeitgebers im Recruiting-Prozess. Ob dies daran liegt, dass es den Bewerber:innen grundsätzlich egal ist, wie ein Unternehmen im Bewerbungsprozess auftritt oder die Bewerbungsprozesse der Unternehmen alle einen professionellen Eindruck machen, können die Zahlen nicht erklären (s. Abb. 3.7).

3.6 Was Future Talents wichtig ist

Eine der wichtigsten Aussagen des Future Talents Reports ist, welche Faktoren eines Praktikums zu zufriedenen Praktikant:innen führen. Die Ergebnisse lassen sich aber nicht nur auf das Anstellungsverhältnis „Praktikum" verwenden, sondern es lässt sich daraus auch ableiten, was den Generationen Y und Z wichtig bei ihrer Arbeit ist. Im Fragebogen werden über verschiedene Items Faktoren von den Teilnehmer:innen bewertet, deren Einfluss im Rahmen von Regressionsanalysen auf die Arbeitgeberzufriedenheit analysiert wird. Diese Faktoren erfassen wissenschaftlich validiert folgende Dimensionen des Praktikums:

- Lernen legt den Fokus auf die Zufriedenheit mit dem Lernpotenzial und Weiterentwicklungsmöglichkeiten.
- Führung umfasst die Zufriedenheit mit der Führungskraft bzw. Fachbetreuer:in.
- Aufgabengestaltung erfasst das Maß an Autonomie und interessanten Aufgaben, sowie den empfundenen Mehrwert.
- Teamklima beschreibt die Arbeitsatmosphäre und ob sich Teammitglieder gegenseitig unterstützen und Feedback geben.
- Arbeitsbedingungen fragt u. a. nach der Work-Life-Balance und der Arbeitsbelastung.
- Vergütung untersucht die Angemessenheit der Bezahlung.
- Arbeitszeit erfasst die Angemessenheit der Arbeitszeiten.

Die Ergebnisse über die einzelnen Jahre weisen dabei Parallelen auf. Die Faktoren Lernen, Führung und Aufgabengestaltung haben den größten Einfluss auf die Arbeitszufriedenheit. Der Einfluss von Teamklima und Arbeitsbedingungen ist zwar vorhanden, aber deutlich geringer. Den kleinsten Einfluss hat die Vergütung auf die Arbeitszufriedenheit, die Angemessenheit der Arbeitszeit hat keinen signifikanten Einfluss (s. Abb. 3.8).[3]

---

[3]Im Abschn. 3.4 wurde die Korrelation der absoluten Anzahl an Überstunden mit der Gesamtzufriedenheit analysiert, während in diesem Kapitel der Einfluss der Aussage „Ich empfinden die Arbeitszeit als angemessen." analysiert wurde.

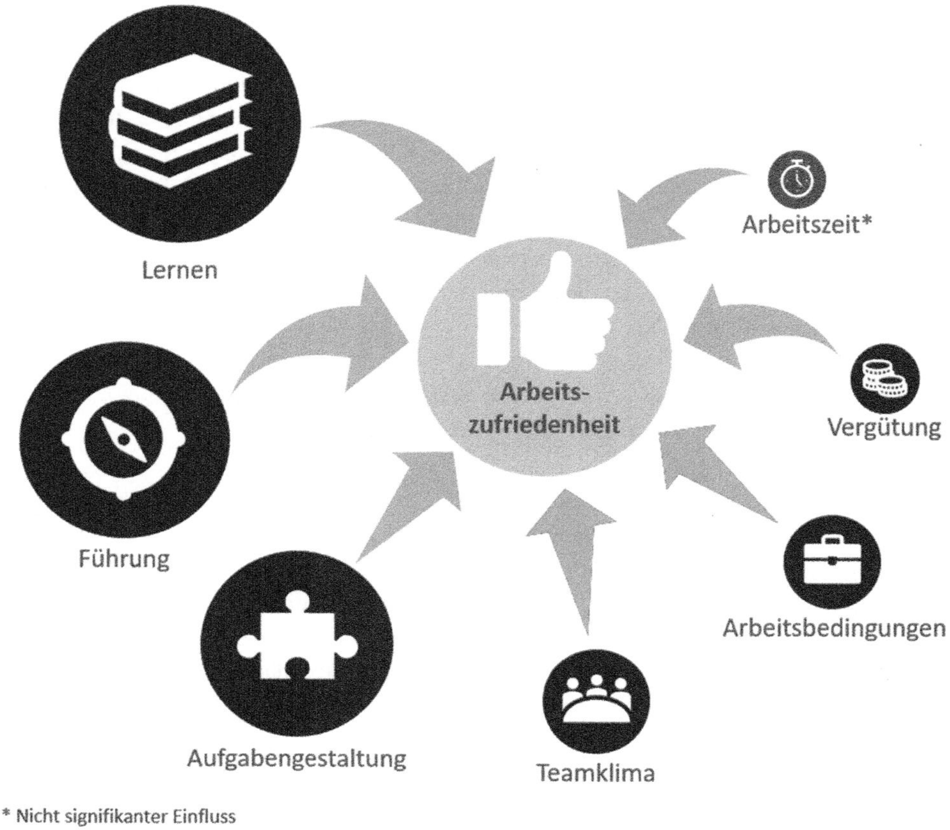

Abb. 3.8 Einflussfaktoren auf die Arbeitszufriedenheit 2018

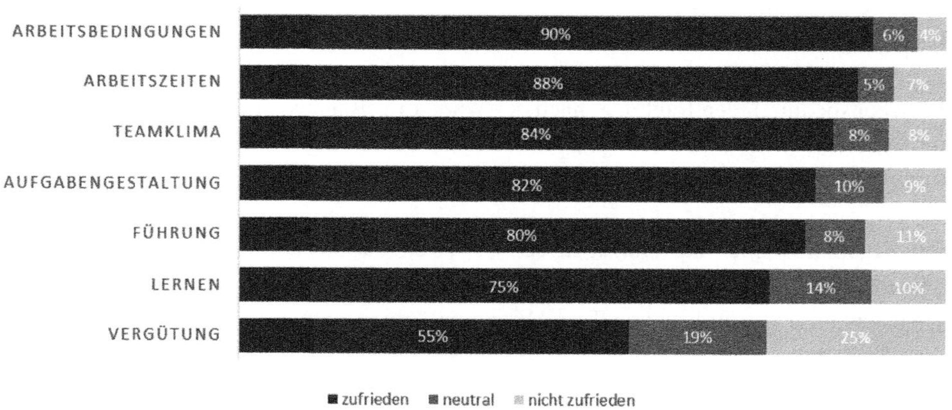

Abb. 3.9 Zufriedenheit mit den Einflussfaktoren 2018

Zwar sind die Praktikant:innen mit den einzelnen Faktoren durchaus sehr zufrieden, allerdings gibt es bei den relevantesten Faktoren Lernen, Führung und Aufgabengestaltung noch den größten Aufholbedarf (s. Abb. 3.9).

Dass Lernen, Führung und Aufgabengestaltung stark miteinander zusammenhängen, ist nicht von der Hand zu weisen. Kurz gesagt, eine gute Führungskraft kann durch sinnvolle Aufgabengestaltung eine hohe Lernkurve der Praktikant:innen sicherstellen. Wie genau das am besten erfolgt, wird im Folgenden detaillierter beschrieben.

3.6.1 Lernen

Nicht nur bei der Entscheidung für ein Praktikum und für einen Arbeitgeber spielt Lernen eine große Rolle. Teilnehmer:innen, die angegeben haben im Praktikum viel zu lernen und deren Erwartungen in Bezug auf die Lerneffekte im Praktikum erfüllt wurden, sind auch zufriedener mit ihrem Praktikum und dem Arbeitgeber. Großen Wert legen sie dabei darauf, theoretisches Wissen aus dem Uni-Alltag auch in der Praxis anwenden zu können, aber auch Neues dazu zu lernen. Über die Dauer eines mehrmonatigen Praktikums gerät aber auch schnell in Vergessenheit, was eigentlich alles bereits gelernt wurde. Durch die Arbeitserfahrung, die man mit der Zeit sammelt, werden die Fortschritte oftmals nicht mehr wahrgenommen. Hilfreich ist es, wöchentliche Lerntagebücher führen zu lassen, die dann gemeinsam mit der Führungskraft oder anderen Praktikant:innen regelmäßig besprochen werden. Leitfragen wie „Was habe ich in der vergangenen Woche gelernt? Was war neu für mich? Was war meine größte Herausforderung?“ unterstützen die Selbstreflexion und halten regelmäßig den Spiegel vor, wo sich der:die Praktikant:in selbst weiterentwickelt hat. Ist in der ersten Woche die Teilnahme an einer Telefonkonferenz noch besonders aufregend, zählt die Moderation eines Meetings später vielleicht schon zu einer Selbstverständlichkeit und wird nicht mehr als persönliche Weiterentwicklung wahrgenommen.

Praktikantenmeetings, in denen die Lerntagebücher mit anderen Future Talents aus anderen Abteilungen besprochen werden, verstärken außerdem die Lernkurve, indem an den Aufgabengebieten und Herausforderungen von Kolleg:innen teilgenommen wird. Dies kann zusätzlich noch durch die Teilnahme an internen Weiterbildungen unterstützt werden. Sollte das aus organisatorischen Gründen oder aus Mangel an einem Angebot nicht möglich sein, bietet es sich auch an, dass sich die Future Talents sich gegenseitig weiterbilden. So kann der Excel-Profi eine Schulung für die Kolleg:innen anbieten oder die Person, die Mitglied im Debattierclub der eigenen Hochschule ist, einen Workshop dazu durchführen.

Am wichtigsten für die Lernkurve sind regelmäßige Feedbackgespräche mit der Führungskraft, sowie mit anderen Teammitgliedern. In diesen Gesprächen, beispielsweise nach jedem Drittel des Praktikums, sollten sowohl Rückblick als auch Ausblick gegeben werden und Stärken und Entwicklungspotenziale aufgezeigt werden.

3.6.2 Führung

Allein mit regelmäßigen Feedbackgesprächen wird ein Future Talent jedoch noch lange nicht gut geführt. Eine gute Führungskraft fordert und fördert ihre Mitarbeiter:innen. Das gilt für seniore Mitarbeiter:innen in einer Festanstellung ebenso wie für Praktikant:innen und Werkstudent:innen. Dabei gibt es keinen Masterplan, sondern ist es wichtig, dass auf die Praktikant:innen individuell eingegangen wird. Das fängt schon damit an, dass sich jemand als Führungskraft verantwortlich fühlt und die Future Talents ihre Führungskraft auch kennen und wahrnehmen. Oftmals scheitert es bereits daran, dass am ersten Arbeitstag, geschweige denn davor, bekannt ist, wer die Fachbetreuung für den:die Praktikant:in übernimmt. Bestenfalls wird schon im Rahmen des Prebordings oder sogar im Bewerbungsprozess benannt, wer als Führungskraft Ansprechpartner:in ist. Diese Person ist in erster Linie für die Aufgabengestaltung und Feedbackprozesse zuständig und nimmt so wesentlichen Einfluss auf die Lernkurve.

Welche Faktoren einer guten Führungskraft dabei zugute geschrieben werden, ist nicht sonderlich überraschend. Fachliche Kompetenz und Teamgeist ist den Future Talents besonders wichtig. Für Führungskräfte ist es herausfordernd jemandem, der gerade mitten im Studium ist und die ersten praktischen Erfahrungen sammelt, das Vertrauen für verantwortungsvolle Aufgaben entgegen zu bringen. Dafür wird man jedoch oft schnell belohnt. Gelingt es gleichermaßen zu fördern und selbständiges Arbeiten zu ermöglichen, kann auch gefordert werden, was zu einer Weiterentwicklung des Future Talents führt. Eine positive Fehlerkultur trägt dazu bei.

Kommunikation und Feedback sind für diese Weiterentwicklung essenziell und gleichzeitig die Fähigkeiten, die sich Future Talents von ihrer Führungskraft wünschen. Beide Aspekte kommen aber oftmals zu kurz und werden von den Praktikant:innen vermisst. 2020 wurde nur mit 40 % der Future Talents ein Abschlussfeedback geführt. Zwei Jahre zuvor bekam immerhin noch jedes zweite Future Talent die Chance im Abschlussfeedback gemeinsam die vergangenen Monate Revue passieren zu lassen, Stärken und Entwicklungspotenziale aufgezeigt zu bekommen und Optimierungspotenziale im Unternehmen zu benennen. Dabei sind diese Feedbackgespräche nicht nur für die Weiterentwicklung relevant, sondern zeigen den Future Talents auch den Mehrwert auf, den ihre Arbeit bewirkt. Den Sinn der Tätigkeit oder Aufgabe und deren Wirkung im Team, in der Abteilung oder das Unternehmen aufzuzeigen, führt bei Future Talents zu einer höheren Zufriedenheit. Führungsqualität beeinflusst aber nicht nur die Arbeitszufriedenheit, sondern hat auch einen hohen Einfluss auf die Intention sich erneut bei dem Arbeitgeber zu bewerben und das Praktikum weiterzuempfehlen. Schlechte Führung ist somit die Pipeline für schlechte Mundpropaganda und ein K.O.-Kriterium für die Wiederbewerbung. Hinzukommt, dass unsere Future Talents die Führungskräfte von morgen sind. Bekommen sie einen schlechten Führungsstil vorgelebt, besteht die Gefahr, dass sie diesen zukünftig übernehmen. Führungskräfte müssen sich also ihrer wichtigen Aufgabe bewusst sein und die notwendige Zeit und die relevanten Instrumente, wie beispielsweise Feedbackprozesse, an die Hand gegeben bekommen.

3.6.3 Aufgabengestaltung

Future Talents wollen ein hohes Maß an Autonomie und gleichzeitig ein angemessenes Anforderungsniveau bei den Tätigkeiten. Diese Anforderungen zu erfüllen ist für

Führungskräfte nicht einfach, insbesondere, da der Grat zwischen Überforderung und Unterforderung bei jungen Kolleg:innen oftmals sehr schmal ist.

Der Grundstein wird bereits im Bewerbungsgespräch gelegt, im Rahmen dessen Aufgaben und Verantwortungsbereiche des Praktikums besprochen werden. Hilfreich kann es sein, dass im Gespräch die aktuellen Praktikant:innen unterstützen und einen authentischen Einblick in die Tätigkeit und die Arbeit geben. Missverständnisse und falsche Erwartungen können so vermieden werden. Der zweite Grundstein sollte dann im Rahmen eines Kick-Off-Gespräch zu Beginn des Praktikums gelegt werden. Hier sollten die persönlichen Ziele und Erwartungen besprochen werden. Diese kann dann bei der Planung der ersten Aufgaben berücksichtigt, in regelmäßigen Feedbacks abgeglichen und auf Fortschritt evaluiert werden. Eine Kombination aus Routineaufgaben und Projektaufgaben unterstützt den Orientierungscharakter des Praktikums, der sehr gefragt ist.

Ebenso wichtig wie welche Aufgaben übertragen werden, ist auch, wie die Aufgaben übertragen werden. Für ein ausführliches Briefing sollte sich die Führungskraft oder ein anderes Teammitglied Zeit nehmen. Wichtige Leitfragen sind bei der Aufgabenstellung:

- Warum ist die Aufgabe wichtig?
- Was ist das Ziel dieser Aufgabe?
- Was ist die Erwartung an das Ergebnis?
- Bis wann soll die Aufgabe abgeschlossen sein?

Die Aufgabe sollte soweit wie möglich ohne Vorgaben zur Herangehensweise gestellt werden. Dies bietet dem Future Talent zum einen die Möglichkeit Verantwortung zu übernehmen und selbständig zu arbeiten, aber auch theoretische Inhalte aus dem Studium mit der Praxis im Arbeitsalltag zu verbinden. Zum anderen kann man als Unternehmen nur davon profitieren, wenn ein Thema ohne die betrieblichen Scheuklappen und Routinen bearbeitet wird. Die wissenschaftliche Herangehensweise von Studierenden dient dabei als Basis.

Regelmäßige Check-Ins bei längeren Aufgaben bzw. eigenen Projekten dienen dazu sicherzustellen, dass es in die richtige Richtung geht. Die Führungskraft sollte hierbei als Sparringspartner und Coach zur Verfügung stehen.

Fazit

Die Arbeit mit Studierenden in Form von Praktika oder Werkstudententätigkeiten hat sich in den vergangenen Jahren von der Möglichkeit günstig qualifizierte und sehr gut ausgebildete Arbeitskräfte zu bekommen, hin zu einem relevanten, strategischen HR-Instrument entwickelt. Das Praktikum ist für Unternehmen die Chance sich bei den Future Talents, also der nächsten Generation von Fach- und Führungskräften, als Arbeitgeber zu positionieren. Gleichzeitig lernen Unternehmen die Future Talents als Arbeitnehmer:innen, Mitarbeiter:innen und Teammitglieder inklusive aller Stärken und Schwächen kennen und können diese im Rahmen von strukturierten Talent Relationship Management im Anschluss sogar an sich binden bzw. die Zusammenarbeit nach Abschluss der akademischen Ausbildung in einer Festanstellung fortführen. Voraussetzung dafür ist die Zufriedenheit auf beiden Seiten. Für die Zufriedenheit mit dem Praktikum sind Gehalt und Arbeitszeit nachrangig, den größten Einfluss auf die Zufriedenheit mit dem Arbeitgeber haben die Lernkurve, Führung und die Aufgabengestaltung. Dabei ist vor allem wichtig, dass in regelmäßigen Feedbackgesprächen die Aufgabegestaltung und die Lernkurve reflektiert und entsprechende Maßnahmen gemeinsam von Führungskraft und Future Talent definiert werden.

HR muss den Führungskräften Instrumente an die Hand geben, die dabei unterstützen, die drei Dimensionen von Lernen, Führung und Aufgabengestaltung zu erfüllen. Führungsinstrumente wie institutionalisierte Feedbackprozesse und strukturierte On- und Offboarding-Prozesse geben der Führungskraft Sicherheit, um individuell auf die Bedürfnisse des Future Talents einzugehen und so das Beste für Unternehmen und Future Talents herauszuholen. ◀

Literatur

1. Randstad/ifo Institut. (2016). Personalleiterbefragung Randstad-ifo-flexindex. Ergebnisse 1. Quartal 2016. Eschborn.
2. CLEVIS GmbH. (2020). CLEVIS Future Talents Report 2020. München.
3. CLEVIS GmbH. (2019). CLEVIS Future Talents Report 2019. München.
4. CLEVIS GmbH. (2018). CLEVIS Praktikantenspiegel 2018. München.

Kristina Bierer ist seit 2010 bei der CLEVIS GmbH tätig und vom ersten Tag an für das Thema Future Talents zuständig. In den vergangenen zehn Jahren hat sie den Future Talents Report zur größten, regelmäßigen Befragung zu allen Themen rund um die Nachwuchskräfte der nächsten Generationen aufgebaut und kennt wie wenig andere die Zielgruppe, die sie als Game Changer im Fokus der Digitalisierung beschreibt. Als Projektleiterin und Partnerin bei der CLEVIS GmbH leitet sie außerdem erfolgreich Projekte rund um die Digitalisierung und Transformation von zukunftsfähigen HR-Prozessen und betreut Kunden verschiedenster Branchen und Größen von der Konzeption bis zur Umsetzung.

Ja, was erwarten sie denn – die Studierenden von ihrem Praktikum?

4

Peter M. Wald

Inhaltsverzeichnis

4.1 Einführung und derzeitige Situation 43
4.2 Erwartungen der Hochschulen und Unternehmen 45
4.3 Erwartungen der Studierenden 46
Literatur 53

4.1 Einführung und derzeitige Situation

Praktika im Hochschulstudium sind immer wieder Gegenstand von Diskussionen aus Sicht aller Beteiligten: Hochschulen, Unternehmen und Praktikanten. Oft kollidieren hier Wünsche und Erwartungen der verschiedenen Akteure. In diesem Beitrag soll ein wichtiger Aspekt für den Erfolg der Praktika betrachtet werden, die Erwartungen der Studierenden. Ihre Berücksichtigung beeinflusst den Praktikumserfolg entscheidend. Für die Ausführungen greift der Autor dieses Beitrages sowohl auf vorliegende Veröffentlichungen als auch auf Gespräche mit Studierenden und auf eine Befragung von Studierenden zurück, die diese selbstständig im Rahmen von Lehrveranstaltungen im Wintersemester 2019/2020 durchgeführt haben. Hinzu kommen umfassende Erfahrungen aus einer fast 20-jährigen Tätigkeit als Hochschullehrer und damit auch als Betreuer unzähliger Praktika im In- und Ausland und die in den Kontakten mit den Unternehmen gesammelten Erfahrungen. In diesem Sinne können Praktika auch als Impulsgeber für Überlegungen der Hochschullehrer und als Brückenschlag zwischen Hochschule und

Peter M. Wald (✉)
Hochschule für Technik, Wirtschaft und Kultur Leipzig, Leipzig, Deutschland
E-Mail: Peter.M.Wald@htwk-leipzig.de

M. Rütten und K. Bierer (Hrsg.), *Future Talents*,
https://doi.org/10.1007/978-3-658-33023-1_4

betrieblicher Praxis verstanden werden. Auch wenn hier größtenteils die Erwartungen von Studierenden der Betriebswirtschaft vorgestellt werden, lassen sich die Erkenntnisse durchaus auf andere Studiengänge übertragen.

Für Praktika werden eine Reihe unterschiedlicher Begriffe, wie Praxisphase, -abschnitt, Pflichtpraktika etc., benutzt. Als Praktika werden in diesem Beitrag Pflichtpraktika betrachtet, d. h. diese sind in den jeweiligen Studien- und Prüfungsordnungen fest verankert und pflichtgemäß zu absolvieren. Ziel der Praktika ist es, die Beschäftigungsfähigkeit der Studierenden mit einem Ausbildungsabschnitt außerhalb der Hochschule zu erreichen. Es ist eine weithin anzutreffende Meinung, dass mit Hilfe von Praktika Qualifikationsdefizite kompensiert werden sollen, „die sich aus der Trennung zwischen theoretischem Studium und Praxiserfahrung ergeben" [3]. Zur Einführung von Pflichtpraktika ist es verstärkt im Zuge des Bologna-Prozesses gekommen. Hierzu wird im Bologna-Reader der Hochschulrektorenkonferenz (HRK) sowie in Veröffentlichungen des Akkreditierungsrates ausgeführt, dass Nachweise der Berufsbefähigung für die Akkreditierung von Studiengängen unabdingbar sind und dies mittels Praktika umgesetzt werden kann [1, 10].

Da die Erwartungen der Studierenden an diese Praktika im Zentrum dieses Beitrags stehen, ist dieser Begriff zu beschreiben. Erwartungen werden hier als Annahmen bzw. Aussichten darüber verstanden, was andere tun, tun würden oder tun sollten. Damit sind die zwei grundlegenden Charakteristika von Erwartungen umrissen: Ihr antizipativer Charakter – wie sich andere verhalten bzw. verhalten würden und ihr normativer Charakter – wie sich andere verhalten sollten. Erwartungen entstehen auf der Basis vorliegender Informationen über bestimmte Personen bzw. Organisationen und können demzufolge auch über die jeweils verfügbaren Informationen beeinflusst werden.

Bei Praktika handelt es sich, insbesondere hinsichtlich der zu erreichenden Beschäftigungsfähigkeit der Studierenden [8, 15], um unverzichtbare Bestandteile des Studiums. Für die Durchführung von Praktika gelten Regelungen, die in den jeweiligen Studien- oder Prüfungsordnungen der Universitäten bzw. Hochschulen enthalten sind. In der hier betrachteten Praktikumsordnung, als Bestandteil der Studien- und Prüfungsordnung [17], ist Folgendes zu lesen. „Die Praxisphase zielt auf eine enge Verbindung zwischen Studium und Berufspraxis ab. Sie dient dem Studenten als Einblick in geeignete Berufs- und Arbeitsfelder, zum Erwerb berufspraktischer Grundqualifikationen und zur Umsetzung des erworbenen theoretischen Wissens in praxisbezogene Handlungen." Trotz dieser nachvollziehbaren Aussagen ist bei einigen Akteuren auf Hochschulseite vereinzelt die Meinung zu hören, dass es sich bei Praktika eher um einen zu administrierenden Teil des Studiums handelt. Aus dieser Tatsache kann sich eine gewisse inhaltliche „Vernachlässigung" ergeben, die ihren Grund in möglicherweise gegensätzlichen Interessen von Unternehmen und Hochschulen haben. So erwarten Unternehmen bei ihren Praktikanten neben einer hohen Motivation oft auch Fähigkeiten, die einen unmittelbaren und effektiven Einsatz der Praktikanten im Unternehmen ermöglichen. Für die Hochschulen ist der „Zugriff" auf die Studierenden während des Praktikums nur noch mittelbar und zeitweise möglich. Nach Einschätzung von Experten „genügen die

Praktika in Qualität und Quantität häufig nicht den Erfordernissen" [15]. Die sichtbaren Qualitätsmängel und insbesondere die Möglichkeiten zu ihrer Behebung sind Gegenstand der Ausführungen im lesenswerten Fachgutachten „Qualitätsstandards für Praktika Bestandsaufnahme und Empfehlungen", das sich intensiv dem Stand und der gezielten Beeinflussung der Qualität von Praktika widmet [15].

4.2 Erwartungen der Hochschulen und Unternehmen

Aufgabe der Universitäten und Hochschulen ist es, mit Hilfe von Struktur und Inhalten der Studienangebote für eine Orientierung der Studierenden an sogenannten Berufsfeldern zu sorgen. Dafür gibt es neben den Praktika auch eine Reihe anderer Möglichkeiten, wie praxisorientierte Lehre, Praxisphasen, Abschlussarbeiten mit Praxisbezug, Zusammenarbeit mit Unternehmen, Austausch mit Praxisvertretern bei der Gestaltung der Lehre sowie Berufsberatung. Die zentrale Rolle der Studienelemente mit Praxisorientierung bzw. der Praktika ergibt sich durch die im Hochschulstudium zu erreichende Beschäftigungsfähigkeit der Studierenden. Pflichtgemäß im Studienablauf zu absolvierende Praktika sind deshalb nahezu unverzichtbar.

Die Erwartungen der Hochschule an diese Praktika finden sich eher in formalen Kriterien. Diese sind in den Regelungen zum Praktikum in den einschlägigen Prüfungs- und Studienordnungen festgehalten. So heißt es in der hier als Beispiel betrachteten Studienordnung im relevanten Abschnitt „Im vierten Semester sind 12 Wochen praktische Tätigkeit im Berufsfeld in das Studium integriert (Praxisphase). Im Zusammenhang mit der Praxisphase ist eine betreute wissenschaftliche Projektarbeit zu erstellen." Weitere Festlegungen zum Praktikum finden sich in einer Praktikumsordnung. Im Abschnitt Zielsetzung wird ausgeführt, dass die „Praxisphase ... auf eine enge Verbindung zwischen Studium und Berufspraxis (abzielt). Sie dient dem Studenten als Einblick in geeignete Berufs- und Arbeitsfelder, zum Erwerb berufspraktischer Grundqualifikationen (und) zur Umsetzung des erworbenen theoretischen Wissens in praxisbezogene Handlungen. Die Beschaffung einer geeigneten Praxisstelle für die Praxisphase obliegt dem Studenten." In der hier beschriebenen „Praxisphase erstellt der Student eine Projektarbeit, die von einem Professor betreut werden soll. Die Projektarbeit soll insbesondere enthalten die Beschreibung der Praxisstelle (z. B. Vorstellung des Unternehmens), des Tätigkeitsfeldes und des Einsatzbereiches des Studenten (sowie) der Aufgaben und Projekte des Studenten unter Anwendung wissenschaftlicher Methoden und Erkenntnisse." [17].

Die Erwartungen der Unternehmen an ihre Praktikanten sind erfahrungsgemäß breit gefächert und hängen hinsichtlich der fachlichen Kompetenzen aus dem Studium sehr von der spezifischen Praktikumsstelle ab. Die Wünsche nach fachlichen sowie persönlichen und sozialen Kompetenzen sowie Motivation werden jedoch übergreifend von den Unternehmen genannt [13]. Dabei werden Widersprüche zwischen den Erwartungen der Hochschulen und der Praktikumsunternehmen erkennbar. Viele

Unternehmen setzen bei den Praktikanten breites Fachwissen voraus. Dies dürfte auch ein Grund für die häufig geäußerte Kritik der Unternehmen an der Praxisferne von Studiengängen sein. Das war wohlmöglich der Anlass für die gemeinsame Erklärung von BDA, DGB und HRK im Jahr 2016 [10], in der die Unternehmen konkrete Beiträge zum Erreichen der Beschäftigungsfähigkeit von Studierenden durch hochwertige und anspruchsvolle Praktika und die Betreuung von Abschlussarbeiten in Aussicht gestellt haben. Des Weiteren wollen die Unternehmen die Hochschulen bei der Konzipierung von Studienangeboten und weiterbildenden Qualifizierungsangeboten sowie bei der Akkreditierung bzw. Qualitätssicherung von Studiengängen unterstützen. Damit wird eine neue Qualität der Zusammenarbeit von Hochschulen und Unternehmen möglich. Dies bedeutet jedoch für die Unternehmen, Praktikanten nicht als kurzfristige Lösung bei Engpässen bei den Mitarbeitern zu betrachten. Verantwortungsvoll agierende Unternehmen verstehen es demgegenüber, ihren Praktikanten wertvolle Einblicke in spätere berufliche Tätigkeiten zu vermitteln, die Weiterentwicklung fachlicher Kompetenzen anzustoßen und systematisch zu fördern. Es dürfte sich deshalb empfehlen, zu Beginn des Praktikums über die Aufgaben bzw. ein konkretes Projekt zu befinden, die bzw. das der Praktikant im Rahmen des Praktikums bearbeitet. Dies ist eine bewährte Möglichkeit den Erwartungen sowohl des Unternehmens als auch des Praktikanten zu entsprechen. Der hiermit über das Praktikum mögliche Ausbau der Arbeitsmarktrelevanz des Studiums durch höhere Anwendungsorientierung verspricht hohen Nutzen, denn damit erhöht sich auch die Motivation und in der Regel ebenfalls der Studienerfolg bei den Studierenden.

Um dies zu unterstützen, gibt es an der Fakultät des Autors eine umfassende Datenbank mit Informationen zu möglichen Praktikumsunternehmen. Viele der Studierenden nutzen diese Datenbank und sprechen im Vorfeld der Praktika Professoren aktiv an, um diese für eine Praktikumsbetreuung im gewünschten Fachgebiet zu gewinnen. Im Verlauf des Praktikums gibt es einen Informationsaustausch zwischen Praktikanten und betreuenden Professoren. Zu den Projektarbeiten erhalten die Studierenden ein Feedback. Aus den Kontakten mit den Unternehmen ergeben sich für die Hochschulen auch Anknüpfungspunkte für weitergehende Kooperation z. B. bei Praxisforschungsprojekten aber auch Themen für spätere Abschlussarbeiten der Studierenden.

4.3 Erwartungen der Studierenden

In den Praktika treffen auch die Erwartungen von Studierenden und Unternehmen aufeinander. Den hier relevanten Erwartungen der Studierenden nach Praxisbezug im Studium und hinsichtlich der Verbesserung der Arbeitsmarktchancen (Vgl. 13. Studierendensurvey 2017) [18] kann insbesondere im bzw. über das Praktikum maßgeblich entsprochen werden. Analysen verweisen darauf, dass Studierende der Betriebswirtschaftslehre das Thema Praxis als sehr wichtig erachten. Mehrheitlich wird eingeschätzt, dass Anwendungswissen bzw. praktische Fähigkeiten im Studium zu wenig vermittelt werden. Praktische Erfahrungen bei Tätigkeiten außerhalb der Hochschule werden jedoch von den Studierenden als sehr nützlich erachtet [12]. Praktika können deshalb übergreifend auch als Strategie von Studierenden verstanden werden, die Anforderungen des Arbeitsmarktes zu erfüllen [3].

Darüber hinaus werden die Erwartungen durch die bereits erwähnten Festlegungen in den Studien- und Prüfungsordnungen aber auch durch Erlebnisse, Meinungen und Erfahrungen anderer Studierender und im privaten Umfeld geprägt. Der Umgang mit den Erwartungen der Studierenden dürfte dabei den Erfolg der Praktika maßgeblich beeinflussen. Da über weitere Details dieser Erwartungen nicht viel bekannt ist und diese in Gesprächen zum Teil auch widersprüchlich dargestellt werden, sollen hier die Ergebnisse einer Befragung von ausgewählten Studierenden sowie die Erkenntnisse aus vorliegenden Studien einbezogen werden.

Wie steht es um die konkreten Erwartungen von Studierenden an das Praktikum? Mit den folgenden Ausführungen wird Bezug auf eine von den Studierenden im November 2019 durchgeführte Befragung genommen, an der 90 Studierende des ersten und dritten Semesters im Bachelorstudiengang Betriebswirtschaft an der Hochschule des Autors teilgenommen haben. Im Zentrum dieser Befragung standen die Erwartungen an das obligatorische Praktikum im vierten Semester. Hierbei zeigen sich zum Teil erstaunliche Einblicke.

Eine wichtige Erkenntnis ist, dass es die Praktikanten nicht gibt. Es handelt sich bei ihnen nicht um eine homogene Gruppe, sondern es gibt durchaus Unterschiede. Vor allem waren es hier die Unterschiede zwischen Studierenden mit einer vorherigen Berufsausbildung und denen die das Studium unmittelbar nach Abschluss des Abiturs aufgenommen haben.

Ein Blick auf die Ergebnisse zeigt außerdem, dass den befragten Studierenden beim Praktikum die eigene Weiterentwicklung am wichtigsten ist, gefolgt vom Aufzeigen beruflicher Möglichkeiten und der Integration in das jeweilige Team. Als am wenigsten wichtig haben die Studierenden die Größe und Name des Praktikumsunternehmens sowie das „Geld verdienen" angegeben. Die Antworten weisen darauf hin, dass die Mehrheit der Befragten das Praktikum hauptsächlich als eine wichtige Möglichkeit ansieht, Kontakte zu knüpfen. Erstaunlich war, dass die Studierenden es als unproblematisch beschrieben haben, einen Praktikumsplatz zu bekommen. Es ist deshalb nachvollziehbar, dass Studierende von vornherein Praktikumsstellen auswählen, die ihnen am ehesten versprechen, ihre Erwartungen zu erfüllen. Geschlecht und Alter hatten einen sehr geringen Einfluss auf das Ergebnis. Die größten Unterschiede waren beim Merkmal Vorausbildung zu erkennen. Die Unterschiede zwischen den Interessen und Erwartungen der Studierenden mit und ohne Vorausbildung lagen vor allem in der konkreten Ausgestaltung des Praktikums. Geht es den Studierenden ohne vorheriger Berufsausbildung verständlicherweise darum, überhaupt Einblicke in die Praxis zu bekommen bzw. das Gelernte erstmals in der Praxis anzuwenden, erwarten Studierende mit Berufsausbildung und/oder beruflichen Erfahrungen spezifische Möglichkeiten zum gezielten Ausbau ihrer bereits vorhandenen Erfahrungen.

Die vorliegenden Aussagen unterstreichen die Bedeutung des Praktikums als Gelegenheit zum „Kontakte knüpfen". Dies korrespondiert mit Erkenntnissen von Egloff [7], die feststellte, dass den von ihr betrachteten Studierenden die Theorie-Praxis-Thematik weniger wichtig war als andere Bezugspunkte im Praktikum. Insgesamt wurde deutlich, welche Bedeutung Praktikanten dem Aufbau von Kontakten, Netzwerken und der Integration in die jeweilige Organisation beimessen. Aus Gesprächen mit Studierenden lässt sich auch ableiten, wie wichtig Studierenden die konkreten Führungs- und Kommunikationsprozesse im Praktikum sind. Dies korrespondiert mit Ergebnissen des Future Talents Reports der Jahre 2017, 2018, 2019 und 2020 [4–6]. So ist das „größte Versäumnis von Führungskräften aus Sicht der Praktikanten … dabei die Eigenschaft Bedürfnisse, Fähigkeiten und Ziele des Praktikanten zu erkennen und zu fördern" [4]. Es erstaunt also nicht, wie bedeutsam Führung und Kommunikation im Praktikum aus Sicht der Praktikanten ist. Aufhorchen lässt die Tatsache, dass 40 % der Praktikanten kein Abschlussfeedback erhalten. Die Bedeutung von Führung und Kommunikation im Praktikum zeigt sich auch in den Ergebnissen des aktuellen Reports der CLEVIS GmbH [6]. Hinzu kommen Änderungen bei den Praktikanten, die sich auf deren geänderte Einstellungen zurückführen lassen. Es ist erkennbar, dass Studierende auch nach Sinnhaftigkeit im Praktikum streben. Dies zeigt sich besonders bei Fragen des Sozial- und Umweltbewusstseins. Hinzu kommt die Bedeutung des Umgangs mit Work-Life-Balance im Unternehmen für die Zufriedenheit und die Neigung der Praktikanten sich erneut zu bewerben. Es ist anzunehmen, dass dies den Studierenden der sogenannten Generationen Y und Z wichtiger ist als den Vertretern der vorhergehenden Generationen. Auf weitere Erkenntnisse im Zusammenhang mit dem hier erwähnten Report geht Bierer in ihrem Beitrag in Kap. 3 dieses Buches näher ein.

Bloch [3] berichtet davon, dass allein der Erhalt bzw. die Zusage für ein bestimmtes Praktikum durch die Studierenden als Anerkennung angesehen wird. Er verweist ebenso auf die Tatsache, dass Praktika von Studierenden genutzt werden, um über dokumentierte Praxiserfahrungen ihre persönliche Beschäftigungsfähigkeit bei späteren Arbeitgebern zu signalisieren. Damit erhalten Praktika eine Funktion im Rahmen der Selbstvermarktung von Studierenden. Praktika können demzufolge dabei helfen, Unsicherheiten hinsichtlich der eigenen Beschäftigungsfähigkeit und der beruflichen Zukunft zu reduzieren.

Die Bandbreite der Erfahrungen des Verfassers als Betreuer von Praktikanten reicht von sehr positiven und nachhaltigen bis hin zu vereinzelten negativen Erfahrungen, die im Ausnahmefall sogar zum Abbruch des Praktikums geführt haben. Die Praktikumsunternehmen agieren hinsichtlich organisatorischer Aspekte sehr unterschiedlich. So gibt es in vielen Unternehmen klar gestaltete Prozesse bei der Einführung und beim Einsatz von Praktikanten zum Teil sogar mit Überlappungszeiten zwecks Übergabe zwischen den Praktikanten. In anderen Unternehmen werden Praktikanten häufig ins kalte Wasser gestoßen. In der Vergangenheit kam es dabei in Einzelfällen zu Kollisionen mit den Vorgaben der Hochschule zum Praktikum vor allem hinsichtlich der inhaltlichen und zeitlichen Vorgaben.

Wie bereits erwähnt, geht es bei der hier betrachteten Gruppe von Studierenden auch darum, im Praktikum eine Projektarbeit zu erstellen. Dabei sollen Studierende ein Projekt im Unternehmen eigenständig bearbeiten und darüber im Rahmen einer wissenschaftlichen Arbeit berichten. Der Autor dieses Beitrages muss hier immer wieder feststellen, dass viele Unternehmen nicht erkennen, dass sich aus dieser Aufgabe auch ein konkreter Nutzen für das Unternehmen ergeben kann. Außerdem bringt jedes Praktikum die Möglichkeit zum Aufbau einer längerfristigen Beziehung zwischen Unternehmen und Praktikanten mit sich. Diese Beziehung kann auch im Rahmen freiwilliger Praktika fortgesetzt werden und in Zukunft in einer Anstellung münden. Leider werden diese Chancen von den Unternehmen nicht erkannt bzw. umgesetzt (Vgl. hierzu auch Aussagen in den Studien Future Talent Report 2019 und 2020 [5, 6]). Wie wenig die Unternehmen den Aufbau einer längerfristigen Beziehung mit ihren Praktikanten im Blick haben, zeigt die Analyse von Schüpphaus [16] zum Einfluss der Führungsqualität im Praktikum auf die Arbeitgeberattraktivität und die erneute Bewerbungsabsicht von Praktikanten. Damit wird klar, wie wichtig auch Praktika sind, um Bewerber zu gewinnen und ein Netzwerk an potenziellen Mitarbeitern zu schaffen. Dies wird jedoch nur funktionieren, wenn sich die Unternehmen auf die Erwartungen ihrer Praktikanten einlassen.

Die Tatsache, dass die hier betrachteten Praktika im vierten Semester des 6-semestrigen Bachelor-Studiums, d. h. inmitten des Studiums stattfinden, wird von einigen Studierenden als Nachteil empfunden. Für andere ergibt sich hier die frühere Möglichkeit, die späteren Einsatzwünsche zu definieren und ggf. auch zu korrigieren. Für den Autor sind die gemeinsam mit den Studierenden nach den Praktika durchgeführten „lessons learned" sowohl aus fachlicher als organisatorischer Sicht mittlerweile unverzichtbar geworden. Zunehmend gelingt es auch die Erfahrungen an jüngere Studierenden weitergegeben.

Schlussfolgerungen und Fazit

Erfolgreiche Praktika bieten allen Beteiligten beträchtliche Chancen. Es ist lohnenswert, sich stärker als bisher mit den gegenseitigen Erwartungen zu beschäftigen und diese auch klar anzusprechen. Für die Hochschule sollte es darum gehen, Studierende stärker als bisher auf die Besonderheiten des Praktikums vorzubereiten. Geht es doch beim Praktikum weniger um hochschultypische Inputorientierung als um den gezielten Ausbau von Handlungskompetenzen im Sinne der zu erreichenden Beschäftigungsfähigkeit der Studierenden. Die Qualität von Praktika dürfte deshalb auch von der Umsetzung der für das Praktikum definierten Lern- bzw. Kompetenzziele abhängen. Die im Praktikum zu erwerbenden Kompetenzen sollten sich demzufolge in den entsprechenden Modulbeschreibungen der Studiengänge wiederfinden (Vgl. [15]).

Die Arbeit- bzw. Praktikumsgeber thematisieren wiederholt die hohe Bedeutung der Praktika für die Beschäftigungsfähigkeit von Absolventen und verbinden dies mit der aus ihrer Sicht zu geringen Praxisorientierung im Studium. Besteht hinsichtlich der organisatorischen Fragen der Praktika (Praktikumsverträge, -zeugnisse) weithin Klarheit, so trifft dies auf die inhaltliche und organisatorische Ausgestaltung der Praktika nur teilweise zu. Studierende erhoffen sich von einem Praktikum spürbare Beiträge für ihre fachliche Profilierung aber auch fachübergreifende Angebote im Sinne von Vernetzung und Integration. Weitergehende Erwartungen ergeben sich oft aus der jeweiligen Biografie der Praktikanten. Für die Unternehmen ist es zweifelsfrei lohnenswert, sich sowohl mit den jeweiligen fachlichen und nichtfachlichen Erwartungen sowie den persönlichen Voraussetzungen ihrer Praktikanten intensiv zu beschäftigen. Des Weiteren empfiehlt es sich für die Unternehmen, die jeweiligen Studieninhalte ihrer Praktikanten zu kennen. Ein intensiver Kontakt zu den Hochschulen ist dabei förderlich.

Vorliegende Erfahrungen verweisen auf die Vorteile einer gezielten Vorbereitung des Praktikums. Der Nutzen, den das Praktikumsunternehmen aus der Tätigkeit eines Praktikanten ziehen kann, wird sich durch die Berücksichtigung der Erwartungen der Studierenden in erster Linie durch die zielgerichtete Gestaltung des Praktikums steigern lassen. In diesem Zusammenhang sei auch wiederholt auf die Themen Führung und Kommunikation ausdrücklich verwiesen [16]. Von besonderer Wichtigkeit erweist sich die Übertragung bzw. Abstimmung einer konkreten Praktikums- bzw. Projektaufgabe, die dem Praktikanten vom Unternehmen in Abstimmung mit dem betreuenden Hochschullehrer übertragen werden sollte. Mit dieser Praktikumsaufgabe bzw. dem Praktikumsprojekt können die Unternehmen einen starken inhaltlichen Einfluss auf die Gestaltung des Praktikums nehmen und hier auch die Bearbeitung betrieblicher Themen forcieren. Als potenzielle (spätere) Arbeitgeber vermitteln sie auf diese Weise den Praktikanten Praxisnähe und können sich sowohl durch die inhaltliche Gestaltung der Praktika als auch eine gute Betreuung der Praktikanten als attraktiver Arbeitgeber positionieren. Nicht zuletzt bietet der Einsatz von Praktikanten den Unternehmen auch Möglichkeiten zur Selbstdiagnose, nicht nur hinsichtlich fachlicher und Führungsfragen, sondern auch bezogen auf den Erwerb an Kenntnissen zu den Erwartungen künftiger Mitarbeiter. Es sollte jedoch nicht nur um die inhaltliche Ausgestaltung der Praktika, sondern auch um ausgewählte organisatorische Rahmenbedingungen des Praktikums gehen, wie zum Beispiel die Gestaltung des Onboardings und der Integration der Praktikanten in die betrieblichen Einheiten. Praktikanten sammeln bei ihren Bewerbungen und dem Erleben ihrer Tätigkeit in den Unternehmen Erfahrungen ähnlich wie ein Mitarbeiter. Es empfiehlt sich hier die vorliegenden Erkenntnisse zu den Themen Candidate Experience konsequent zu berücksichtigen [2].

Die Erfahrungen aus dem Praktikum sind nicht nur für die Studierenden und ihre Beschäftigungsfähigkeit, sondern auch für die Hochschulen unverzichtbar. Hochschulen können, über die Erfahrungen der Studierenden im Praktikum, die Wirkungen ihres Inputs für die Kompetenzentwicklung der Studierenden reflektieren. Damit erweist sich einmal mehr, dass Praktika sowohl ein unverzichtbarer Bestandteil des Studiums als auch ein essenzielles Qualitätsmerkmal eines praxistauglichen

Studiums sind. Die Betreuung der Studierenden durch die Hochschulen und die Bewertung der Praxiserfahrungen sollten deshalb intensiver als bisher wissenschaftlich begleitet bzw. evaluiert werden [14]. Angesichts der Tatsache, dass nahezu alle Praktika des hier betrachteten Studiengangs in den letzten Monaten remote bzw. im Home-Office durchgeführt wurden, ist eine wissenschaftliche Begleitung und Evaluation noch wichtiger geworden.

Die durch die Hochschule festgelegten und häufig durch das persönliche Netzwerk der Studierenden geprägten Erwartungen und der Grad ihrer Erfüllung im Praktikum sind wichtige Voraussetzungen für den Studienerfolg. Der Umgang mit diesen Erwartungen prägt letztlich auch das Bild des Praktikums bei den Beteiligten. In diesem Beitrag ging es darum, dieses Spannungsfeld zu betrachten und die zunehmende Bedeutung der Erwartungen von Studierenden für den Erfolg von Praktika herauszustellen. Bessere Kenntnisse der Erwartungen der Studierenden ermöglichen die Gestaltung eines optimalen Praktikums durch die Unternehmen. Dadurch wird letztlich eine Win-Win-Situation für alle Beteiligten möglich. Die Hochschulen erhalten Feedback zur Qualität ihrer fachlichen Angebote im Studium. Sie können Praktika konsequenter als bisher inhaltlich und organisatorisch in den Studienablauf integrieren. Den Unternehmen wird es möglich, mit entsprechend gestalteten Praktika deutlicher als bisher zur Praxisorientierung und zum Studienerfolg sowie letztlich auch zur eigenen Nachwuchssicherung beizutragen. Dabei sollten sowohl die individuellen Voraussetzungen des Praktikanten als auch die konkreten Studieninhalte berücksichtigt werden. Für die Studierenden bekommen Praktika heute weit stärker als bisher eine Funktion bei der Überprüfung und ggf. notwendigen Weiterentwicklung der persönlichen Beschäftigungsfähigkeit. Ein verstärktes Augenmerk sollte deshalb in Zukunft unbedingt auf die zielgerichtete Gestaltung der Praktikumsaufgaben und -projekte sowie den Fragen der Vernetzung und der Integration der Studierenden in das Praktikumsunternehmen geschenkt werden. ◀

Epilog: Ein erster Blick auf die Erfahrungen von Studierenden aus den Remote Praktika

Die Corona-Pandemie führte insbesondere in der ersten Jahreshälfte 2020 nachweisbar zu dramatischen Einbrüchen bei den Angeboten von Praktikumsplätzen für Studierende [9]. Studierende mit abgeschlossenen Praktikumsverträgen sahen sich mit der Tatsache konfrontiert, dass diese Verträge oftmals kurzfristig gekündigt wurden. Darüber kam es bei einer Reihe von Studierenden im Praktikum zu der Situation, dass die Mitarbeitenden der Praktikumsunternehmen im Home-Office gearbeitet haben, aber die Praktikanten allein im Büro verblieben. Hier geht es im Folgenden aus aktuellen Gründen um den nicht unerheblichen Teil der Praktika, die aus der Distanz bzw. remote absolviert werden. Die Erfahrungen dieser „Remote-Praktikanten" etwas näher zu betrachten scheint sinnvoll, weil es nach Aussagen der betroffenen Studierenden zwischen den Unternehmen doch recht große Unterschiede beim Umgang mit diesen Praktika gibt. Nicht zu vernachlässigen ist die Forderung, dass auch bei einem Praktikum unter Remote-Bedingungen, die weiter oben beschriebenen Ziele erreicht werden sollten.

Zum Verständnis: Als Remote-Praktika werden hier diejenigen Praktika bezeichnet, in denen der weit überwiegende Teil des Praktikums aus der Distanz und mithilfe digitaler Kommunikationsmittel ausgeführt wird. Es kann eingeschätzt werden, dass ungefähr ein knappes Viertel der hier betrachteten Studierenden der Betriebswirtschaftslehre ihr Praktikum im Zeitraum April bis August 2020 remote durchführen mussten.

Was sind nach den Aussagen der betroffenen Studierenden die besonderen Herausforderungen und Erfolgsfaktoren bei Remote-Praktika? Welche Erwartungen haben die Studierenden an Remote-Praktika? Die Herausforderungen beginnen mit den technischen Voraussetzungen, die gegeben sein müssen, um die Aufgaben im Praktikum erfolgreich auch online bearbeiten zu können. Hier haben einige Unternehmen ihre Praktikanten mit der nötigen Technik ausgestattet und zum Teil sogar Möglichkeiten für den technischen Support geschaffen. Als hinderlich erwähnten einige Studierende die zum Teil schlechte Verbindungsqualität. Ein Sachverhalt, der von den hier betrachteten Akteuren nicht beeinflusst werden kann. Alle Studierenden haben übereinstimmend die außerordentliche Bedeutung eines erfolgreichen Onboardings bzw. der gezielten Einarbeitung in die Aufgaben im Praktikum hervorgehoben. Hier wäre es nach Aussage einer Studierenden „hilfreich … Tutorials bzw. Videos bereitzustellen“, die den Umgang mit den notwendigen technischen Anwendungen im Praktikum erleichtern. Ein anderer Studierender merkt an, dass aus seiner Sicht „eine wenn möglich persönliche und vor Ort im Unternehmen stattfindende Einarbeitung die wichtigste Grundvoraussetzung“ für ein erfolgreiches Remote-Praktikum darstellt. Darüber hinaus besteht der dringende Wunsch beim Onboarding einen Teil der Kollegen kennenzulernen. Dazu schreibt eine Studierende „wäre dies nicht möglich gewesen, wäre mir die Arbeit im Home-Office viel schwerer gefallen!“. Bedeutsam aus Sicht der Studierenden ist die Verfügbarkeit eines persönlichen Ansprechpartners. Studierende erwarten auch unter den beschränkten virtuellen Möglichkeiten im Praktikum ein laufendes Feedback durch einen persönlichen Ansprechpartner. Offensichtlich fällt es jedoch derzeit vielen Unternehmen schwer, einen regelmäßig online bzw. mobil verfügbaren Ansprechpartner zu benennen. Dieser sollte nach Möglichkeit online „gezielt den Kontakt mit dem Praktikanten suchen“ und diesem „Feedback zu (den) erbrachten Leistungen“ geben. Führungskräfte, die ständig in Online-Meetings sind, können diese wichtige Aufgabe offensichtlich nicht erfüllen. Alle Studierenden heben auch die Bedeutung der „Kommunikation mit den Praktikanten“ hervor – zum Beispiel im Rahmen von „regelmäßigen Online-Meetings“ mit den Mitarbeitenden, „die fest verankert sind im Wochenplan“. Studierende beschreiben den täglichen Kontakt im Team „meist über eine Videokonferenz oder eine Telefonkonferenz am Morgen.“ Dies wurde als unkompliziert und als „angenehmer Start in den Arbeitstag“ hervorgehoben. Außerdem sollten auch Möglichkeiten für ein Zusammentreffen „außerhalb der festen wöchentlichen Termine“ bestehen, „wo es nur um das Wohlbefinden der Mitarbeiter geht“ und wo fachliche Themen ausgeschlossen sein sollten. Eine Studierende verweist auf die Hilfe bei der „besseren Integration in das Team (durch) sogenannte „virtuelle Coffeedates“. Diese hatten wir alle ein bis zwei Wochen per Teams, um auch privat im Austausch zu bleiben.“ Weitere Informationen beziehen sich auf sogenannte „Praktikanten Jour Fixe“, die sehr hilfreich waren, „um sich mit den anderen Praktikantinnen über die Home-Office-Situation und ihre Aufgaben etc. auszutauschen.“ Dies unterstreicht, wie wichtig gerade bei Remote-Praktika der Aufbau von Netzwerken zwischen den Praktikanten und mit den Unternehmen ist.

Als positiv bewerten einige Studierende die weitgehend „freie Zeiteinteilung zur Erledigung meiner Aufgaben und dadurch hohe Flexibilität“ sowie die „selbstständige Arbeitsweise mit hoher Eigenverantwortung“. Negativ wurde die zum Teil „ständige Erreichbarkeit“ auf der einen Seite und das „Warten auf Antworten“ der Ansprechpartner im Unternehmen auf der anderen Seite bewertet. Andere Studierende machten auf besondere persönliche Voraussetzungen aufmerksam, die den Erfolg dieser Praktika beeinflussen und deshalb bei der Ausgestaltung berücksichtigt werden sollten. So gibt es Studierende, die (noch) nicht sicher im Umgang mit Online-Werkzeugen und sozialen Kollaborationstools sind sowie die bei Online-Praktika u. a. auf möglicherweise entstehende Prokrastinationsgefahren verweisen. Dies unterstreicht einmal mehr die Tatsache, dass Online-Praktika nicht einfach digital „übersetzte" Praktika sind, sondern hier auch persönliche Besonderheiten der Praktikanten gezielt zu berücksichtigen sind.

Die hier nur grob skizzierten Erfahrungen zeigen, dass die erfolgreiche Bewältigung der in der Vergangenheit häufig thematisierten organisatorischen und technischen Herausforderungen gerade bei Remote-Praktika unverzichtbar ist. Auch drängen sich bei der Gestaltung dieser Praktika die offensichtlichen Parallelen zu den Erfolgsfaktoren mobiler Arbeit auf. Die erfolgreiche Durchführung von Online-Praktika ist jedoch wichtiger, weil es hier die spätere Beschäftigungsfähigkeit von Studierenden, d. h. um die gezielte Aneignung von Kompetenzen in einem festgelegten Zeitraum im Rahmen eines Hochschul- bzw. Universitätsstudiums geht.

Was kann aus den vorliegenden Erfahrungen gelernt werden? Unternehmen müssen künftig verstärkt die Besonderheiten von Online-Praktika in ihren Planungen und bei der Gestaltung dieser Praktika berücksichtigen. Dazu gehört neben der Schaffung der erwähnten technischen und organisatorischen Voraussetzungen auch die Auswahl und das Training geeigneter Ansprechpartner für die Praktikanten. Nicht zuletzt geht es hier um die notwendige Entwicklung einer Kultur der Online-Zusammenarbeit auch mit Praktikanten.

Literatur

1. Akkreditierungsrat. (2015). Fachlichkeit und Beruflichkeit in der Akkreditierung. Abschlussbericht und Empfehlungen der Arbeitsgruppe Fachlichkeit und Beruflichkeit des Akkreditierungsrates vom 06.02.2015. https://archiv.akkreditierungsrat.de/fileadmin/Seiteninhalte/AR/Veroeffentlichungen/Berichte/AR_Abschlussbericht_AGFachlichkeit.pdf. Zugegriffen: 31. Juli 2020.
2. Athanas, C., & Wald, P. M. (2017). Den Erwartungen gerecht werden. *Personalwirtschaft, 44*(12), 36–37.
3. Bloch, R. (2007). „Natürlich möchte man es auch gern im Lebenslauf stehen haben..." – Bedeutungen des Praktikums für Studierende. *Beiträge zur Hochschulforschung, 4.*
4. CLEVIS GmbH. (2017). Future Talents Report 2019.
5. CLEVIS GmbH. (2019). Future Talents Report 2019. www.clevis.de/FutureTalentsReport/Future_Talents_Report_2019.pdf. Zugegriffen: 16. Mai 2020.
6. CLEVIS GmbH. (2020). Future Talents Report 2020. https://www.clevis.de/FutureTalentsReport/Future_Talents_Report_2020.pdf. Zugegriffen: 16. Mai 2020.
7. Egloff, B. (2002). Das Praktikum aus Sicht von Studierenden. In: *Praktikum und Studium. Studien zur Erziehungswissenschaft und Bildungsforschung* (Bd. 20). VS Verlag für Sozialwissenschaften.
8. Eimer, A., Knauer, J., Kremer, I., Nowak, T., & Schröder, A. (2019). *Employability als ein Ziel des Universitätsstudiums: Grundlagen, Methoden, Wirkungsanalyse.* Bielefeld: wbv Media.
9. Hering, A. (2020). Studi-Jobs und Praktika: Student:innen als große Verlierer:innen der Corona-Krise. https://www.hiringlab.org/de/blog/2020/10/22/corona-krise-studenten/. Zugegriffen: 2. Nov. 2020.
10. Hochschulrektorenkonferenz. (2016). Beschäftigungsfähigkeit von Hochschulabsolventinnen und -absolventen weiter verbessern! Gemeinsame Erklärung von BDA, DGB und HRK Juli 2016. https://www.arbeitgeber.de/www/arbeitgeber.nsf/res/ErkBefaehigkeit.pdf/$file/ErkBefaehigkeit.pdf. Zugegriffen: 20. Mai 2020.

11. Hochschulrektorenkonferenz. (2008). Bologna-Reader III. FAQs – Häufig gestellte Fragen zum Bologna-Prozess an deutschen Hochschulen. Bologna-Zentrum. Beiträge zur Hochschulpolitik 8. Bonn. https://www.hrk.de/fileadmin/redaktion/hrk/02-Dokumente/02-10-Publikationsdatenbank/Beitr-2008-08_BolognaReader_III_FAQs.pdf. Zugegriffen: 31. Juli 2020.
12. Multrus, F. (2012). *Forschung und Praxis im Studium: Befunde aus Studierendensurvey und Studienqualitätsmonitor*. Berlin: BMBF.
13. Soellner, R., Scheibner, N., Harpkemeyer, J., & Fink, C. (2008). Erwartungen an das Praktikum im Studium – Anregungen zur Entwicklung von Curricula. *Zeitschrift für Hochschulentwicklung, ZFHE, 3*(4).
14. Schubarth, W. (2015). Beschäftigungsfähigkeit als Bildungsziel an Hochschulen. *Aus Politik und Zeitgeschehen, 65*(18–19), 23–30.
15. Schubarth, W., Speck, K., Ulbricht, J., & Cording, L. (2016). FACHGUTACHTEN – Qualitätsstandards für Praktika – Bestandsaufnahme und Empfehlungen. https://www.hrk-nexus.de/fileadmin/redaktion/hrk-nexus/07-Downloads/07-02-Publikationen/Praktika_Fachgutachten.pdf. Zugegriffen: 15. Mai 2020.
16. Schüpphaus, L. (2019). Der Einfluss der wahrgenommenen Führungsqualität im Praktikum auf die Attraktivität von Arbeitgebern und die Bewerbungsabsicht. Bachelorarbeit (unveröff.).
17. Studien- und Prüfungsordnung. (2018). Beispiel: https://www.htwk-leipzig.de/fileadmin/portal/htwk/studieren/1_unsere_studiengaenge/3_studien_pruefungsordnungen/2018-06-26_StudO_BWB_2018_onlinefassung.pdf. Zugegriffen: 20. Mai 2020.
18. Multrus, F., Majer, S. Bargel, T. Schmidt, M. (2017). Studiensituation und studentische Orientierungen - Zusammenfassung zum 13. Studierendensurvey an Universitäten und Fachhochschulen. https://www.bmbf.de/upload_filestore/pub/Studierendensurvey_Ausgabe_13_Zusammenfassung.pdf. Zugegriffen: 15. Mai 2020.

Prof. Dr. oec. Peter M. Wald studierte von 1981 bis 1985 Arbeitswissenschaften und promovierte 1988 an der Universität Leipzig. Ab 1991 war er im Bereich Human Resources von nationalen und internationalen Unternehmen und als Professor für Management und Organisation an der Hochschule für Technik und Wirtschaft Dresden tätig. Seit 2009 zeichnet er als Professor für das Lehrgebiet Personalmanagement an der Fakultät Wirtschaftswissenschaft und Wirtschaftsingenieurwesen der Hochschule für Technik, Wirtschaft und Kultur Leipzig verantwortlich. Er ist Autor und Co-Autor verschiedener Studien und Beiträge zu den Themenbereichen Candidate Experience sowie Arbeit 4.0 und Recruiting. In der Forschung interessieren ihn vor allem der Einsatz digitaler Medien bei der Mitarbeiterführung und die laufenden organisatorischen Veränderungen in Personalbereichen.

5 Praktikantenprogramme als strategische und nachhaltige Rekrutierungskanäle

Marcel Rütten

Inhaltsverzeichnis

5.1 Einleitung . . . 56
5.2 Praktika in Deutschland . . . 56
  5.2.1 Praktikumsarten . . . 57
  5.2.2 Marktsituation . . . 57
5.3 Faktoren eines erfolgreichen Praktikantenprogramms . . . 58
  5.3.1 Aufgabengestaltung . . . 58
  5.3.2 Lernen . . . 59
  5.3.3 Feedback . . . 59
  5.3.4 Teamklima . . . 60
  5.3.5 Arbeitszeit . . . 60
  5.3.6 Führung und Betreuung . . . 61
  5.3.7 Vergütung . . . 62
5.4 Der „Intern Life Cycle" . . . 62
  5.4.1 Orientation & Attraction . . . 63
  5.4.2 Recruiting . . . 64
  5.4.3 Onboarding . . . 64
  5.4.4 Development . . . 65
  5.4.5 Retention . . . 65
  5.4.6 Rehiring . . . 66
Literatur . . . 67

M. Rütten (✉)
HR4Good, Duisburg, Deutschland
E-Mail: marcel.ruetten@icloud.com

M. Rütten und K. Bierer (Hrsg.), *Future Talents*,
https://doi.org/10.1007/978-3-658-33023-1_5

5.1 Einleitung

Die „Generation Praktikum" ist Geschichte. Vorbei sind die Zeiten, in denen Praktikant:innen chronisch unterbezahlt, ausgebeutet und überfordert wurden. Heute ist eher das Gegenteil der Fall. Unternehmen begegnen Praktikant:innen auf Augenhöhe und sehen diese Zielgruppe als vollwertige Mitglieder ihrer Teams. Bedingt durch den demographischen Wandel sind Arbeitgeber mehr denn je einem Konkurrenzdruck um die besten Talente ausgesetzt. Unternehmen müssen heute bereits frühzeitig auf sich aufmerksam machen und eine spürbare Differenzierung zu ihren Wettbewerbern schaffen. Als Folge dessen versuchen sie Praktikant:innen für sich zu gewinnen und reichern ihre Praktikantenprogramme mit mehr Leistungen und zusätzlichen Extras an. Im Gegenzug bringen sich Praktikant:innen durch ihre geleistete Arbeit unmittelbar in das operative Geschäft ein. Doch die Vorteile der Beschäftigung von Praktikant:innen gehen noch deutlich weiter. Sie tragen durch ihre Anregungen und Denkanstöße zur Innovationskraft einer Organisation bei und bringen ihr aktuelles Wissen ein – eine Chance, von der Arbeitgeber und Praktikant:innen gleichermaßen profitieren.

Häufig schafft ein Praktikum eine nachhaltige Verbindung zum Praktikumsbetrieb als potenziell zukünftigen Arbeitgeber der ersten Wahl. Das setzt voraus, dass die Praktikant:innen mit ihrer Zeit im Unternehmen zufrieden waren. Wer bereits bei der Konzipierung von Praktikantenprogrammen alle Einflussfaktoren berücksichtigt, der kann die Zufriedenheit von Praktikant:innen positiv beeinflussen. Praktikantenprogramme werden in der Folge zu einer strategischen Komponente der Personalgewinnung.

Doch genau hier beginnt die Schwierigkeit. Viele Unternehmen schaffen sich zwar eine Community von vielversprechenden Talenten, doch sie versäumen es, eine nachhaltige Bindung zu ihren Alumni aufzubauen. Sie verzichten offensichtlich und vielleicht sogar bewusst auf die langfristigen Effekte, die durch die Beschäftigung von Praktikant:innen entstehen. Dies führt zu einem eklatanten Bruch in der Conversion – also der Umwandlung des Status von Praktikant:innen hin zu Festangestellten.

5.2 Praktika in Deutschland

Praktika sind ein wichtiges Instrument für die Berufsorientierung und die berufliche Bildung in Deutschland. Sie sind ein fester Bestandteil unserer Gesellschaft. Praktika tragen dazu bei, junge Menschen während ihrer Ausbildung oder ihres Studiums zu begleiten und zu fördern.

Ziel ist es, Studierenden einen Einblick in die Arbeitswelt zu ermöglichen, um so ihr Können und ihr Wissen zu erproben. Das Praktikum hilft außerdem, Berufsvorstellungen zu entwickeln, auszubauen und ein Vorwissen von den Anforderungen der Berufswelt zu erlangen. Das Praktikum ist rechtlich gesehen kein Arbeitsverhältnis, sondern ein Schuld- bzw. Lernverhältnis eigener Art. Anders als bei einem Arbeitsverhältnis stehen bei Praktika nicht die Arbeitsleistung und die Vergütung im Vordergrund, sondern die Orientierung und der Erwerb beruflicher Kenntnisse und Fähigkeiten (Kap. 3).

5.2.1 Praktikumsarten

Zur Zielgruppe der Praktikant:innen zählen für gewöhnlich Schüler:innen, Studierende, Auszubildende, Berufseinsteiger:innen, Berufsumsteiger:innen und Arbeitslose. Im Rahmen dieses Beitrags liegt der Fokus insbesondere bei der Gruppe der Studierenden und den folgenden Beschäftigungsarten:

- Freiwilliges Praktikum
- Pflichtpraktikum
- Volontariat

Durch die jeweiligen Praktikumsformen ergeben sich unter Umständen unterschiedliche Rechte und Pflichten (Kap. 2). Freiwillige Praktika werden von Studierenden sowohl vor, während als auch nach dem Studium absolviert. Pflichtpraktika sind eine durch das Hochschulrecht vorgeschriebene Ergänzung der theoretischen Ausbildung. Sie werden in der Regel durch die Studien- oder Prüfungsordnung des jeweiligen Studienfachs geregelt und können zeitlich als Vor- und Grundpraktikum, aber auch als Praxissemester während des Studiums in den Studiengang integriert werden [1] Seltener hingegen ist ein Pflichtpraktikum nach Abschluss des Studiums. Als Volontariate werden Ausbildungsformate nach dem Studium bezeichnet, die meist im journalistischen Bereich üblich sind. Durch ihren Ausbildungscharakter stellen sie ebenfalls eine Form von freiwilligem Praktikum dar.

5.2.2 Marktsituation

Das Statistische Bundesamt weist zum Wintersemester 2019/2020 knapp 2,9 Mio. immatrikulierte Studierende in Deutschland aus [5]. Es gibt jedoch keine belastbaren Zahlen dazu, wie viele Studierende in Deutschland jährlich ein Praktikum absolvieren. Geht man davon aus, dass jeder Studierende im Durchschnitt mindestens ein Praktikum innerhalb seines Studienlebens absolviert, dürfte die Anzahl der Praktikant:innen in Deutschland pro Jahr etwa im mittleren sechsstelligen Bereich liegen.

Mit der Zahl der Studierenden steigt auch die Nachfrage der Unternehmen nach Praktikant:innen. Unternehmen beklagen jedoch einen Mangel an Praktikant:innen in Deutschland (vgl. [2]). Die Ursache dafür könnte insbesondere in der zu hohen Erwartungshaltung der Arbeitgeber liegen. Arbeitgeber wünschen sich meist Praktikant:innen mit einschlägigen Erfahrungen im Berufsfeld sowie Auslandserfahrungen. Die höheren Anforderungen an die Qualifikation sind wiederum eine Folge der inhaltlichen Aufwertung der Tätigkeiten und der gestiegenen Verantwortung, die Praktikant:innen zugestanden wird. Den Career Centern der Universitäten und Fachhochschulen kommen in diesem Zusammenhang eine besondere Rolle zu. Sie sind die Schnittstelle zwischen Universität und Arbeitsmarkt. Die Angebote der Career Center umfassen meist nicht nur reine Informationsangebote zu Praktikumsstellen, sondern auch die persönliche Beratung für die Berufsorientierung oder die Vermittlung von praxisbezogenen Kompetenzen und Bewerbungstrainings. Unternehmen präsentieren sich wiederum im Rahmen von Veranstaltungen an der Universität. Mehr zu den Aufgaben und Angeboten von Career Centern finden Sie in Kap. 16.

Wichtige Erkenntnisse zur Arbeitgeberqualität von Praktikumsgebern liefert die jährlich erscheinende Studie „CLEVIS Future Talents Report", die bereits in Kap. 3 vorgestellt wurde. Sie ist die größte und umfassendste Studie rund um das Thema Praktikum in Deutschland und wird jährlich auf der Leitkonferenz „Future Talents Forum" veröffentlicht.

5.3 Faktoren eines erfolgreichen Praktikantenprogramms

Was macht ein erfolgreiches Praktikum aus? Welche Faktoren beeinflussen die Zufriedenheit von Praktikant:innen? Welche Dinge müssen Arbeitgeber betrachten, um das eigene Praktikantenprogramm strategisch und nachhaltig aufzustellen? Das sind die zentralen Fragestellungen, die bei der Konzipierung eines Praktikantenprogramms in Unternehmen beantwortet werden müssen. Eine ganzheitliche Betrachtung ist dabei besonders wichtig. Eine nicht ausreichende Beachtung einzelner Faktoren führt dazu, dass Praktikant:innen letztlich unzufrieden mit ihrem Praktikum sind – und als zukünftige qualifizierte Mitarbeiter:innen für das Unternehmen verloren gehen.

5.3.1 Aufgabengestaltung

Nichts ist für Praktikant:innen enttäuschender als ein langweiliges Praktikum. Die inhaltliche Ausgestaltung der Aufgaben und Tätigkeiten spielt daher wohl die wichtigste Rolle bei der Konzipierung eines Praktikantenprogramms. Grundsätzlich geht es für beide Seiten darum, am Ende des Praktikums ein realistisches Bild vom zukünftigen Job geschaffen zu haben. Für die Aufgabengestaltung bedeutet das, ein ausreichendes Maß an Autonomie zu erreichen. So sind Praktikant:innen in der Lage, Aufgaben selbstständig zu bewältigen. Dies erfolgt beispielsweise durch die Übernahme von eigenen (Teil-)Projekten, die sich im Rahmen der begrenzten Zeit eignen. Darüber hinaus sollten die Aufgaben anspruchsvoll gestaltet werden und die Möglichkeit gegeben sein, eigene Ideen einzubringen. Damit wird das von Praktikant:innen erwartete Anforderungsniveau erreicht. Das Praktikum soll außerdem abwechslungsreich sein und eine hohe Aufgabenvielfalt aufweisen. Dies führt dazu, dass der gewährte Einblick in das Berufsfeld und die Branche deutlich breiter und weniger monoton ist.

5.3.2 Lernen

Der Faktor Lernen charakterisiert das eigentliche Wesen eines Praktikums. Studierende absolvieren ein Praktikum als Ergänzung zu ihrem Studium mit der Zielsetzung, im Betrieb etwas zu lernen, was sie im theoretischen Teil des Studiums nicht erfahren. Die Einblicke, die Unternehmen während der Praktikumszeit gewähren, unterscheiden sich jedoch teils sehr stark in der Tiefe und der Breite. Damit die Praktikumszeit den Erwartungen der Praktikant:innen entspricht, sollten bereits zu Beginn Lernziele vereinbart werden, die aus Sicht der beiden Parteien bis zum Ende des Praktikums erreicht werden sollen.

Um eine hohe Zufriedenheit zu erreichen, sollten unbedingt die Interessen der Praktikant:innen für einen Abgleich abgefragt werden. Bei der Konzipierung ist es daher besonders wichtig, sich bereits vorab mit den jeweiligen Fachabteilungen auszutauschen, inwieweit die Inhalte und Tätigkeiten so gestaltet werden können, dass Lernziele individuell vereinbart werden und die Lernkurve aus Sicht der Praktikant:innen ein zufriedenstellendes Maß erreicht.

Zum Faktor Lernen gehört ebenfalls eine gelebte Fehlerkultur. Praktikant:innen müssen die Möglichkeit bekommen, sich auszuprobieren und Erfahrungen zu sammeln. Dazu gehört auch, dass sie unter Umständen Dinge falsch machen dürfen, ohne dafür die volle Verantwortung übernehmen zu müssen. Im Idealfall wandeln sie diese Erfahrungen durch Feedback in Kompetenzen um.

5.3.3 Feedback

Damit sich Praktikant:innen stetig verbessern und gemachte Fehler sich nicht unbedingt wiederholen, ist laufendes Feedback unabdingbar. Konstruktives Feedback steigert die Wertschätzung der Arbeit von Praktikant:innen. Für sie wird durch die ständige Rückmeldung ihrer Mentor:innen deutlich, dass sich jemand ernsthaft mit ihren Themen auseinandersetzt und ihnen Vorschläge macht, wie sie ihre Kenntnisse und Fähigkeiten in Zukunft noch besser einsetzen. Feedback kann außerdem als Einladung zu mehr Eigenverantwortlichkeit betrachtet werden. Praktikant:innen reflektieren dadurch über die bisherige Zeit und verändern und verbessern ihre Herangehensweise, falls notwendig.

Ganz elementare Bestandteile von Praktikantenprogrammen müssen daher Zwischen- und Abschlussfeedbacks sein, um zu jeder Zeit die Entwicklung positiv beeinflussen zu können. Zwischenfeedbacks können dabei sowohl laufend von allen Teammitgliedern oder institutionalisiert durch eine:n Mentor:in gegeben werden. Abschlussfeedbacks sind eine gute Möglichkeit über die gesamte Praktikumszeit zu reflektieren.

Durch die enge Anbindung an die Praktikantenbetreuung der jeweiligen Fachabteilungen sind bilaterale Rückmeldungen für Praktikant:innen ebenso wertvoll. Das Gleiche gilt umgekehrt genauso. Durch ständiges Feedback von Praktikant:innen erhalten Praktikantenbetreuer:innen die Chance, einen ungefilterten Blick auf ihr Verhalten und ihre Prozesse zu werfen.

Zur stetigen Verbesserung bietet es sich außerdem an, das eigene Praktikantenprogramm ständig zu evaluieren. Dadurch werden Erkenntnisse über die Zufriedenheit der Praktikant:innen messbar. Der Zeitpunkt der Befragung sollte entweder in der Endphase des Praktikums oder auch in der Zeit nach dem Praktikum liegen. Praktikantenbetreuung und Personalabteilung haben anschließend gemeinsam die Möglichkeit, die Ergebnisse zu analysieren und für sich zu nutzen. Anschließend können Maßnahmen abgeleitet und einzelne Elemente des Praktikantenprogramms korrigiert werden.

5.3.4 Teamklima

Da das Praktikum oft die erste berufliche Station von jungen Menschen ist, ist das Teamklima ein maßgeblicher Faktor für die Zufriedenheit. Arbeitgeber steuern diesen Faktor am ehesten, indem sie Praktikant:innen als vollwertige Teammitglieder betrachten und auf Augenhöhe begegnen. Obwohl Praktikant:innen nur für eine sehr begrenzte Zeit in Unternehmen tätig sind, wäre es fatal, sie als Mitarbeiter:innen zweiter Klasse zu betrachten. Sie nehmen vielmehr die Einbindung ins Team auf Augenhöhe, beispielsweise durch die selbstverständliche Teilnahme an regelmäßigen Meetings, als Wertschätzung entgegen. Darüber hinaus zahlt das Team durch eine freundliche Arbeitsatmosphäre oder die wertschätzende Zusammenarbeit untereinander auf die Zufriedenheit der Praktikant:innen ein.

Auch die Identifikation der Mitarbeiter:innen mit der eigenen Organisation oder das Verhältnis zu den Vorgesetzten gibt Praktikant:innen darüber Aufschluss, ob das kollektiv gelebte Verhalten der Organisation den Wünschen und dem bevorzugten Verhalten der Praktikant:innen entspricht. Der Faktor wird zusätzlich durch Maßnahmen gestärkt, die der besseren internen Vernetzung von Mitarbeiter:innen dienen.

Als Beispiel sind hier Tools zu nennen, die automatisiert Mitarbeiter:innen bzw. Praktikant:innen aus unterschiedlichen Abteilungen und Bereichen auswählen und via Kalendereinladung zu gemeinsamen Mittagessen, Kaffeepausen oder Kicker-Partien einladen. So werden Mitarbeiter:innen und Praktikant:innen kontinuierlich miteinander vernetzt und der Austausch innerhalb des Unternehmens gefördert.

5.3.5 Arbeitszeit

Die Arbeitszeit spielt eine entscheidende Rolle bei der Wahl eines Praktikums. Flexible Arbeitszeiten gehören zum Selbstverständnis moderner Arbeitgeber. Starr reglementierte Arbeitszeiten sind für viele Praktikant:innen eine gravierende Belastung in ihrer Studienplanung oder ihrer persönlichen Lebensführung.

Einzuhaltende Fristen im Studium, unterschiedliche Privatinteressen, wechselnde familiäre Situationen, etwa bedingt durch Kinder oder einen Pflegefall – auf all das nimmt das Angebot der flexiblen Arbeitszeiten auch für Praktikant:innen Rücksicht.

So tragen Arbeitgeber dazu bei, dass die Motivation zu eigenverantwortlicher Aufgabenerfüllung durch individuelle Arbeitszeitregelungen gefördert wird. Der Beschäftigungsumfang eines Praktikums muss nicht automatisch bei einer vollen Stelle liegen. Je nach persönlicher oder privater Situation sind Teilzeitangebote sehr spannend und geben im Zweifel den Ausschlag für eine Bewerbung. Entscheidender als eine Vollzeitstelle ist eher die Frage, ob die Gesamtzahl der Stunden ausreicht, die geplanten Lerninhalte in vollem Umfang zu vermitteln.

Darüber hinaus hängt die Länge der Arbeitszeit stark mit der Zufriedenheit zusammen. So wirken sich beispielsweise eine höhere Anzahl von vertraglich vereinbarten Wochenstunden oder regelmäßige Überstunden negativ auf die Work-Life-Balance von Praktikanten aus (vgl. [3]). Für Praktikant:innen, die ihr Praktikum neben dem Studium absolvieren, sind unter Umständen Seminarzeiten wichtig. Manche wiederum kombinieren ihr Praktikum mit ihrer Abschlussarbeit. Eine Arbeitszeitgestaltung, die soweit möglich Studienzeiten berücksichtigt und verlässliche Freiräume ermöglicht, unterstützt enorm.

Gerade wenn Studierende wichtige oder dringende Termine im Studium einhalten müssen, sind sie oft auf freie Tage oder Stunden angewiesen. Dafür stehen sie zu anderen Phasen in der Woche evtl. auch länger zur Verfügung und können dann zu Zeiten arbeiten, die sonst schwer abzudecken sind. Eine flexible Arbeitszeitgestaltung kann daher bedeuten, dass Praktikant:innen ausreichend Zeit für ihr Studium haben und dennoch ein gehaltvolles Praktikum absolvieren. Neben dem Angebot der flexiblen Arbeitszeit spielt die Angemessenheit der Arbeitszeit eine wichtige Rolle. Praktikant:innen sind durchaus bereit Überstunden zu absolvieren, denn sie sind aus ihrer Sicht ein Ausdruck von gestiegener Wertschätzung. Längere Arbeitszeiten werden ebenso wie ein geringeres Gehalt immer dann akzeptiert, wenn der Lernfaktor überwiegt (vgl. [3]).

5.3.6 Führung und Betreuung

Wie viel Einfluss haben gute Führung und eine intensive Betreuung auf ein erfolgreiches Praktikantenprogramm? Grundsätzlich ist es wichtig, dass Praktikant:innen eine feste Ansprechperson zugewiesen bekommen. Die Führungskraft übernimmt nicht nur das Mentoring und die (fachliche) Einarbeitung, sondern gibt zudem noch regelmäßiges und konstruktives Feedback. Dadurch ist sie in der Lage, Bedürfnisse, Fähigkeiten und Ziele des Praktikanten zu erkennen und zu fördern.

Die Qualität der Führung ist außerdem für eine erneute Bewerbung entscheidend. Sind Praktikant:innen zufrieden mit dem direkten Vorgesetzten, tendieren sie eher dazu, sich erneut zu bewerben oder den Arbeitgeber weiterzuempfehlen (vgl. [2]).

Doch auch die Hilfsbereitschaft aller Kollegen spielt eine entscheidende Rolle für die Zufriedenheit in Bezug auf das Mentoring. Das bedeutet, dass auch die weiteren Teammitglieder mit der operativen Ausgestaltung des Praktikantenprogramms vertraut gemacht werden müssen, sodass sie ebenso in der Lage sind, ein Verständnis von guter Führung hinsichtlich der Praktikantenbetreuung zu entwickeln.

5.3.7 Vergütung

Wie relevant ist die Vergütung für ein erfolgreiches Praktikantenprogramm? Ab wann empfinden Praktikant:innen die Bezahlung als angemessen? Spielt die Höhe der Vergütung für die Zufriedenheit eine Rolle? Die Vergütung von Praktika wurde durch das in 2015 in Kraft getretene Mindestlohngesetz stark beeinflusst. Gemäß §22 Mindestlohngesetz (MiLoG) findet das Gesetz jedoch keine Anwendung bei Pflichtpraktika und bei allen Praktikumsarten, die nicht länger als drei Monate andauern.

Im Durchschnitt beträgt die Vergütung von Praktikant:innen in Deutschland 1053,22 € (vgl. [3]). Beachtlich ist dabei, dass knapp siebenundneunzig Prozent aller Praktika in Deutschland bezahlt werden, obwohl nur etwa siebenundvierzig Prozent nach dem Mindestlohngesetz überhaupt vergütet werden müssten.

Zusätzliche monetäre Anreize können durch Vergünstigungen oder Essens- bzw. Fahrtkostenzuschüssen in Form von steuerfreien Sachbezügen geschaffen werden. Eine hohe Vergütung garantiert jedoch nicht automatisch eine hohe Zufriedenheit, denn sie lässt nahezu keine Aussage über die Arbeitgeberqualität zu. Außerdem ist zu beobachten, dass sich die Vergütung ab einer gewissen Höhe nicht mehr ausschlaggebend auf die Gesamtzufriedenheit des Praktikums auswirkt. Vielmehr müssen die bisher genannten Faktoren stimmen, da sie einen deutlich höheren Einfluss auf die Arbeitszufriedenheit haben.

5.4 Der „Intern Life Cycle"

Der Lebenszyklus von Praktikant:innen in Unternehmen umfasst alle Kontaktpunkte mit dieser Zielgruppe und lässt sich in folgende Phasen unterteilen:

- Orientation & Attraction
- Recruiting
- Onboarding
- Development
- Retention
- Rehiring

Wo der Employee Life Cycle je nach Definition oft beim Austritt von Mitarbeiter:innen endet, folgen für studierende Praktikant:innen nach dem Praktikumsende insbesondere die Phasen Retention und Rehiring. Erst durch diese beiden Phasen entfalten erfolgreiche Praktikantenprogramme ihre Wirkung als strategischer und nachhaltiger Rekrutierungskanal.

5.4.1 Orientation & Attraction

Das Personalmarketing für Praktikant:innen ähnelt sehr stark der Personalgewinnung von Absolvent:innen. Diese beiden Zielgruppen sind zwar nicht unbedingt identisch, sie weisen aber sehr hohe Ähnlichkeiten auf. Beide befinden sich in einer vergleichbaren Lebensphase und suchen in naher Zukunft den Berufseinstieg. Daher funktionieren Rekrutierungsstrategien und -kanäle auf ähnliche Weise. Bevor Studierende sich für ein Praktikum bewerben, recherchieren sie nach Stellen und Arbeitgebern, die ihren Kriterien entsprechen und einen karrierebezogenen Anreiz bieten. Außerdem sollen das Markenimage des Unternehmens und der Inhalt der Stelle den eigenen Lebenslauf aufwerten. Die weiteren Entscheidungsgründe für ein Praktikum sind vielfältig. Hauptsächlich suchen Praktikant:innen bei ihrer Recherche nach Inhalten wie Kultur und Werte, Weiterbildungsmöglichkeiten, Benefits, Videos, Testimonials, Standorte, Produkte und Branche. Fündig werden sie bei ihrer Suche insbesondere an zwei zentralen Stellen: Karriereseiten und Online-Stellenbörsen.

Die Karriereseite ist der wirkungsvollste Hebel, wenn es darum geht, Fach- und Führungskräfte für die eigene Organisation zu gewinnen. Karrierewebseiten sind gerade für akademische Berufe der Dreh- und Angelpunkt für das eigene Personalmarketing. Karriereseiten sollten daher expliziten Content für Praktikant:innen vorhalten, wenn diese zur eigenen Zielgruppe gehören. Beim Thema Praktikum eignen sich bei den Online-Stellenbörsen insbesondere Spezialjobbörsen wie meinpraktikum.de und praktikum.info. Diese beiden Portale sind momentan die größten und relevantesten Karriereportale für Praktikant:innen im deutschsprachigen Raum. Neben mehreren Tausend Praktikumsausschreibungen und Arbeitgeberprofilen bieten beide Seiten weiteren Content rund um das Thema Praktikum. Zwar bieten generalistische Stellenbörsen für Arbeitgeber ebenfalls die Möglichkeit Praktikumsausschreibungen zu veröffentlichen. Der Erfolg bei der Ansprache dieser Zielgruppe über Spezialjobbörsen überwiegt jedoch deutlich. Praktikumsbörsen an Universitäten eignen sich zudem immer dann, wenn Unternehmen regional nach Praktikant:innen suchen oder spezielle Studienfächer im Fokus haben.

Hochschul- und Karrieremessen, Workshops sowie Praxisvorträge stärken außerdem das Employer Branding. Weitere Kanäle zur Rekrutierung von jungen Akademiker:innen, wie die sozialen Netzwerke oder Empfehlungen durch Freunde und Kommiliton:innen, haben ebenfalls eine hohe Relevanz und sollten je nach Bedarf durch das Personalmarketing aktiv gesteuert werden.

Wenn es um konkrete Stellenausschreibungen geht, fordern Praktikant:innen vor allem Aufschluss über die Lernmöglichkeiten. Das bedeutet, Stellenangebote müssen klar formuliert sein, sodass aus ihnen Aufgaben, Verantwortlichkeiten und geforderte Fähigkeiten klar hervorgehen.

5.4.2 Recruiting

Da jedes Praktikum bereits mit der Praktikumssuche beginnt, ist der Stellentitel von besonderer Bedeutung, um gefunden zu werden. Ist ein Jobtitel nicht verständlich oder wirkt er abschreckend, verzichtet etwa ein Viertel aller Bewerber:innen gänzlich auf die Bewerbung – auch dann, wenn sie die Anforderungen weitestgehend erfüllen. Für die Übermittlung der Bewerbung werden gerade von der Gruppe der Unter-30-Jährigen ausdrücklich E-Mail-Bewerbungen oder einfache Online-Formulare bevorzugt. Darüber hinaus haben unterstützende Integrationen von XING- oder LinkedIn-Profildaten eine hohe Akzeptanz (vgl. [4]).

Kandidat:innen erwarten außerdem eine schnelle Bearbeitung ihrer Bewerbung, konkrete und zeitnahe Informationen zum weiteren Verfahren und einen konkreten Ansprechpartner:innen für Rückfragen. Für das Recruiting von Praktikant:innen ist das Fachwissen als Anforderung oft nicht ausschlaggebend. In der Regel befinden sich Praktikant:innen ohnehin mitten in ihrer Ausbildung und können nur Teile des notwendigen theoretischen Wissens bereits abdecken. Auch die praktischen Vorerfahrungen halten sich bei Praktikant:innen in Grenzen.

Viel entscheidender sind daher eher die Motivation sich einzubringen und die Bereitschaft, sich neues Wissen durch Praxiserfahrungen anzueignen. Diese wird durch das Recruiting-Team neben dem eher unbeliebten Anschreiben anschließend über Telefoninterviews oder Vorstellungsgespräche abgefragt. Die Recruiting-Phase von Praktikant:innen endet mit dem Versand des Praktikumsvertrags, der seit der Einführung des Mindestlohngesetzes verpflichtend ist. Insgesamt sollte die gesamte Dauer des Bewerbungsprozesses nicht länger als sechs Wochen betragen. Ein Prozess, der länger als sechs Wochen andauert, zahlt negativ auf die Arbeitgebermarke ein und führt im Zweifel zu Bewerbungsabbrüchen (vgl. [4]). Stellen Sie sich einmal vor, die Bewerbungszeit würde länger dauern als das Praktikum an sich!?

5.4.3 Onboarding

Das Onboarding von Praktikant:innen hat im Vergleich zum regulären Onboarding eine ganz besondere Spezialität. Schließlich werden Praktikant:innen meist nur für eine sehr begrenzte Dauer im Unternehmen eingesetzt. Je nach Praktikumsart und Praktikumsgeber kann es starke Abweichungen bei der Dauer des Einsatzes geben. So kann es sein, dass Praktikant:innen ihr Praktikum nur wenige Wochen absolvieren – oder gleich über mehrere Monate.

Bundesweit dauert ein Praktikum durchschnittlich etwa fünf Monate und somit deutlich weniger als ein Jahr (vgl. [3]). Für Unternehmen ist die Onboarding-Phase aufgrund der Kürze der Zeit eine absolute Herausforderung. Schließlich sind die ersten Tage in einem neuen Job immer besonders prägend.

Dabei spielt es keine Rolle, ob es sich um eine Festanstellung oder ein Praktikum handelt. Um Praktikant:innen gleich von Beginn an willkommen zu heißen, eignen sich Maßnahmen wie die Begrüßung, die Vorbereitung des Arbeitsplatzes oder Willkommenspakete für einen herzlichen Einstieg. Unternehmensführungen, Praktikantenhandbücher und Einarbeitungspläne, wie sie vielfach auch für andere Beschäftigte zum Einsatz kommen, erleichtern ebenfalls den Einstieg.

Darüber hinaus sind für Praktikant:innen Vorstellungsrunden in der Fachabteilung und Personalabteilung sehr wertvoll. Die Vernetzung zu anderen Praktikant:innen, die sich zum selben Zeitpunkt im Unternehmen befinden, hilft dabei, den Erfahrungsaustausch zu fördern. Zur Phase des Onboardings gehört ebenfalls das Einführungsgespräch mit der Praktikantenbetreuung. Dieses Gespräch hat zum Ziel, die Erwartungshaltung beider Seiten zu klären, die anstehenden Aufgaben der Praktikumszeit näher zu erläutern und die Rolle der Mentor:innen zu spezifizieren.

5.4.4 Development

Neben der Möglichkeit praktisches Wissen zu erwerben, suchen Praktikant:innen ebenso eine Möglichkeit der Weiterentwicklung und der Erreichung einer steilen Lernkurve. Damit das erreicht wird, spielt das individuelle Mentoring eine besondere Rolle. Das Mentoring wird in der Regel durch die Fachabteilungen übernommen. Sie sind diejenigen, die Praktikanten unmittelbar und intensiv betreuen können. Außerdem sind die Fachabteilungen durch die direkte Betreuung in der Lage, unmittelbaren Einfluss auf die Erwartungshaltung von Praktikant:innen zu nehmen und zu reagieren, falls die Vorstellungen von Praktikant:in und Organisation zu stark abweichen. Die bereits erwähnten Zwischen- und Abschlussfeedbacks sind eine wesentliche Maßnahme, um auf die Entwicklung von Praktikant:innen einzuwirken und das eigene Programm stetig zu verbessern. Ferner schätzen Praktikant:innen die Möglichkeit, während des Praktikums Lern- und Weiterbildungsangebote in Anspruch nehmen zu können. Diese Angebote können sowohl aus dem Katalog bestehen, der allen Mitarbeiter:innen zur Verfügung steht oder der sich explizit an die Zielgruppe der Praktikant:innen richtet. Die Personalabteilung kann zudem unterstützende Angebote wie Interviewtrainings oder einem Check der Bewerbungsunterlagen unterbreiten, um den künftigen Berufseinstieg zu erleichtern.

5.4.5 Retention

Eine direkte Übernahme in ein festes Anstellungsverhältnis hat für studentische Praktikant:innen oft nicht die höchste Priorität, wenn diese sich noch mitten in ihrem Studium befinden. Eine reguläre Anstellung wird erst dann relevant, wenn sie ihr Studium abgeschlossen haben und den Berufseinstieg planen. Aber wie schafft ein

Unternehmen eine Struktur, in der Alumni über das Praktikum hinaus mit dem Unternehmen in Kontakt bleiben? Eine Möglichkeit sind Kontakthalteprogramme in Form von Alumni-Netzwerken. Um die größtmögliche Wirkung zu entfachen, sollten diese organisatorisch im Personalmarketing beheimatet sein. Bei der Ausgestaltung von Alumni-Netzwerken sind der Vielfalt der Angebote keine Grenzen gesetzt.

Vor der Initiierung müssen jedoch einige Vorüberlegungen passieren. Beispielsweise muss vorab festgelegt werden, über welche Plattform mit den Alumni kommuniziert wird. Dafür eignen sich beispielsweise geschlossene Gruppen in den sozialen Netzwerken wie Facebook, WhatsApp oder LinkedIn. Denkbar sind auch andere Kollaborationsplattformen wie Slack oder Asana. Außerdem gibt es auf dem HR-Tech-Markt vielfache Software-Angebote, die sich explizit auf das Alumni-Management spezialisieren. Neben der Kommunikation (z. B. Chat, Social Media, Forum) zählen

- Allgemeine Informationen (z. B. Corporate News, Good Practice, Testimonials),
- Karriereinfos (z. B. (exklusive) Jobs, Nachwuchsprogramme, Volontariat, Werksstudent:innen, Honorartätigkeiten),
- Termine (Stammtische, Firmenevents, Ehrenamt) sowie Informationen zur
- Nachwuchsförderung (z. B. Mentoring, Weiterbildungen, Nachwuchsprogramme),
- Informationen über Fortführung von Projekten

zu typischen Inhalten von Alumni-Netzwerken. Eine Vorab-Befragung bietet sich an, um die Interessen und Erwartungen der Alumni zu ermitteln, sodass ein Alumni-Netzwerk entsprechend den Interessen der Zielgruppe aufgebaut wird.

5.4.6 Rehiring

Unter der aus dem Marketing stammenden Begrifflichkeit der Conversion versteht man die Umwandlung des Status einer Zielperson in einen neuen Status und stellt damit die Einheit der Erfolgsmessung dar. Zur Conversion von Praktikantenprogrammen zählen drei Typen:

- Rehiring
- Branding
- Business Development

Erfolgreiche Praktikantenprogramme zeichnen sich dadurch aus, dass sie eine große Wirkung und Prägung auf die Praktikant:innen hatten. Als Ergebnis bewerben sie sich zu einem späteren Zeitpunkt erneut bei ihrem ehemaligen Praktikumsgeber für eine Wiedereinstellung, da sie ihr Praktikum als bereichernd empfunden haben. Aber selbst wenn das nicht der Fall sein sollte, sind ehemalige Praktikant:innen, die zufrieden mit ihrem Praktikum waren, exzellente Markenbotschafter:innen. Das bedeutet, sie haben ein außerordentliches Potenzial, die eigene Arbeitgebermarke positiv (wie negativ) zu beeinflussen. Außerdem kann sich die Zufriedenheit mittel- bis langfristig auf das operative Geschäft eines Unternehmens auswirken, wenn sie in einer zukünftigen Funktion zum Auftraggeber werden und eine Zusammenarbeit zustande kommt.

Fazit

Praktikantenprogramme haben für Studierende und Unternehmen ein unschätzbares Potenzial. Praktikant:innen im Unternehmen zu beschäftigen schafft wirtschaftliche Vorteile und trägt zur Innovationsfähigkeit eines Unternehmens bei. Aber nicht nur das: Der Aspekt der sozialen und gesellschaftlichen Verantwortung des eigenen Unternehmens spielt ebenfalls eine bedeutende Rolle. Um das volle Potenzial von Praktikantenprogrammen zu nutzen, braucht es eine ganzheitlichere Betrachtungsweise als bisher. Das gilt sowohl für die Einflussfaktoren, die die Zufriedenheit der Praktikant:innen betreffen, als auch die jeweiligen Kontaktpunkte des gesamten Prozesses von der Orientierung bis zur Wiederkehr. Wem das gelingt, dem bieten Praktikantenprogramme auf einzigartige Weise die Möglichkeit, junge Menschen für das eigene Unternehmen zu begeistern – aber vor allem auch zu prägen. Die Nachhaltigkeit und strategische Wirkung von Praktikantenprogrammen entfaltet sich erst dann richtig, wenn sie dazu führen, dass Alumni nach dem Studium oder den ersten Jahren des Berufseinstiegs wieder den Weg zu ihrem ehemaligen Praktikumsgeber finden. Außerdem können ehemalige Praktikant:innen zu exzellenten Markenbotschafter:innen und Influencer:innen werden, die die eigene (Arbeitgeber-) Marke stärken. Ein erfolgreiches Praktikantenprogramm endet daher nicht mit dem Austritt von Praktikant:innen, sondern insbesondere durch ihre Rückkehr als Festangestellte, Auftraggeber:innen oder Markenbotschafter:innen. ◀

Literatur

1. Bundesministerium für Arbeit und Soziales, Bundesministerium für Bildung und Forschung, Bundesvereinigung der Deutschen Arbeitgeberverbände, Zentralverband des Deutschen Handwerks, Deutscher Industrie- und Handelskammertag Bundesverband der Freien Berufe. (2011). Praktika – Nutzen für Praktikanten und Unternehmen, Bonn.
2. CLEVIS GmbH (Hrsg.), & Bierer, K. (2017). Eine Studie zum Thema Arbeitgeberqualität im Praktikum in: CLEVIS Praktikantenspiegel 2017, München.
3. CLEVIS GmbH (Hrsg.), Bierer, K., & Pietrasch, E. (2020). Future Talents Report 2020, München.
4. meta HR Unternehmensberatung GmbH/stellenanzeigen.de GmbH & Co. KG (Hrsg.), & Christoph Athanas. (2017). Candidate Journey Studie 2017, Berlin.
5. Statistisches Bundesamt, Wiesbaden: Zahl der Studierenden erreicht im Wintersemester 2019/2020 neuen Höchststand. https://www.destatis.de/DE/Presse/Pressemitteilungen/2019/11/PD19_453_213.html. Zugegriffen: 1. Nov. 2020.

Marcel Rütten ist seit über einem Jahrzehnt im Personalmanagement tätig und verantwortet seit 2020 als Global Director Talent Acquisition & Employer Branding bei PACCOR die Personalgewinnung des international ausgerichteten Konzerns. Zuvor konnte er bereits vielseitige Erfahrungen in verschiedenen Unternehmen vom Global Player bis zur NGO sammeln und hat durch seine Arbeit das Recruiting, Personalmarketing und Employer Branding in Deutschland über viele Jahre mitgeprägt. In seinem Blog HR4Good schreibt er über Ideen, Innovationen und Trends im Personalmanagement. Seine Konzepte im HR-Bereich wurden bereits mehrfach ausgezeichnet.

6 Praktikumsangebote in DAX- und MDAX-Unternehmen

Kristina Bierer

Inhaltsverzeichnis

6.1 Allgemeine Fakten zu Praktika in Deutschland . . . 69
6.2 Karriereseiten von DAX und MDAX . . . 70
6.2.1 Der Bewerbungsprozess . . . 71
6.2.2 Wer darf sich bewerben . . . 72
6.2.3 Die Rahmenbedingungen Gehalt, Arbeitszeit und Dauer . . . 72
Literatur . . . 75

6.1 Allgemeine Fakten zu Praktika in Deutschland

„Praktikum, das" – Substantiv, Neutrum, Prak|ti|kum – laut Duden hat das Wort Praktikum zwei Bedeutungen, zum einen bezeichnet der Begriff Praktikum eine „für einen bestimmten Bildungsgang erforderliche oder nützliche, außerhalb der Bildungseinrichtung abzuleistende praktische Tätigkeit", zum anderen beschreibt der Begriff aber auch „zur praktischen Anwendung des Erlernten eingerichtete Übung(sstunde) (besonders an naturwissenschaftlichen Fakultäten einer Hochschule)" [10]. Die Anzahl der Praktika, die im Rahmen einer Ausbildung, egal ob Studium oder betriebliche Ausbildung, in Deutschland absolviert werden, kann in Deutschland nur schwer bis gar nicht festgemacht werden.

Laut DGB [9] werden in Deutschland pro Jahr ca. 600.000 Praktika absolviert. Darunter fallen allerdings sowohl Praktika vor, während und nach einer Ausbildung

K. Bierer (✉)
CLEVIS GmbH, München, Deutschland
E-Mail: k.bierer@clevis.de

M. Rütten und K. Bierer (Hrsg.), *Future Talents*,
https://doi.org/10.1007/978-3-658-33023-1_6

oder eines Studiums, sowie freiwillige und Pflichtpraktika. Der genaue Anteil an akademischen Praktika, also die, die im Rahmen eines Studiums auf freiwilliger Basis oder im Rahmen der Studien- oder Prüfungsordnung absolviert werden, kann aber nicht näher abgeleitet werden. In einer Studie von Stepstone gaben 64 % der befragten Unternehmen an, regelmäßig Praktika für Studierende anzubieten. Werkstudententätigkeiten werden nur von ca. vier von zehn Arbeitgebern angeboten. Auffällig ist dabei, dass das Angebot von beruflichen Möglichkeiten für Studierende in Unternehmen mit weniger als 100 Mitarbeiter:innen (ca. 55 % bieten Praktika an) deutlich kleiner ist als bei größeren Arbeitgebern. Die grundsätzliche Relevanz der Möglichkeiten ist aber über alle Unternehmenscluster hinweg gleich:

1. Praktikum
2. Werkstudententätigkeit
3. Abschlussarbeit
4. Dualer Bachelor
5. Dualer Master
6. Auslandspraktikum
7. Masterprogramm
8. Doktorandenprogramm

Auch wenn laut DGB [9] die Zahl von 600.000 Praktika relativ konstant ist, haben Rahmenbedingungen, wie beispielsweise die Einführung des Mindestlohns oder konjunkturelle Faktoren, einen Einfluss auf das Angebot an akademischen Praktika. Mit der Einführung des Mindestlohns beispielsweise standen Unternehmen vor der Herausforderung das Angebot an Praktika an die neuen Gesetze anzupassen. Die COVID 19-Pandemie wiederum stellte Arbeitgeber vor die Herausforderungen das Praktikumsangebot an die veränderte allgemeine Wirtschaftslage, aber auch an unternehmensspezifische Krisensituationen und die für viele Unternehmen neue virtuelle Zusammenarbeit anzupassen. Im Rahmen des Buches haben wir die Karriereseiten der DAX- und MDAX-Unternehmen im Januar 2020 recherchiert. Diese Daten sind die Grundlage dieses Artikels.

6.2 Karriereseiten von DAX und MDAX

Im Gegensatz zur Stepstone-Studie bieten aus dem DAX und MDAX deutlich mehr Unternehmen Praktika an. Lediglich zwei MDAX-Arbeitgeber (LEG Immobilien und Nemetschek) bieten keine Praktika auf ihren Karriereseiten und den gängigen Karriereportalen an. LEG Immobilien bietet zur Nachwuchsförderung sowohl die Möglichkeit einer Werkstudententätigkeit für Studierende als auch duale Studiengänge im Bereich Wirtschaftswissenschaften und Bauingenieurwesen an. Innerhalb der Nemetschek Group werden zumindest im deutschsprachigen Raum weder in der Holding noch in einer der Tochtergesellschaften Praktika ausgeschrieben. Lediglich auf der Karriereseite der NEVARIS Bausoftware GmbH [13] wird erwähnt, dass Praktika absolviert werden können. Allerdings gibt es keine konkreten Ausschreibungen dafür, sondern der Dialog für individuelle Möglichkeiten wird angeboten. Alle anderen Unternehmen aus DAX und MDAX haben im Januar 2020 Praktika auf ihrer Karriereseite angeboten. Die COVID 19-Pandemie hat dieses Angebot aber vereinzelt minimiert, beispielsweise bei Unternehmen aus der Event-Branche, die umfassendere Einschnitte als andere Branchen [5] zu beklagen hatte.

6.2.1 Der Bewerbungsprozess

Studierende wünschen sich Transparenz im Bewerbungsprozess. Erste Anlaufstelle und Aushängeschild ist die Karriereseite, ergänzt um den Bewerbungsprozess und Erfahrungsberichte – von Freund:innen und Bekannten, ebenso wie die in Abschn. 3.1 beschriebenen Bewertungsportalen. Transparenz ist aber nicht erst relevant, wenn mit den Bewerber:innen direkt kommuniziert wird, sondern bereits vorher, wenn es darum geht, was sie im Bewerbungsprozess erwartet. 83 % der DAX-Konzerne nutzen die Karrierewebseite um den Bewerber:innen Sicherheit bzgl. des Ablaufs der Bewerbungsschritte zu geben und transparent zu sein, was von den Bewerber:innen erwartet wird und worauf sie sich vorbereiten können. Diese Chance lassen noch 57 % der MDAX-Unternehmen ungenutzt.

BASF beispielsweise beschreibt auf der Karriereseite ausführlich, was im Bewerbungsprozess zu erwarten ist. Es wird zum Beispiel erklärt, für welche Bewerbergruppen ein Online Assessment Center geplant ist, wie schnell mit einer Rückmeldung gerechnet werden kann und wie lang der Bewerbungsprozess in der Regel dauert [1].

Fresenius geht mit seiner Karriereseite noch einen Schritt weiter und stellt den Bewerbungsprozess für Praktika nicht nur in einem Animationsvideo anschaulich dar, sondern gibt auch noch Tipps, wie man sich auf die Gespräche vorbereiten kann [11].

Vergleichsweise knapp fällt im Vergleich dazu die Beschreibung des Bewerbungsprozesses auf der Karriereseite der SCOUT24 Gruppe aus. In sechs Stichpunkten wird mit jeweils einem Satz das Bewerbungsverfahren beschrieben. Ergänzt werden diese Informationen noch um sechs FAQs, von denen aber nur eine Frage konkret Auskunft zum Bewerbungsverfahren gibt. Die anderen Fragen beschäftigen sich hingegen mit der Kultur, Weiterbildung und Onboarding. Als einziges Unternehmen der untersuchten Gruppe bietet SCOUT24 offensiv auf der Karriereseite den Umzugsdienst an, der nach Abschluss des Arbeitsvertrags genutzt werden kann – ob dieser aber auch von Praktikant:innen gebucht werden kann, bleibt auf der Karriereseite offen [14].

Erwartungsmanagement ist das A und O in der Kommunikation zu Future Talents – schon vor dem ersten Arbeitstag. Mehr als jeder zehnte DAX-Arbeitgeber und mehr als die Hälfte der MDAX-Unternehmen lässt die Chance aus, bereits vor dem Eingang der

Bewerbungsunterlagen offen und transparent gegenüber der Zielgruppe zu sein. Dabei kann mit wenig Aufwand schnell Mehrwert geschaffen und den Bewerber:innen, für die es oftmals die erste ernsthafte Bewerbungsphase überhaupt ist, Sicherheit gegeben werden.

6.2.2 Wer darf sich bewerben

Genauso wichtig wie die Frage, wie der Bewerbungsprozess abläuft, ist auch die Frage, ob es sich überhaupt lohnt, eine Bewerbung vorzubereiten und abzuschicken. Für Studierende stellt sich spätestens seit der Einführung des Mindestlohns die Frage, ob es nur die Möglichkeit gibt ein Praktikum zu absolvieren, das nicht unter den Mindestlohn fällt. Das heißt also, dass nur Bewerber:innen berücksichtigt werden, die ein Pflichtpraktikum von der Hochschule vorgeschrieben bekommen haben oder ein Praktikum absolvieren wollen, welches kürzer als drei Monate ist. Als einziger DAX-Konzern schreibt Vonovia [17] auf der Karriereseite, dass sie nur „Stellen für Pflichtpraktika im Rahmen eines Studiums oder Stellen für studentische Aushilfstätigkeiten" anbieten. 80 % der Unternehmen, die im DAX notiert sind, bieten sowohl ein Pflicht- als auch ein freiwilliges Praktikum an. Die übrigen 17 % gehen auf die Praktikumsart nicht ein. Von den 23 MDAX-Arbeitgebern, die in den Stellenbeschreibungen schreiben, dass Pflichtpraktikant:innen beschäftigt werden, stellen 20 Unternehmen auch freiwillige Praktikant:innen ein. Alle weiteren Unternehmen geben keine näheren Informationen zu den Bedingungen, die für ein Praktikum gelten bzw. schränken in ihren Stellenausschreibungen die Zielgruppe nicht ein.

Grundsätzlich sollte auch hier volle Transparenz zu Interessent:innen für ein Praktikum im Vordergrund stehen, auch wenn es zwei Wege der Wahrheit gibt. Man kann Interessierten klar kommunizieren, wer für ein Praktikum berücksichtigt wird. Sowohl Vonovia [17] als auch TeamViewer [16] und Siemens Healthineers [15] sagen vollkommen offen, es werden nur Pflichtpraktika angeboten. Andere Unternehmen wählen den Weg entweder direkt zu kommunizieren, dass beide Möglichkeiten für Praktika geboten werden, andere Unternehmen gehen erst gar nicht darauf ein, dass es ggf. eine Differenzierung geben kann. Wichtig ist bei diesen Arbeitgebern allerdings, dass sich für die Bewerber:innen nach der Bewerbung nicht herausstellt, dass es doch Einschränkungen gibt und die Bewerbung umsonst erstellt wurde. Dies führt zu Enttäuschung und kann auch auf den Plattformen wie kununu und Glassdoor zu schlechten Bewertungen für den Bewerbungsprozess führen.

6.2.3 Die Rahmenbedingungen Gehalt, Arbeitszeit und Dauer

In Kap. 2 haben wir bereits gelernt, dass unterschiedliche Branchen und unterschiedliche Tätigkeitsfelder sowie unterschiedliche gesetzliche Rahmenbedingungen das Gehalt und die Arbeitszeit im Praktikum beeinflussen. Zwar hat die Arbeitszeit keinen signifikanten Einfluss auf die Zufriedenheit mit dem Arbeitgeber und die Höhe der Vergütung nur einen sehr geringen Einfluss, trotzdem ist es wichtig als Arbeitgeber transparent zu sein. Kaum ein Arbeitgeber gibt auf der Karrierewebseite oder in den Stellenausschreibungen einen Hinweis auf das Gehalt, welches für das Future Talent gezahlt wird. Noch weniger äußern sich bzgl. der zu erwartenden Arbeitszeit im Praktikum (s. Tab. 6.1).

Laut der Covestro-Karriereseite sind alle Praktika im Unternehmen vergütet, die Höhe der Bezahlung richtet sich aber nach der Praktikumsart [4]. Gleiches gilt bei der Hannover Rück, laut deren Karriereseite Praktika immer mit mindestens 725 € bezahlt werden und Praktika mit einer Dauer von mehr als drei Monaten mit Mindestlohn entlohnt werden. Zu den 725 € kommen für Praktikant:innen, die außerhalb von Hannover leben, weitere 100 € Aufwandsentschädigung [12].

Die Deutsche Börse beispielsweise ist auf ihrer Karriereseite ebenfalls so transparent, dass das Gehalt differenziert nach Praktikumsart in den FAQs veröffentlicht wird. Pflichtpraktika werden mit einem Bruttogehalt von 1150 € pro Monat vergütet, während freiwillige Praktika mit dem Mindestlohn von 1500 € pro Monat bezahlt werden. Des Weiteren wird das Gehalt auch für die beiden weiteren Standorte, an welchen Praktika absolviert werden können, offengelegt. Interessierte finden direkt die Information, dass ein Praktikum am Standort in Luxemburg mit 1350 € und ein Praktikum in Prag mit monatlich 600 € entlohnt wird [7].

Ebenso offen ist die Deutsche Telekom. Sie gibt auf der Webseite, die das Praktikum bei der Deutschen Telekom beschreibt, genau Auskunft, wer sich bewerben kann, welche Bedingungen es für ein Praktikum gibt und wie hoch die Bruttovergütung ist. Sollten nicht alle Fragen auf der Webseite beantwortet werden, kann ein Chatbot weitere Informationen geben. Im Gegensatz zur Deutschen Börse differenziert das Telekommunikationsunternehmen aber nicht nach der Praktikumsart, sondern nach der Praktikumsdauer und bei Praktika, welche kürzer als drei Monat gehen, nach dem Abschluss des Future Talents. Future Talents, welche in einem Masterstudiengang eingeschrieben sind, bekommen 1000 € pro Monat, während Praktikanten im Bachelorstudium oder im Gap-Year 800 € bekommen. Wer länger als drei Monate ein Praktikum macht, wird mit dem Mindestlohn bezahlt. Da sich die regelmäßige Wochenstundenzahl zwischen einzelnen Fachbereichen unterscheidet, wird der monatliche Bruttolohn für 34 h-, 38 h- und 40 h-Wochen und dem aktuell geltenden Mindestlohnsatz angegeben [8].

Tab. 6.1 Transparenz auf den Karriereseiten von MDAX- und DAX-Unternehmen

	MDAX (%)	DAX (%)
Gehaltsangaben ja	10	20
Gehaltsangaben nein	90	80
Angaben zur Arbeitszeit ja	7	13
Angaben zur Arbeitszeit nein	93	87

Sehr selten werden konkrete Angaben zu den Arbeitszeiten im Praktikum gemacht. Die Informationen beschränken sich in der Regel eher auf die Work-Life-Balance und dass es flexible Arbeitszeitmodelle gibt. Bei BMW ist die Arbeitszeit fester Bestandteil der Stellenausschreibung, allerdings ist die Aussagekraft in manchen Stellen größer, bei denen die Wochenstundenzahl genannt wird [2], während in anderen Stellenanzeigen als Arbeitszeit „Vollzeit" genannt wird [3].

Adidas wiederum stellt in den FAQs zu Praktika dar, dass, unabhängig von der Abteilung, eine Arbeitszeit von 39 h pro Woche erwartet und an deutschen Standorten mit 15 Urlaubstagen im sechsmonatigen Praktikum kalkuliert werden kann. Adidas ist auch eine Ausnahme, was die Praktikumsdauer angeht. In der Zentrale des Sportartikelherstellers dauern Praktika immer sechs Monate. Es gibt zwei mögliche Starttermine, sodass der erste Arbeitstag entweder im März oder im September ist [1].

Die meisten Unternehmen bieten im Gegensatz dazu mehr Handlungsspielraum, wenn es um Dauer und Start des Praktikums geht. Oftmals sind einzelne Ausschreibungen mit präferierter Dauer und Startzeitpunkt versehen. Im Allgemeinen werden jedoch Praktika angeboten, die mindestens drei, maximal sechs Monate dauern. Vereinzelt kann bereits ein Praktikum absolviert werden, wenn man nur einen Monat Zeit hat, beispielsweise zwischen der letzten Prüfung und dem Start des nächsten Semesters – so bei der Deutschen Telekom AG [8] und Daimler [6]. Der Großteil der Unternehmen betont aber, dass das Praktikum aufgrund der größeren Lernkurve eine Dauer von drei bis sechs Monaten haben sollte.

Die Flexibilität der Unternehmen vereinfacht es den Studierenden praktische Arbeitserfahrungen während des Studiums zu sammeln und sich bzgl. möglicher Berufsfelder und Branchen zu orientieren.

Fazit

Das Angebot an Praktika in Deutschland ist unübersichtlich und gleichzeitig vielseitig. Fast alle Arbeitgeber aus dem DAX und MDAX bieten Praktika für Studierende an. Praktika sind also nicht nur für Studierende eine spannende Möglichkeit, sich mit Blick auf die spätere Berufswahl zu orientieren. Auch für Unternehmen sind sie ein wichtiger Sourcing-Kanal im Kampf um die besten Future Talents, die Fach- und Führungskräfte von morgen. Das ist in den Personalabteilungen des Landes angekommen.

Karriereseiten sind ein wichtiges Medium im Recruiting, das mit entsprechendem Bedacht gestaltet und gepflegt werden muss. Insbesondere im Wettbewerb um Praktikant:innen ist die Karriereseite das zentrale Mittel, um Klarheit und Transparenz bei den Bewerber:innen zu schaffen, sich von anderen Unternehmen abzugrenzen und gleichzeitig die zumindest mit Blick auf Gehaltserwartung und Verfügbarkeit richtigen Kandidat:innen zur Bewerbung zu bringen.

Mit wenigen, aber wichtigen Handgriffen kann dabei die Karriereseite als wichtiger Informationskanal genutzt werden: ◀

Tipp

1. Bewerbungsprozess: Für viele Studierende ist die Bewerbung für ein Praktikum oftmals die erste Bewerbung überhaupt – oder zumindest die erste Bewerbung mit einem ausführlicheren Bewerbungsprozess. Schaffen Sie Klarheit, welche Unterlagen Sie von Ihren Bewerber:innen erwarten und welche Schritte die Kandidat:innen bei Ihnen im Bewerbungsprozess erwarten können. Nutzen Sie die Karriereseite auch, um Tipps zu geben, wie sich die Future Talents vorbereiten können.
2. Zielgerichtete Bewerbungen: Die Bewerbung für ein Praktikum scheint schnell geschrieben zu sein. Wenn die Bewerbung dann schon aufgrund von formalen Aspekten, wie beispielsweise Dauer und Zeitpunkt oder es ein Pflichtpraktikum sein soll, nicht passt, war sowohl die Zeit der Bewerber:innen verschwendet, als auch die der Fachabteilung oder des Recruiting-Teams. Nutzen Sie eine FAQ-Section oder die konkrete Stellenausschreibung, um sicherzustellen, dass bei Ihnen auch die richtigen Bewerbungen eingehen. Auch wenn Sie keine Beschränkungen bei der Zielgruppe haben, können Sie so Fragen beantworten, bevor sie bei Ihnen eingehen.
3. Gehalt und Arbeitszeit: Auch wenn Gehalt und Arbeitszeit nur Hygienefaktoren bei Praktika sind, ist es trotzdem nicht zu vernachlässigen, dass hier falsche Erwartungen bestehen können. Es müssen nicht zwingend konkrete Gehaltsangaben veröffentlicht werden, aber eine Richtlinie auf der Karriereseite kann schon bei Entscheidungen, ob es sich für einen Arbeitgeber zu pendeln lohnt oder einen Umzug wert ist, helfen.

Literatur

1. adidas AG. (2020). 15 Fakten über Praktika in HERZOGENAURACH. https://careers.adidas-group.com/teams/students/internships-students#15-fakten-ber-praktika-in-herzogenaurach. Zugegriffen: 24. Okt. 2020.
2. BASF SE. (o. J.). Bewerbungsprozess. https://www.basf.com/global/de/careers/news-faq/application-procedure.html. Zugegriffen: 24. Okt. 2020.
3. BMW AG. (2020a). Praktikum im Bereich Risikomanagement. https://www.bmwgroup.jobs/en/jobfinder/job-description.13180.DE.Munich.Finance.OperationsFinancialServices.html. Zugegriffen: 24. Okt. 2020.
4. BMW AG. (2020b). Praktikant Web & Digital Commerce (w/m/x). https://www.bmwgroup.jobs/en/jobfinder/job-description.13180.DE.Munich.Finance.OperationsFinancialServices.html. Zugegriffen: 24. Okt. 2020.
5. Covestro AG. (o. J.). Praktikum im Inland. Einblicke in die bunte Covestro-Welt. https://www.career.covestro.de/de/your-career/students/internships-thesis-germany. Zugegriffen: 24. Okt. 2020.
6. CTS EVENTIM AG & Co. KGaA. (o. J.). Karriere – Studierende. https://karriere.eventim.de/alle-chancen/studierende/. Zugegriffen: 24. Okt. 2020.

7. Daimler AG. (2020). Praktikum – Schon in Monaten fürs Leben lernen. https://www.daimler.com/karriere/studenten/praktikum/. Zugegriffen: 24. Okt. 2020.
8. Deutsche Börse AG. (2020). FAQs. https://career.deutsche-boerse.com/content/FAQs. Zugegriffen: 24. Okt. 2020.
9. Deutsche Telekom AG. (2020). Praktikum für Studenten bei der Telekom. https://www.telekom.com/de/karriere/studenten/praktikum. Zugegriffen: 24. Okt. 2020.
10. DGB Bundesvorstand (Hrsg.) (2016). Praktikum und Mindestlohn. Der Faktencheck.
11. Dudenredaktion. (Hrsg.). (o. J.). Praktikum. Duden online. https://www.duden.de/node/114247/revision/114283.
12. Fresenius SE & Co. KGaA. (o. J.). Ihre Bewerbung. https://karriere.fresenius.de/de/studierende/bewerbungsprozess. Zugegriffen: 24. Okt. 2020.
13. Hannover Rück SE. (o. J.). Praktikum für Studierende. https://www.hannover-rueck.de/31485/karriere_studierende_praktika. Zugegriffen: 24. Okt. 2020.
14. NEVARIS Bausoftware GmbH. (o. J.). Schüler und Studenten. https://www.nevaris.com/ueber-uns/karriere/schueler-studenten/. Zugegriffen: 24. Okt. 2020.
15. Scout24 AG. (o. J.). Deine Bewerbung. https://www.scout24.com/karriere/deine-bewerbung. Zugegriffen: 24. Okt. 2020.
16. Siemens Healthcare GmbH. (2020). Unsere Praktikanten. https://www.siemens-healthineers.com/de/careers/students#Praktika. Zugegriffen: 24. Okt. 2020.
17. TeamViewer Germany GmbH. (2020). Student (m/w/d) Sales Steering & Enablement. https://jobs.teamviewer.com/job/student-m-w-d-sales-steering-enablement/. Zugegriffen: 24. Okt. 2020.
18. Vonovia SE. (2020). Übersicht Ausbildung. https://karriere.vonovia.de/de-de/ausbildung/praktikum-stud-aushilfen. Zugegriffen: 24. Okt. 2020.

Kristina Bierer ist seit 2010 bei der CLEVIS GmbH tätig und vom ersten Tag an für das Thema Future Talents zuständig. In den vergangenen zehn Jahren hat sie den Future Talents Report zur größten, regelmäßigen Befragung zu allen Themen rund um die Nachwuchskräfte der nächsten Generationen aufgebaut und kennt wie wenig andere die Zielgruppe, die sie als Game Changer im Fokus der Digitalisierung beschreibt. Als Projektleiterin und Partnerin bei der CLEVIS GmbH leitet sie außerdem erfolgreich Projekte rund um die Digitalisierung und Transformation von zukunftsfähigen HR-Prozessen und betreut Kunden verschiedenster Branchen und Größen von der Konzeption bis zur Umsetzung.

Wie ticken Studierende bei der Suche nach Praktika und Werksstudentenjobs?

7

Annina Hering

Inhaltsverzeichnis

7.1 Einleitung: Was uns Daten über das Suchverhalten erzählen 78
7.2 Daten und Methodik 79
7.2.1 Datenbasis 79
7.2.2 Methodik 80
7.3 Die Suche nach Studentenjobs und Praktika: Gemeinsamkeiten und Unterschiede 82
7.3.1 Saisonalität 82
7.3.2 Die Suchabfrage 83
7.3.3 Praxistipps für Unternehmen: Der richtige Zeitpunkt für Ausschreibungen und Stellen clever ausschreiben 87
7.4 Mobilität bei Studentenjob und Praktikum 88
7.4.1 Generelle Relevanz des Ortes bei der Suche 89
7.4.2 Welche Angebote werden angeklickt? Vor Ort oder doch etwas weiter weg? 90
7.4.3 Internationale Student:innen 92
7.4.4 Praxistipps für Unternehmen: Nachwuchsfachkräfte frühzeitig gewinnen 94
7.5 Hotspots für Praktika: Hippe Städte 94
7.5.1 Alle wollen nach Berlin 94
7.5.2 Praxistipps für Unternehmen: Die Rolle des Standorts 96
7.6 Bedeutung für den Arbeitsmarkt und 5 Empfehlungen für Unternehmen 97
Literatur 98

A. Hering (✉)
Indeed, Düsseldorf, Deutschland
E-Mail: hering@indeed.com

M. Rütten und K. Bierer (Hrsg.), *Future Talents,*
https://doi.org/10.1007/978-3-658-33023-1_7

7.1 Einleitung: Was uns Daten über das Suchverhalten erzählen

Ein Werkstudentenjob oder ein studentisches Praktikum sind eine Win-Win-Situation sowohl für Student:innen als auch für die Unternehmen. Aus Sicht der Student:innen zählen insbesondere das Geld und die gesammelte praktische Erfahrung während des Studiums als relevante Gründe [18, 25]. Aus Unternehmenssicht findet bereits frühzeitig während des Studiums eine Bindung der Nachwuchsfachkräfte an das Unternehmen statt [19]. Darüber hinaus bringen Student:innen häufig junge und innovative Ideen in das Unternehmen.

Das führt mich zur Forschungsfrage dieses Kapitels. Damit Unternehmen genau dieses Potenzial von Student:innen nutzen können, gehe ich der Frage nach, wie Student:innen online nach Praktika und Werkstudentenjobs[1] suchen. Nach der Lektüre des Kapitels werden Leser:innen eine gute Übersicht darüber haben, welche Gemeinsamkeiten und Unterschiede es bei der Suche nach Praktika und Werkstudentenjobs gibt.

Für meine Analysen nutze ich die Daten der Jobseite Indeed zum Suchverhalten und zu Stellenausschreibungen. Es zeigt sich, dass es saisonale Unterschiede bei der Suche nach Praktika und Studentenjobs gibt. Die meisten Student:innen suchen zu Beginn des Jahres nach einem Praktikum. Die Suche nach Studentenjobs ist am beliebtesten direkt zum Semesterstart. Bei Studentenjobs steht häufig das Geldverdienen im Vordergrund – bei Praktika eher die berufliche Erfahrung. Das äußert sich darin, dass bei Studentenjobs häufiger nur mit generischen Suchbegriffen gesucht wird („Studentenjob"), während bei Praktika die fachliche Spezialisierung wichtiger ist.

Die Analyse des Suchverhaltens verdeutlicht: Student:innen sind bei der Suche nach Praktika mobiler als durchschnittliche Jobsuchende. Werkstudentenjobs werden häufiger in der Nähe zum Wohnort bzw. Hochschulort gesucht. Dabei konzentrieren sich Student:innen bei ihrer Suche stark auf urbane Regionen. Das lässt bereits Rückschlüsse auf das zukünftige Jobsuchverhalten dieser Nachwuchsfachkräfte zu. Durch die Mobilität der Student:innen besteht gerade bei Praktika auch eine Chance für Hidden Champions in weniger bekannten Städten oder eher ländlichen Regionen. Weitere Chancen bieten sich für Unternehmen mit Blick auf internationale Fachkräfte, denn im Durchschnitt wird international viel häufiger nach Praktika als nach Jobs in Deutschland gesucht.

Zum Aufbau des Kapitels: Im folgenden Unterkapitel beschreibe ich die verwendeten Daten der Jobseite Indeed und die Methodik. Danach beschäftige ich mich detailliert mit der Suche nach Praktika und Werkstudentenjobs, indem ich die Saisonalität der Suchanfragen untersuche und analysiere, was Student:innen in das „Was"-Suchfeld eingeben.

---

[1] Im Laufe des Kapitels werde ich die Begriffe Werkstudentenjob und Studentenjob als Synonyme nutzen. Zur Definition siehe Abschnitt zu Daten und Methodik.

Im Anschluss untersuche ich die Mobilität von Student:innen. Dabei hinterfrage ich die Relevanz des Ortes bei der Suche und betrachte, wie weit oder nah zu ihrem Studienort Student:innen suchen. Auch einen kleinen Exkurs zu internationalen Student:innen gebe ich. Schließlich identifiziere ich besonders beliebte Städte bei Student:innen. Am Ende eines jeden Unterkapitels gehe ich auf die Bedeutung der Ergebnisse für Unternehmen ein. Im letzten Unterkapitel diskutiere ich die Bedeutung der Forschungsergebnisse für den Arbeitsmarkt und gebe fünf Empfehlungen für Unternehmen.

7.2 Daten und Methodik

Leser:innen, die in die Datenwelt der Jobseite Indeed eintauchen möchten und neugierig auf die verwendeten Methoden sind, werden in diesem Kapitel fündig. Alle anderen können es überspringen und bekommen alle notwendigen Basisinformationen auch direkt, wenn ich die Ergebnisse bespreche.

7.2.1 Datenbasis

Für meine Analysen nutze ich die Daten der Jobseite Indeed. Indeed ist die größte Jobseite der Welt[2] und in über 60 Ländern präsent – seit 2008 auch in Deutschland. Die Mission: „We help people get jobs." 250 Mio. Unique Visitors[3] suchen jeden Monat nach Jobs auf Indeed – damit ist die Seite weltweit führend.

Der Schwerpunkt der Analysen dieses Kapitels ist das Suchverhalten von Student:innen nach Praktika und Werkstudentenjobs. In meinen Analysen greife ich auf Millionen von Datensätzen der deutschen Indeed-Website zurück: sowohl auf Suchanfragen als auch auf Stellenausschreibungen. Indeed-Daten zu Suchanfragen entstehen dadurch, dass jeden Monat viele Millionen Menschen auf Indeed nach einem neuen Job suchen (monatlich durchschnittlich 5,1 Mio. Unique Visitors gemäß ComScore in 2019). Indeed-Daten zu Stellenausschreibungen entstehen dadurch, dass auf Indeed jeden Monat durchschnittlich 700.000 neue Stellenausschreibungen (Durchschnittswert für 2019) indexiert und aggregiert werden oder Unternehmen direkt auf Indeed ihre Stellen ausschreiben. Aufgrund dessen, dass sowohl bezahlte als auch unbezahlte Stellenausschreibungen in die Analysen einfließen, kann der Gesamtarbeitsmarkt abgebildet werden. Indexierte und aggregierte Stellenausschreibungen auf Indeed stammen aus einer Vielzahl von Quellen: Die wichtigste Quelle sind die Karriereseiten der Unternehmen. Darüber hinaus integriere ich auch solche Jobs in meine Analysen, die durch Personaldienstleister veröffentlicht werden, sowie Jobs, die von den Arbeitgebern direkt

[2] gemäß comScore, bezogen auf Total Visits weltweit.

[3] Google Analytics, September 2018, bezogen auf Unique monthly Visitors weltweit.

auf Indeed geschaltet werden – eine Möglichkeit, die vor allem für Arbeitgeber ohne eigene Karriereseite interessant ist.

Der betrachtete Zeitraum für die Evaluation der Saisonalität der Suchanfragen ist der 01. Januar 2018 bis zum 31. Juli 2020. Alle anderen Analysen beziehen sich auf einen Zeitraum von zwölf Monaten vom 01. August 2019 bis zum 31. Juli 2020, wenn nicht anders angemerkt. Die Abbildung eines kompletten Jahres verhindert ein Verfälschen der Daten aufgrund von Saisonalität.

7.2.2 Methodik

Definition der Suchanfragen

Wie definiere ich Suchanfragen von Student:innen? Ich identifiziere studentische Jobsuchende über ihre Suchanfragen nach Praktika und Werkstudentenjobs.[4] Suchen nach Studentenjobs müssen mindestens den Begriff „Student" beinhalten, womit gleichzeitig deutschsprachige als auch internationale Suchanfragen erfasst werden und damit Suchanfragen wie „Studentenjob" oder „Werkstudent". Suchanfragen von Student:innen, die nicht explizit nach Studentenjobs, sondern allgemein nach Nebenjobs gesucht haben, sind dadurch untererfasst. Dies nehme ich in Kauf, da diese Suchanfragen nicht von nicht-studentischen Jobsuchenden auf der Suche nach einem Nebenjob unterschieden werden können. Zudem sind die Ausgangsbedingungen zu unterschiedlich, als dass man diese auch mitbetrachten möchte.

Alle Suchanfragen auf Indeed mit mindestens einem der folgenden Begriffe definiere ich als eine Suchanfrage nach einem Studentenpraktikum: Suchbegriffe, die mit „Praktik" beginnen ebenso wie internationale Anfragen über „Internship" oder „Intern". Um Schülerpraktika, Anerkennungspraktika, Berufsanerkennungsjahre usw. auszuschließen, filtere ich nach einer extensiven Liste von Begrifflichkeiten. Darüber hinaus schließe ich Berufe aus, in denen typischerweise eine Berufsausbildung erforderlich ist und ein Praktikum gesucht wird – wie zum Beispiel für Mediengestaltung, Sachbearbeitung oder bei der Feuerwehr.[5]

Definition von Stellenausschreibungen

Als Studentenjob werden Stellenausschreibungen definiert, die mindestens den Begriff „Student" im Jobtitel tragen. Somit werden u. a. Stellenausschreibungen erfasst, die nach

[4]Neben Praktika und Werkstudentenjobs stellen Abschlussarbeiten eine dritte Gruppe von Jobs dar, die für Student:innen interessant sind. Jedoch hätte die Aufnahme von Abschlussarbeiten in meine Analysen den Umfang dieses Kapitels überstiegen. Allerdings stellen sie ein interessantes Forschungsfeld für zukünftige Arbeiten dar. Unternehmen, die sich an dieses Thema herantasten möchten, können einmal bei Schmidt [20] nachlesen, um erste Ansätze zu sammeln.

[5]Diese und alle im Folgenden genannten Listen können gern bei der Autorin des Kapitels angefragt werden.

einem Werkstudenten oder einer studentischen Aushilfe suchen. Nun gibt es durchaus auch Aushilfsjobs, die sich an Student:innen richten und dies nicht in ihrem Jobtitel vermerken. Eine durch diese Methode mögliche Untererfassung solcher Jobs wird bewusst in Kauf genommen, damit keine nicht-studentischen Aushilfsjobs erfasst werden. Stichworte zum Ausschließen von Stellenausschreibungen sind für Studentenjobs u. a. „Duales Studium“ oder „Doctoral Student“.

Um Stellenausschreibungen für Praktika zu identifizieren, nutzen wir ebenfalls eine Kombination von Stichworten. Diese erfasst einerseits solche Stellenausschreibungen, die mindestens eines der folgenden Stichworte beinhalten: Jobtitel mit Begriffen, die mit „Praktik“ beginnen, ebenso wie englischsprachige Jobtitel, die einen "Intern" suchen oder ein „Internship“ ausschreiben. Ausgeschlossen werden aber auch eine Vielzahl von Stellenausschreibungen, die sich auf Schülerpraktika & Co. beziehen oder Stichworte wie „Schülerpraktikum“ oder „FSJ“ umfassen.

Umgang mit Doppelnennungen

Wie gehe ich mit Suchanfragen oder Stellenausschreibungen um, die sowohl Begriffe zu Studentenjobs als auch zu Praktika in der Suchanfrage bzw. im Jobtitel beinhalten? Um Stellenausschreibungen und Suchanfragen vergleichbar zu machen, nutze ich die identische Methode und ordne diese gemixten Suchanfragen bzw. Stellenausschreibungen den Praktika zu, sodass Suchanfragen bzw. Stellenausschreibungen für Studentenjobs keine Begriffe beinhalten, die auf ein Praktikum hinweisen. Der Unterschied zwischen diesen beiden Gruppen wird dadurch möglicherweise etwas unterschätzt. Eine andere Möglichkeit wäre sicherlich auch gewesen, diese Suchanfragen und Stellenausschreibungen separat auszuwerten, allerdings hätte dies den Rahmen des Kapitels gesprengt.

Pandemie-Effekte

Die COVID-19-Pandemie ist zum Zeitpunkt des Verfassens dieses Kapitels allgegenwärtig. Die Auswirkungen der Krise auf den Arbeitsmarkt sind enorm [13, 27, 3]– und so verändert sich auch das Suchverhalten von Student:innen nach Werkstudentenjobs und Praktika [10]. Gleichzeitig wird das Angebot von Stellenausschreibungen für Student:innen durch die Corona-Krise beeinflusst. Ich lege in diesem Beitrag kein besonderes Augenmerk auf die direkten Effekte der COVID-19-Pandemie auf das Suchverhalten oder die Stellenausschreibungen [17, 13, 10, 4]. Nichtsdestotrotz finden die Entwicklungen Eingang in dieses Kapitel und seine Interpretation. Detaillierte Analysen zum Thema Student:innen und COVID-19 finden sich bei Hering [10] oder auch Yükselen et al. [27].

Während die Corona-Krise den Arbeitsmarkt und auch die Zukunft der Arbeit beeinflusst [1, 13, 7], hat für Student:innen das Semester mit seiner Vorlesungszeit und vorlesungsfreien Zeit einen entscheidenden Einfluss auf das Suchverhalten. Deshalb ist anzunehmen, dass die Corona-Krise zwar in vielen Bereichen der Arbeitswelt ein neues

„Normal" befördern kann – bei den Student:innen ist dies allerdings weniger anzunehmen. Deshalb nehme ich an, dass sich viele Verhaltensmuster der Student:innen durch die Corona-Krise nicht langfristig verändern werden und Erkenntnisse aus der Vergangenheit auch in der Zukunft noch Relevanz haben werden.

7.3 Die Suche nach Studentenjobs und Praktika: Gemeinsamkeiten und Unterschiede

7.3.1 Saisonalität

Die Forschungsfrage, wie Student:innen nach Studentenjobs und Praktika suchen, ist breit gefasst. In diesem Unterkapitel beschäftige ich mich mit der Frage, wann Student:innen suchen und diskutiere dabei die Gemeinsamkeiten und Unterschiede von Studentenjobs und Praktika. Als Datenbasis dient das Suchverhalten von Student:innen auf der Jobseite Indeed aus den Jahren 2018 und 2019. Ich ermittle Durchschnittswerte über die beiden Jahre. Als Basis der Berechnungen dient die tägliche Zahl der Suchanfragen, berechnet als gleitender Durchschnitt über sieben Tage.

Die Ergebnisse in Abb. 7.1 verdeutlichen, Suchanfragen von Student:innen variieren saisonal und fallen dabei unterschiedlich für Studentenjobs und Praktika aus. Suchanfragen nach Studentenjobs sind stark durch den Semesterbeginn beeinflusst. Mit dem Start des Wintersemesters ist der Anteil der Suchen nach Studentenjobs im Oktober am höchsten (9,9 %), gefolgt vom März (9,7 %). In der Prüfungszeit im Juni suchen die wenigsten Student:innen nach einem Nebenjob (6,5 %). Es hat den Anschein, als würde recht nah zum gewünschten Startzeitpunkt des Studentenjobs auch nach Stellenausschreibungen gesucht werden. Im Vergleich zu Studentenjobs suchen die meisten Student:innen im Januar nach einem Praktikum (10,5 %). Am seltensten wird in den

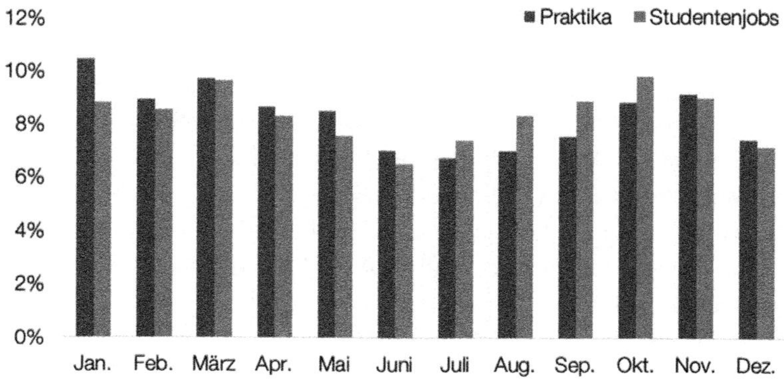

Abb. 7.1 Saisonalität bei der Suche nach Praktika und Studentenjobs. Verteilung der Suchanfragen nach Praktika und Studentenjobs auf Indeed über das Jahr, Durchschnittswerte aus 2018/2019, Quelle: Indeed

Sommermonaten nach einem Praktikum gesucht (Juli: 6,8 %) – dann, wenn viele Student:innen gerade ein Praktikum absolvieren. Die Suche nach Praktika scheint somit mit einem größeren Vorlauf zu erfolgen als bei Studentenjobs.

Ich habe bei der Betrachtung der Saisonalität ganz bewusst darauf verzichtet, Daten aus dem Jahr 2020 einzubeziehen. Denn aufgrund der Ausnahmesituation hat das Corona-Jahr 2020 mit dieser typischen Saisonalität gebrochen [10]: Die Suchanfragen nach Praktika sind zunächst eingebrochen, um dann im Zuge der Lockerungsmaßnahmen vor dem Sommer stark anzusteigen, sodass man von einem Nachholeffekt sprechen kann. Bei Werkstudentenjobs hat sich ein völlig anderer Corona-Effekt gezeigt, denn es fehlt der typischerweise auf den Semesterstart folgende Rückgang der Suchintensität [10]. Diese Ergebnisse verdeutlichen, wie stark Student:innen auf die Finanzierung ihres Studiums durch einen Nebenjob angewiesen sind [18, 25, 10]. Es ist aber anzunehmen, dass mit Überwinden der Corona-Krise auch das Suchverhalten der Student:innen wieder zurück zum typischen Muster findet, das durch die Semester und vorlesungsfreie Zeit strukturiert wird.

7.3.2 Die Suchabfrage

Auf der Jobseite Indeed müssen Jobinteressent:innen sich als Erstes entscheiden, was sie in die Suchfelder „Was“ (Jobtitel) und „Wo“ (Standort) eingeben. Um eine Suchanfrage als eine Abfrage von Student:innen für einen Studentenjob oder ein Praktikum identifizieren zu können, muss mindestens ein Begriff in das „Was“-Feld eingegeben werden, der mit einem Studentenjob oder einem studentischen Praktikum assoziiert wird.[6]

Wie suchen Student:innen? Was genau geben sie ein? Was sind ihre Wünsche und Hoffnungen für einen Studentenjob oder ein Praktikum? Um dies zu untersuchen, habe ich die Daten der Jobseite Indeed für die Zeit vom 01. August 2019 bis zum 31. Juli 2020 ausgewertet. Ich habe mich für einen Zeitraum von 12 Monaten entschieden, um mögliche saisonale Muster im Suchverhalten auszugleichen.

Die Jobsuche ist etwas sehr Individuelles und so fallen auch die Suchanfragen vielfältig aus. Dabei unterscheidet sich das Suchverhalten nach einem Studentenjob elementar vom Suchverhalten nach einem Praktikum: Bei der Suche nach einem Studentenjob fallen 58,7 % der Suchanfragen generisch aus, das heißt, es werden allgemeine Begriffe wie „Werkstudent“, „Studenten“ oder „Studentenjob“ genutzt. Bei der Suche nach einem Praktikum sind es nur etwas weniger als ein Viertel (24,1 %) aller Suchanfragen, die generisch ausfallen und sich auf Begriffe wie zum Beispiel „Praktikum“, „Internship“ oder „Studenten Praktikum“ beschränken.

[6] Weitere Details dazu siehe Abschnitt zu Daten und Methodik.

Wie lässt sich dieser Unterschied erklären? Für viele Student:innen ist die Nebentätigkeit ein wichtiger Bestandteil, um ihren Lebensunterhalt zu bestreiten [18, 25]. Nicht immer steht dabei im Fokus, dass der Job auch einen Bezug zum Studium hat [27]. Entsprechend häufiger fallen die Suchen für Studentenjobs generisch aus – also ohne fachliche Spezialisierung. Vermutlich steht hier weniger die berufliche Erfahrung als der finanzielle Aspekt im Vordergrund. Anders sieht es bei Praktika aus. Für Praktika fallen die Suchanfragen konkreter aus und spiegeln den fachlichen Bezug zum Studium wider. Daraus lässt sich schlussfolgern, dass während des studentischen Praktikums das Sammeln von beruflichen Erfahrungen im Vordergrund steht.

In welchen Bereichen suchen Student:innen nach Studentenjobs und Praktika? Hierfür habe ich die Original-Suchanfragen auf Indeed ausgewertet und lediglich um generische Zusätze wie „Praktikum" oder "Semesterferien" bereinigt. Für die Darstellung der Ergebnisse habe ich Wordclouds[7] gewählt (siehe Abb. 7.2 und 7.3). Je größer ein Wort dargestellt ist, desto häufiger wird es gesucht. Die farbliche Abgrenzung unterteilt dabei noch einmal in Gruppen, die ähnlich häufig gesucht werden.

Es fällt auf, dass die Suche nach Studentenjobs durch einige zentrale Stichworte dominiert wird, während die Suchen nach Praktika wesentlich breiter aufgestellt sind. Dies wird deutlich, wenn wir die beiden Wordclouds in Abb. 7.2 und 7.3 miteinander vergleichen. Die Top-20-Stichworte für Studentenjobs machen bereits ein Drittel (33,2 %) aller Stichworte aus – bei Praktika sind es weniger als ein Viertel (22,6 %). Die Ergebnisse verdeutlichen: Student:innen aus einer Vielzahl von Fachbereichen suchen nach Praktika. Dabei zeigt sich, dass spezifisch nach passenden Nischen und Praktikumsprojekten gesucht wird. Dies führt zu einer großen Vielfalt von Stichworten, die sich weniger stark konzentrieren als bei Studentenjobs. Student:innen suchen mit dem Praktikum „das Besondere", die spezielle und tolle Erfahrung. Beim Studentenjob scheint man allgemeiner und flexibler unterwegs zu sein. Damit deutet sich aber bereits an, dass die Suche nach Praktika der späteren Jobsuche stark ähnelt: Auch dort wird der perfekte Job gesucht, der genau auf die eigenen Vorstellungen und Ansprüche passt.

Die beliebtesten Suchbegriffe

Praktika im Marketing, im Personalwesen, im Maschinenbau oder in Psychologie sind besonders gefragt. Zwar sind auch bei Studentenjobs Personal und Marketing hoch im

[7]In den Wordclouds (Abb. 7.2 und 7.3) finden sich einige Synonyme, so zum Beispiel „IT" und „Informatik". Das liegt daran, dass ich Synonyme bewusst nicht zusammengefasst habe. Vielmehr hat die Darstellung in den Wordclouds zum Ziel, die unverfälschten Suchbegriffe der Student:innen darzustellen. Das kann hilfreich sein bei der Optimierung von Stellenanzeigen hinsichtlich eines aussagekräftigen Jobtitels und der Nennung relevanter Stichworte in der Stellenbeschreibung.

Abb. 7.2 Häufigste Stichworte bei der Suche nach einem Praktikum, Suchanfragen auf Indeed vom 01. August 2019 bis zum 31. Juli 2020, Quelle: Indeed

Rennen, allerdings zeigt sich dann sehr deutlich, dass vor allem MINT-Student:innen auf der Suche nach einem passenden Studentenjob sind. Unter den Top-20-Suchbegriffen für Studentenjobs haben acht einen MINT-Bezug[8] und machen zusammen 12,8 % aller Suchanfragen für Studentenjobs aus. Wenn man alle Suchanfragen zusammenfasst, die mindestens einen dieser Begriffe und ggf. weitere Begriffe umfassen, sind es sogar 14 % aller konkreten Suchanfragen für Studentenjobs. Demgegenüber befindet sich bei Praktika unter den Top-20-Suchbegriffen ein MINT-Begriff weniger. Die acht MINT-Begriffe kommen zusammen auf nur 7,1 % der Praktika-Suchanfragen bzw. 8,6 %, wenn man alle Abfragen nimmt, die mindestens einen dieser Begriffe beinhalten.

Die Analysen verdeutlichen, dass es neben den MINT-Studienfächern auch einige andere Studienrichtungen gibt, bei denen es eine stärkere Tendenz zum Studentenjob gibt: Die marketingbezogenen Suchen sind für Studentenjobs (4,5 %) etwas höher

[8]Die 8 Suchbegriffe unter den Top-20-Suchbegriffen, die einen MINT-Bezug haben, sind: ‚Maschinenbau', ‚Informatik', ‚IT', ‚Elektrotechnik', ‚Bauingenieurwesen', ‚Wirtschaftsingenieurwesen', ‚Ingenieur', ‚Chemie'.

Abb. 7.3 Häufigste Stichworte bei der Suche nach einem Studentenjob, Suchanfragen auf Indeed vom 01. August 2019 bis zum 31. Juli 2020, Quelle: Indeed

als für Praktika (3,7 %). Student:innen aus dem HR- und Recruiting-Bereich sind auch stärker an einer kontinuierlichen Werkstudententätigkeit interessiert (4,9 %) als an einem Praktikum (2,6 %). Auch wenn sowohl im Marketing als auch in HR und Recruiting das Interesse für Werkstudentenpositionen größer ist als für Praktika, darf nicht vergessen werden, dass es sich dennoch um sehr stark nachgefragte Studienbereiche für ein Praktikum handelt. Angehende Jurist:innen interessieren sich kaum für Praktika (0,8 %), während sie sehr stark im Kontext von Werkstudentenjobs unterwegs sind (3,7 %). Das Interesse für Psychologie ist im Kontext von Werkstudentenjobs (2,2 %) ähnlich wie bei Praktika (2,5 %) vertreten. In der Medienbranche sind hingegen Praktika (2,4 %) beliebter als Studentenjobs (1,4 %).[9]

[9]Häufig arbeiten Student:innen in der Gastronomie oder auch im Einzelhandel [27]. Solche Suchen werden nicht in der Wordcloud widergespiegelt, da es sich nicht um Nebenjobs handelt, die sich exklusiv an Student:innen richten. Dementsprechend sind Suchanfragen nach „Kellner" wesentlich wahrscheinlicher als Suchanfragen nach „Studentenjob Kellner". Nur die zweite Suchanfrage würden wir in unsere Analysen aufnehmen. Wie im Methodenteil beschrieben ist dies auch der Ansatz, den ich für die Identifikation von Studentenjobs verwende. Dabei nehme ich in Kauf, solche nicht exklusiv an Student:innen gerichteten Jobs auszuschließen.

Homeoffice als Option

Nicht unerwähnt lassen möchte ich das Thema Homeoffice, das durch die Corona-Krise einen deutlichen Anstieg erfahren hat [7]. Die Not von Student:innen, trotz der Auswirkungen der Eindämmungsmaßnahmen auf den Arbeitsmarkt einen Studentenjob zu finden, der den Lebensunterhalt unterstützt oder absichert, ist groß [27, 10]. Sie erklärt sicherlich, dass das Stichwort „Homeoffice" bei der Suche nach Studentenjobs so eine relevante Bedeutung aufweist (Abb. 7.3). 1,7 % aller Suchanfragen nach Studentenjobs beinhalten im Beobachtungszeitraum den Begriff „Homeoffice". Bei allen Suchanfragen auf Indeed sind es im gleichen Beobachtungszeitraum nur 0,6 % aller Anfragen.

Suche nach konkreten Unternehmen

Wie steht es um Startups? Es gibt nur wenige Student:innen, die direkt nach einem Startup für ein Praktikum oder einen Studentenjob suchen (beides 0,2 %). Wird direkt nach Unternehmensnamen gesucht? Bei der Suche nach Studentenjobs ist dies wesentlich ausgeprägter. Unter den Top-250-Suchbegriffen finden sich fast 25 Unternehmen, die insgesamt 3,7 % der Suchanfragen ausmachen. Bei der Praktikumssuche finden sich unter den Top-250-Suchbegriffen nur zehn Unternehmen, die 1,4 % aller Suchanfragen ausmachen – somit wesentlich weniger als bei Studentenjobs. Selbst wenn man alle Unternehmen der Top-250-Suchanfragen von Studentenjob-Suchen für Praktika-Suchen nutzt, kommt man nur auf 1,8 %. Das bedeutet: Praktika scheinen eher als Studentenjobs eine Möglichkeit für kleine und mittlere Unternehmen zu sein, Student:innen auf sich aufmerksam zu machen. Allerdings muss auch ganz klar gesagt werden, dass der Anteil von direkten Suchen nach Unternehmensnamen gering ausfällt. Das bedeutet: Die meisten Student:innen sind für ihre Berufserfahrung erst einmal nicht auf ein bestimmtes Unternehmen festgelegt, sondern sind offen für interessante Stellenausschreibungen.

7.3.3 Praxistipps für Unternehmen: Der richtige Zeitpunkt für Ausschreibungen und Stellen clever ausschreiben

Was lässt sich aus den Ergebnissen zur Saisonalität der Suchanfragen für Unternehmen schlussfolgern? Wann ist der beste Zeitpunkt, neue Stellen für Studentenjobs und Praktika auszuschreiben? Das Wichtigste zuerst: Es gibt keinen völlig falschen Zeitpunkt, eine neue Stelle auszuschreiben. Es gibt aber einige Zeitpunkte, die die Chance erhöhen könnten, mehr Student:innen zu erreichen.

- Sie möchten die Chance vergrößern, dass Ihre Praktika-Ausschreibungen mehr Aufmerksamkeit bekommen? Dann könnten die Monate Januar, März und November gute Zeitpunkte sein.

- Student:innen suchen vermehrt zu Beginn des Semesters nach Studentenjobs. Das heißt: Rechtzeitig vor Beginn der Vorlesungszeit oder dann spätestens zu Beginn der Vorlesungszeit erreichen Ihre neuen Stellenausschreibungen viele Adressat:innen. Aber auch während des laufenden Semesters überlegen sich viele Student:innen, dass sie einen Nebenjob benötigen. Ihr Unternehmen hat also auch weiterhin gute Chancen, Student:innen über Stellenausschreibungen für Studentenjobs zu gewinnen.

Welche Empfehlungen lassen sich für Unternehmen aus den Ergebnissen zu den Suchanfragen aus dem „Was"-Feld ableiten?

- Abhängig davon, in welchem Bereich Student:innen gesucht werden, mag es eine gute Idee für Ihr Unternehmen sein, sowohl Stellenausschreibungen für Werkstudent:innen als auch Praktikant:innen auszuschreiben, um jegliche Intentionen für solche Jobs abzugreifen.
- Student:innen haben nur in wenigen Fällen schon eine Vorstellung oder einen Wunsch für ein bestimmtes Unternehmen, um dort ein Praktikum zu absolvieren oder als Werkstudent:in zu starten. Das bietet gute Chancen gerade für kleine und mittelständische Unternehmen (KMU), Nachwuchsfachkräfte zu gewinnen.
- Die dargestellten Wordclouds können Sie dabei unterstützen, die richtigen Begriffe für die Wahl des Jobtitels zu finden und auch zu überprüfen, ob relevante Begriffe im Text Ihrer Stellenanzeige auftauchen.
- Student:innen suchen für ihr Praktikum nach Nischen und spezifischen Projekten. Wenn sich dies in der Stellenausschreibung Ihres Unternehmens widerspiegelt, ist das eine gute Möglichkeit, sich von Standard-Stellenausschreibungen abzusetzen.
- Verdienstmöglichkeiten in der Stellenausschreibung: Der finanzielle Aspekt ist für viele Student:innen relevant, um ihren Lebensunterhalt während des Studiums zu sichern [18, 25]. Indeed-Analysen haben gezeigt, dass Arbeitnehmer:innen eine Gehaltstransparenz begrüßen – und dies bereits in der Stellenausschreibung [15]. Warum experimentieren Sie damit nicht einmal bei Studentenjobs oder Praktika?

7.4 Mobilität bei Studentenjob und Praktikum

Für viele Unternehmen ist es eine Herausforderung, neue Mitarbeiter:innen für ihren Unternehmensstandort zu gewinnen. In Zeiten des demografischen Wandels reicht es häufig nicht, auf das lokale Arbeitskräfteangebot zurückzugreifen, sondern Unternehmen müssen aktiv werden und Arbeitnehmer:innen zum Pendeln oder gar zum Umzug bewegen [6, 16].

Bei der Gewinnung der jungen Nachwuchsfachkräfte ist es somit zentral, einerseits das Potenzial von Student:innen an Hochschulstandorten zu halten, falls das Unternehmen dort einen Standort hat. Andererseits kann das Unternehmen sich die Mobilität von Student:innen zunutze machen und sie frühzeitig für das Unternehmen interessieren und Anreize zum Pendeln oder zum Umzug setzen.

Um die Mobilität von Student:innen zu messen, analysiere ich das Such- und Klickverhalten genauer. Hierfür werte ich die Daten der Jobseite Indeed für die Zeit vom 01. August 2019 bis zum 31. Juli 2020 aus. Durch den zwölfmonatigen Analysezeitraum können verzerrende saisonale Einflüsse auf die Ergebnisse ausgeschlossen werden. In einem ersten Schritt betrachte ich das Suchverhalten und untersuche, wie relevant der Ort des Praktikums oder des Werkstudentenjobs im Vergleich zu einer durchschnittlichen Jobsuche ausfällt. In einem zweiten Schritt schaue ich mir den Standort der Student:innen bei der Jobsuche an. Diesen setze ich ins Verhältnis zum Standort des Praktikums oder des Werkstudentenjobs, für den Student:innen durch einen Klick auf die Stellenausschreibung Interesse bekundet haben. Internationale Suchanfragen betrachte ich gesondert in einem kleinen Exkurs.

7.4.1 Generelle Relevanz des Ortes bei der Suche

Schauen wir uns zunächst das Suchverhalten und die Relevanz des Ortes an. Hierfür analysiere ich das „Wo"-Feld der Jobsuche. Es zeigt sich: Im Vergleich zur durchschnittlichen Jobsuche in Deutschland sind Student:innen bei der Suche nach Praktikumsplätzen sehr flexibel bei der Ortswahl.

Bei der Suche nach einem Praktikum enthalten 68 % der Suchanfragen keine Angabe zum Ort, bei der durchschnittlichen Jobsuche sind es 23 %. Wobei bei einigen dieser Suchanfragen ohne Ort zumindest eine regionale Einschränkung vorgenommen wurde. Insgesamt weisen erstaunliche 53 % aller Suchen nach einem Praktikum weder einen Ort noch ein Bundesland auf. Bei einer durchschnittlichen Jobsuche sind es nur 17 %, die weder einen Ort noch ein Bundesland bei der Jobsuche beinhalten.

Aus diesen Ergebnissen lässt sich ableiten, dass Student:innen bei der Suche nach Praktikumsplätzen noch wesentlich mobiler sind, als es in der Regel bei der Jobsuche in Deutschland der Fall ist. Hierbei spielt sicherlich eine Rolle, dass Praktika häufig in den Semesterferien stattfinden und somit zeitlich begrenzt sind. Außerdem scheinen Student:innen dem Experimentieren und Kennenlernen neuer Städte zunächst einmal offen gegenüber zu stehen.

Bei Werkstudentenjobs sieht es völlig anders aus. Hier zeigen sich Student:innen sogar weniger mobil als die durchschnittlichen Jobsuchenden. 16 % der Suchen nach Werkstudentenjobs beinhalten keine Angabe zur Stadt und nur noch 12 % der Suchanfragen nach Werkstudentenjobs sind ohne Vorstellung zum Bundesland.

Eine mögliche Erklärung für die geringere Mobilität bei der Suche nach einem Studentenjob als beim Praktikum oder auch der durchschnittlichen Jobsuche in Deutschland ist, dass während des Studienalltags nur begrenzt Zeit für einen Nebenjob ist. Deshalb wird versucht, die Pendelzeit für Studentenjobs gering zu halten.

Tab. 7.1 Anteil von Klicks auf Stellenausschreibungen für Praktika und Studentenjobs auf Indeed innerhalb der Hochschulstadt

Hochschulstadt der Student:innen	Klicks auf Praktika in der Hochschulstadt (%)	Klicks auf Studentenjobs in der Hochschulstadt (%)
Berlin	66,5	72,3
Hamburg	46,7	54,6
München	43,5	54,3
Köln	32,1	36,2
Frankfurt am Main	29,4	35,1
Düsseldorf	28,1	29,3
Aachen	26,2	39,6
Stuttgart	21,9	26,2
Münster	21,1	27,2
Bochum	16,0	18,1

Quelle: Indeed-Daten vom 01. August 2019 bis zum 31. Juli 2020

7.4.2 Welche Angebote werden angeklickt? Vor Ort oder doch etwas weiter weg?

Schauen wir uns nun den Standort der Student:innen während der Suche an und betrachten, wo Praktika und Studentenjobs angeklickt wurden. Denn auch solche Student:innen, die bei der Suche noch keinen Ort oder kein Bundesland angegeben haben, klicken im Anschluss auf Praktika und Werkstudentenjobs an bestimmten Orten. Bleiben Student:innen für ihr Praktikum und ihren Studentenjob in der eigenen Hochschulstadt[10]? Ich habe mir die zehn Städte mit den absolut gesehen meisten Student:innen im Wintersemester 2019/2020 angeschaut [24].

Gerade die drei größten deutschen Städte – Berlin, München und Hamburg – profitieren von vielen lokalen Interessent:innen (Tab. 7.1). Das könnte allerdings der Lage dieser Städte geschuldet sein: Im Vergleich zu den meisten anderen Städten im Ranking sind sie das größte urbane Zentrum im Umkreis. Demgegenüber sind das Ruhrgebiet, das Rheinland und die Rhein-Main-Region durch eine ganze Reihe von Großstädten geprägt. Das führt natürlich einerseits zu einer gewissen Konkurrenzsituation bezüglich der Standorte und der jeweiligen Unternehmen. Andererseits

[10]Wenn ich im Folgenden von „Hochschulstadt" oder „Hochschulbundesland" spreche, gehe ich vom Standort der Student:innen bei der Jobsuche aus. Natürlich kann es sich dabei auch um den Wohnort handeln, der nicht dem Hochschulstandort entspricht oder auch einem völlig anderen Standort während der Suche. Allerdings wissen wir von allgemeinen Analysen zum Jobsuchverhalten [12], dass in der Regel während der üblichen Büro- und Vorlesungszeiten gesucht wird, sodass ich diese Vereinfachung an dieser Stelle treffe.

profitieren hier Unternehmen auch von einem größeren Einzugsgebiet der Arbeitskräfte. Eine andere Stadt lässt sich ggf. sogar ohne Umzug, nur durch Pendeln erreichen.

Besonders tritt Berlin hervor, wo zwei von drei Student:innen bei der Suche nach einem Praktikum direkt in der Hauptstadt auf Stellenausschreibungen klicken. Was wir bereits bei den Suchabfragen und dem gewünschten Ort des Praktikums beobachten konnten, setzt sich nun auch fort, wenn wir uns das detaillierte Klickverhalten der Student:innen anschauen: Es herrscht eine hohe Mobilität. Es wird nicht nur in der Stadt nach Praktika gesucht, in der man sich während der Suche befindet, sondern mehr als sieben von zehn Student:innen schauen über die Stadtgrenzen hinaus. Wie weit der Blick schweift, hängt hier allerdings sehr stark vom Bundesland ab (Tab. 7.2). Eine Suche in NRW mit seiner großen Dichte an Großstädten und der Nähe dieser Städte zueinander, führt sicherlich dazu, dass 80,6 % der Klicks auf Praktika im Hochschulbundesland verbleiben. Völlig anders sieht es da in Brandenburg aus, wo die Hauptstadt Berlin eine unheimliche Strahlkraft hat, sodass mehr Klicks von Student:innen aus Brandenburg für Praktika in Berlin landen als in Brandenburg selbst. Eine ähnliche Tendenz lässt sich

Tab. 7.2 Anteil von Klicks auf Stellenausschreibungen für Praktika und Studentenjobs auf Indeed innerhalb des Hochschulbundeslandes

Hochschulbundesland der Student:innen	Klicks auf Praktika im Hochschulbundesland (%)	Klicks auf Studentenjobs im Hochschulbundesland (%)
NRW	80,6	85,6
Bayern	73,8	81,4
Berlin	66,5	72,3
Baden-Württemberg	64,2	63,1
Hessen	62,2	69,3
Saarland	54,7	51,2
Niedersachsen	53,8	61,5
Sachsen	47,5	55,3
Hamburg	46,7	54,6
Thüringen	35,0	48,0
Mecklenburg-Vorpommern	32,6	29,4
Sachsen-Anhalt	32,5	32,6
Bremen	30,0	38,8
Rheinland-Pfalz	28,3	33,4
Schleswig-Holstein	25,4 (Nach Hamburg: 43,8 %)	27,6 (Nach Hamburg: 40,7 %)
Brandenburg	18,9 (Nach Berlin: 63,8 %)	14,4 (Nach Berlin: 73,7 %)

Quelle: Indeed-Daten vom 01. August 2019 bis zum 31. Juli 2020

für Schleswig-Holstein beobachten, wo Student:innen häufiger Praktika in Hamburg anklicken als in Schleswig-Holstein selbst.

Das gerade dargestellte Suchverhalten nach Praktika enthält einige Parallelen zum Suchverhalten nach Werkstudentenjobs, aber genauso einige Unterschiede. Tab. 7.1 verdeutlicht, in den meisten der betrachten Großstädte zeigt sich für Werkstudentenjobs eine geringere Mobilität. In einigen Städten fällt der Unterschied zu Praktika größer aus als in anderen. Bochum fällt bei den Praktika bereits durch einen geringen Anteil an Klicks innerhalb der Stadt auf (16,0 %). Auch bei unserem Ranking zu Werkstudentenjobs weist Bochum mit 18,1 % den niedrigsten Anteil an Klicks innerhalb der gleichen Stadt auf. Hier wird einerseits die enge Verknüpfung der Ruhrgebietsstädte deutlich und andererseits die große Wahrscheinlichkeit, dass Student:innen nicht immer in der Hochschulstadt wohnen und deswegen einen Nebenjob nicht immer in Nähe zur Hochschule, sondern auch zum Wohnort suchen. Student:innen, die sich während ihrer Studentenjobsuche in Bochum aufhalten, suchen auch häufig in Essen (12,5 %), Dortmund (12,2 %) oder Düsseldorf (7,0 %).

Auf der Bundeslandebene zeigt sich für die meisten Regionen, dass bei Werkstudentenjobs seltener außerhalb des Bundeslandes gesucht wird (Tab. 7.2). Allerdings fallen solche Bundesländer auf, wo viele Hochschulstädte in bundesländerübergreifenden Regionen angesiedelt sind – wie etwa in der Rhein-Main-Region mit Hessen und Rheinland-Pfalz. Die Ergebnisse verdeutlichen auch, dass Bundesländer keine Mobilitätsgrenzen für Student:innen darstellen, wenn die Infrastruktur und Vernetzung gegeben ist: wie etwa im Rhein-Main-Gebiet, dem Rheinland, dem Ruhrgebiet oder auch im Umkreis der Großstädte Berlin, Hamburg und München. Denn in diesen Regionen ist der Anteil der Klicks, die in der gleichen Stadt oder auch dem gleichen Bundesland bleiben, vergleichsweise gering. Das spricht für die Mobilität der Student:innen.

7.4.3 Internationale Student:innen

Das Thema internationale Fachkräfte wird in den letzten Jahren immer stärker diskutiert und auch von der Politik unterstützt [5, 2, 4]. Der attraktive Wirtschaftsstandort Deutschland hat eine gewisse Strahlkraft für Jobsuchende aus anderen Ländern [9, 11]. Für viele Student:innen, gerade innerhalb der EU, gehört der Blick über den Tellerrand bereits dazu [8]. Auch Indeed-Daten zeigen, dass internationale Student:innen besonders stark an Praktika und auch Werkstudentenjobs in Deutschland interessiert sind. Der Anteil an Suchanfragen aus dem Ausland liegt bei Praktika mit 9,8 % weit über dem Durchschnitt von 4,2 % für alle Suchanfragen auf Indeed in Deutschland. Der Anteil von Suchen aus dem Ausland nach Werkstudentenpositionen liegt mit 4,4 % nur noch leicht über dem deutschen Durchschnitt.

Regionale Unterschiede

Tab. 7.3 zeigt, dass das Interesse aus dem Ausland sehr große regionale Unterschiede aufweist. Berlin ist Spitzenreiter mit einem Anteil von 19,4 % der Klicks für Praktika aus dem Ausland. In Hamburg und Bayern sind es noch rund 10 % der Klicks für Praktika, die aus dem Ausland kommen. Die Schlusslichter stellen Sachsen-Anhalt und Thüringen mit 4,4 % bzw. 4,3 % ausländischer Klicks auf Praktika dar. Die regionalen Unterschiede werden noch deutlicher, wenn man die lokalen Arbeitsmärkte auf Städteebene betrachtet: Walldorf in Baden-Württemberg (15,1 %), München als Landeshauptstadt von Bayern (14,0 %), Aachen in NRW (10,2 %), Frankfurt am Main in Hessen (9,2 %) oder Jena in Thüringen (7,6 %) weisen Anteile von Klicks aus dem Ausland für Praktika auf, die weit über dem Bundeslanddurchschnitt liegen.

Werkstudentenpositionen sind in der Regel Nebenjobs während des Semesters und dadurch weniger interessant für ausländische Student:innen. Bei diesen Jobs erreicht erneut Berlin die meisten Klicks aus dem Ausland mit einem Anteil von 9,5 %. Nach dem Saarland mit 5,8 % und Bayern mit 5,3 % klaffen die regionalen Unterschiede allerdings nicht mehr weit auseinander. Insgesamt elf Bundesländer bewegen sich bei einem Anteil von 2–4 % Klicks aus dem Ausland für Werkstudentenpositionen. Nicht unbeachtet können an dieser Stelle die Auswirkungen der COVID-19-Pandemie bleiben.

Tab. 7.3 Anteil an Klicks aus dem Ausland auf Stellenausschreibungen für Praktika und Studentenjobs auf Indeed

Bundesland der Stellenausschreibung	Anteil an Klicks aus dem Ausland auf Praktika (%)	Anteil an Klicks aus dem Ausland auf Studentenjobs (%)
Berlin	19,4	9,5
Hamburg	10,0	3,7
Bayern	9,9	5,3
Baden-Württemberg	7,5	4,8
Hessen	7,2	3,5
Sachsen	6,9	3,5
Brandenburg	6,4	4,9
Schleswig-Holstein	5,9	2,9
Mecklenburg-Vorpommern	5,5	3,6
Bremen	5,3	3,4
NRW	5,3	3,3
Rheinland-Pfalz	5,3	3,2
Niedersachsen	5,0	2,4
Saarland	4,6	5,8
Sachsen-Anhalt	4,4	3,7
Thüringen	4,3	2,6

Quelle: Indeed-Daten vom 01. August 2019 bis zum 31. Juli 2020

Denn der Beobachtungszeitraum der Analysen von August 2019 bis Juli 2020 fällt zum Teil in die Phase des Lockdowns der ersten Pandemie-Welle. In Folge dessen hat sich im Vergleich zu den Vorjahren das internationale Interesse an Jobs in Deutschland erst einmal stark reduziert [10]. Somit wird der Anteil der Suchen aus dem Ausland gerade für Praktika leicht unterschätzt und wird vermutlich in Zukunft wieder ansteigen.

7.4.4 Praxistipps für Unternehmen: Nachwuchsfachkräfte frühzeitig gewinnen

Der Kampf um die Nachwuchsfachkräfte beginnt bereits während des Studiums – und nicht erst nach dem Abschluss. Deshalb gilt es, Student:innen rechtzeitig mit spannenden Projekten an das Unternehmen zu binden. Aus den Analysen zur Mobilität von Student:innen lassen sich die folgenden Ideen für Unternehmen ableiten:

- Für Unternehmen in Städten stellen sowohl Werkstudentenjobs für lokale Student:innen als auch Praktika für „über den Tellerrand schauende" Student:innen eine interessante Option dar. Als Unternehmen abseits von Hochschul-Hotspots können Sie durch Praktika-Ausschreibungen das Interesse auf sich ziehen.
- Student:innen sind mobiler als durchschnittliche Jobsuchende. Bei Praktika bieten sich Chancen für Hidden Champions in ländlichen Gegenden oder weniger beliebten Städten. Aber auch bei Werkstudentenjobs zeichnen sich gerade Ballungsräume wie das Rheinland, das Ruhrgebiet oder die Rhein-Main-Schiene dadurch aus, dass Student:innen auch über den Hochschulstandort hinaus nach Nebenjobs suchen.
- Ist Ihr Unternehmen offen für internationale Fachkräfte? Dann sollten Sie diese Option bereits im Rahmen von Praktika andenken, um internationale Fachkräfte möglichst schon während des Studiums für sich zu begeistern.

7.5 Hotspots für Praktika: Hippe Städte

7.5.1 Alle wollen nach Berlin

Bei der Suche des Nebenjobs sind Student:innen zumindest bis zu einem gewissen Grad an ihren Hochschulstandort oder ihre Wohnumgebung gebunden. Praktika hingegen sind theoretisch losgelöst vom Studienort. Um die Beliebtheit von Städten zu evaluieren, werde ich im Folgenden deshalb nur Praktika betrachten.

Das Suchverhalten auf der Jobseite Indeed verdeutlicht, wo Student:innen gern ihr Praktikum absolvieren würden. Als Analysezeitraum nutze ich die Zeit vom 01. August 2019 bis zum 31. Juli 2020. Der 12-monatige Zeitraum gleicht saisonale Effekte aus. Wie in Abschn. 7.4 beschrieben, geben viele Student:innen bei der Suche keinen Ort an. Um allerdings nur den Wunsch des Standorts zu analysieren (und weniger das durch das

Angebot beeinflusste Suchverhalten in Form von Klicks), habe ich mich für folgenden Ansatz entschieden: Ich nehme die Gruppe der Student:innen in den Fokus, die eine genaue Vorstellung davon haben, wo sie arbeiten möchten. Somit untersuche ich hier die Subgruppe derjenigen Student:innen, die einen Ort in ihrer Suchabfrage angegeben haben.

Das Ranking der beliebten Städte für ein Praktikum in Tab. 7.4 orientiert sich zwar auf den ersten Plätzen noch tendenziell an den bevölkerungsreichsten Großstädten [23], allerdings ist kein direktes Muster erkennbar – auch nicht im Zusammenhang mit den Städten, wo die meisten Student:innen studieren [24].

Berlin ist die Stadt, wo viele Student:innen nach passenden Praktika suchen. Als bevölkerungstechnisch größte Stadt in Deutschland summiert sich auch der größte Teil der durchschnittlichen Jobsuchen in Deutschland auf Berlin. Allerdings sind – im Gegensatz zu Praktika mit einem Anteil von 15,8 % – lediglich 6,4 % der durchschnittlichen Jobsuchen mit Angabe eines Ortes nach Berlin gerichtet. Wenn wir die folgenden Plätze des Rankings betrachten, fällt somit auf: Student:innen haben eine viel stärkere urbane Orientierung bei der Jobsuche als die durchschnittlichen Jobsuchenden in Deutschland. Insgesamt 54,2 % aller Suchen nach Praktika landen in den zehn dargestellten Städten, allerdings nur 26,1 % aller durchschnittlichen Jobsuchen. Hierfür gibt es eine Reihe von Erklärungsfaktoren. Neben dem Hochschulstandort in Städten, repräsentieren Student:innen die Subgruppe der angehenden Akademiker:innen und können somit als gewisser Indikator für das Jobsuchverhalten aller akademischen Jobsuchenden gewertet werden.

Tab. 7.4 Beliebte Städte bei der Suche nach Praktika. Anteil der Suchanfragen auf Indeed, die sich in die jeweilige Stadt richten

Stadt, die im „Wo"-Feld eingegeben wird	Anteil an Suchanfragen für Praktika (%)	Anteil an allen Suchanfragen (%)
Berlin	15,8	6,4
München	7,8	3,8
Hamburg	6,9	3,9
Köln	5,1	2,6
Frankfurt am Main	4,7	2,2
Stuttgart	4,1	1,8
Düsseldorf	3,7	1,7
Hannover	2,3	1,4
Nürnberg	2,2	1,5
Mannheim	1,7	0,8
Quelle: Indeed-Daten vom 01. August 2019 bis zum 31. Juli 2020		

Da Akademiker:innen allerdings nur 17,7 % (2017)[11] an der Bevölkerung ausmachen [24], ist das gesamte Jobsuchverhalten von der Gesamtbevölkerung beeinflusst, die einen weniger ausgeprägten Fokus auf Städte hat.

Fokus auf urbane Regionen
Das Suchverhalten von Student:innen nach Praktika auf Indeed unterstützt somit Forschungsergebnisse, die verdeutlichen, dass sich Akademiker:innen in urbanen Regionen konzentrieren. Deshalb haben gerade Unternehmen außerhalb der Städte Schwierigkeiten, akademische Fachkräfte für sich zu gewinnen [6]. Simons und Weiden [21] sprechen in diesem Zusammenhang von "Schwarmstädten", die bei den unter 34-Jährigen besonders beliebt sind und für einen überdurchschnittlichen Anstieg dieser Altersgruppe durch Zuzüge führen.

7.5.2 Praxistipps für Unternehmen: Die Rolle des Standorts

Die Analysen zeigen, dass Berlin bei Student:innen für Praktika sehr beliebt ist. Dem großen Interesse an Berlin ist sicherlich auch die Tatsache geschuldet, dass Berlin die Stadt mit den meisten Student:innen ist [26]. Allerdings reicht die Strahlkraft von Berlin auch weit über die Stadtgrenzen hinaus. Heißt das nun, dass Unternehmen im Rest von Deutschland für Student:innen uninteressant sind? Um die Antwort gleich vorwegzunehmen: Nein, es gibt auch Chancen jenseits der Hotspots!

- Auch die Analysen zu den beliebtesten Städten für Praktika haben gezeigt, dass Student:innen anders ticken als die durchschnittlichen Jobsuchenden in Deutschland. Student:innen sind die zukünftigen akademischen Fachkräfte. Deshalb sollten Sie sich das Interesse von Student:innen an Praktika wirklich zu Herzen nehmen – und als einen möglichen Indikator für das zukünftige Interesse von akademischen Fachkräften am eigenen Unternehmen bewerten.
- Die Menge an Student:innen in einer Stadt sagt noch nicht direkt etwas aus über deren Interesse an den Unternehmen in dieser Stadt. Städte im Ranking mit den meisten Suchen nach Praktika – wie Hannover, Nürnberg oder Mannheim – gehören nicht zu den Städten mit den meisten Student:innen. Das zeigt erneut, wie mobil und flexibel Student:innen sind. Damit bieten sich auch Chancen und Möglichkeiten für Unternehmen außerhalb dieser Hochschul-Hotspots oder „Schwarmstädte" [21]. Aber hier ist Initiative seitens der Unternehmen gefordert, denn der Fokus auf urbane Regionen, auch bereits bei Student:innen, ist offensichtlich.

[11] Bei den 30–34-Jährigen liegt der Anteil von Akademiker:innen im Jahr 2017 bei 29 % [22]. Nichtsdestotrotz hat auch in dieser Altersgruppe weniger als jede:r Dritte einen Hochschulabschluss.

- Bundesländer sind keine Grenzen. Wenn die Infrastruktur und die Vernetzung gegeben sind, suchen Student:innen gern auch außerhalb der Stadtgrenzen nach Optionen: wie etwa im Rhein-Main-Gebiet, dem Rheinland, dem Ruhrgebiet oder auch im Umkreis der Großstädte Berlin, Hamburg und München.

7.6 Bedeutung für den Arbeitsmarkt und 5 Empfehlungen für Unternehmen

Welche Schlussfolgerungen für den Arbeitsmarkt und welche Empfehlungen für Unternehmen lassen sich aus den Analysen zum Suchverhalten von Student:innen nach Praktika und Studentenjobs ableiten?

Das Suchverhalten nach Studentenjobs ist häufig von Pragmatismus geprägt. Nicht immer steht der Studienbezug im Vordergrund – das Wichtigste ist, Geld für den Lebensunterhalt zu verdienen [18, 25]. Ganz anders beim Suchverhalten nach Praktika. Die Suche nach passenden Nischen und spezifischen Projekten verdeutlicht, dass Student:innen mit dem Praktikum „das Besondere", die spezielle und tolle Erfahrung suchen. Damit deutet sich an, dass dieses Suchverhalten sehr stark bereits dem Suchverhalten der späteren Akademiker:innen ähnelt, wo eben auch der perfekte Job gesucht wird, der genau zu den eigenen Vorstellungen und Ansprüchen passt. Dies wiederum geht mit Forschungsergebnissen einher, die zeigen, dass Arbeitnehmer:innen in Deutschland der Spaß an der Arbeit sehr wichtig ist [15].

Die zentrale Implikation für den Arbeitsmarkt ist nun: Einerseits sind Student:innen bei der Jobsuche wesentlich mobiler als die durchschnittlichen Jobsuchenden in Deutschland. Das bietet theoretisch eine sehr große Chance für die regionale Verteilung von Arbeitskräften und die große Herausforderung von Unternehmen, gerade in ländlichen Gebieten akademische Fachkräfte zu finden [6]. Andererseits ist es praktisch allerdings so, dass das Suchverhalten von Student:innen eine sehr starke urbane Konzentration aufweist und damit dem problematischen Muster der typischen Fokussierung von Akademiker:innen auf Städte entspricht.

Daher sollten Unternehmen die erhöhte Mobilität von Student:innen als Chance begreifen und entsprechende Angebote machen. Durch spannende Projekte als Studentenjob oder Praktikum können Unternehmen das Interesse von Student:innen bereits während des Studiums ködern und halten. Basierend auf den Analysen lassen sich somit die folgenden Empfehlungen für Unternehmen ableiten:

1. Machen Sie sich die Mobilität der Student:innen zunutze und ergreifen Sie als kleines oder mittelständisches Unternehmen auf dem Land Praktika als Chance. Gleiches gilt für Unternehmen in urbanen Regionen: Durch die Mobilitätsbereitschaft der Student:innen können auch Interessent:innen über die Stadtgrenzen hinweg gefunden werden.

2. Versuchen Sie, die Saisonalität der Suchen bei der Ausschreibung der Stellen zu berücksichtigen, um möglichst viele Student:innen zu erreichen.
3. Gerade als Unternehmen außerhalb der hippen Städte müssen Sie stärker mit Inhalten überzeugen: Um die Aufmerksamkeit von Student:innen zu wecken, sind optimierte Stellenausschreibungen (hier können die in Unterkapitel 7.3 dargestellten Wordclouds unterstützen) und ein perfektes Employer Branding [14] notwendig.
4. In Ballungsräumen sollten Sie durch die Suche nach Werkstudent:innen und Praktikant:innen jegliche Intentionen für einen Job erfassen – egal, ob zum Geld verdienen oder um praktische Berufserfahrung zu sammeln.
5. Erreichen Sie internationale Student:innen über Praktika und gewinnen Sie sie als spätere internationale Fachkräfte für Ihr Unternehmen.

Die Bedeutung der Gewinnung von Expert:innen wird sich im Zuge des voranschreitenden demografischen Wandels noch weiter verschärfen und Unternehmen vor neue Herausforderungen stellen [16]. Dieses Kapitel hat gezeigt, wie Indeed-Daten dabei unterstützen können, besser zu verstehen, wie Student:innen nach Praktika und Studentenjobs suchen. Dies kann Unternehmen neue Erkenntnisse liefern, die dabei helfen, die akademischen Fachkräfte von morgen erfolgreich zu rekrutieren.

Literatur

1. Bertelsmann Stiftung/Münchner Kreis. (2020). *Sonderstudie Corona.* Begleitstudie zur Zukunftsstudie: Leben, Arbeit, Bildung 2035+.
2. Bonin, H., Braeseke, G., & Ganserer, A. (2015). *Internationale Fachkräfterekrutierung in der deutschen Pflegebranche.* Bertelsmann Stiftung, Gütersloh: Chancen und Hemmnisse aus Sicht der Einrichtungen.
3. Bundesagentur für Arbeit. (2020). *Monatsbericht zum Arbeits- und Ausbildungsmarkt.* Berichte: Blickpunkt Arbeitsmarkt | August 2020, Nürnberg
4. Bundesministerium für Wirtschaft und Energie. (2019). *Strategie zur gezielten Gewinnung von Fachkräften aus Drittstaaten.* Berlin: Fachkräftegewinnungs-Strategie.
5. Burstedde, A., Malin, L, & Risius, P. (2017). *Fachkräfteengpässe in Unternehmen. Rezepte gegen den Fachkräftemangel: Internationale Fachkräfte, ältere Beschäftigte und Frauen finden und binden.* KOFA-Studie 4/2017. Institut der deutschen Wirtschaft (IW), Köln.
6. Burstedde, A., & Werner, D. (2019). Binnenwanderung und regionale Arbeitsmärkte. In M. Hüther, J. Südekum, M. Voigtländer (Hrsg.), Die Zukunft der Regionen in Deutschland: Zwischen Vielfalt und Gleichwertigkeit, IW-Studien – Schriften zur Wirtschaftspolitik aus dem Institut der deutschen Wirtschaft (S. 153–168). Institut der deutschen Wirtschaft (IW), Köln. Burstedde und Werner 2019: Bitte ergänzen Sie den Verlag und den Verlagsort. Institut der deutschen Wirtschaft, Köln.
7. Erdsiek, D. (2020). Unternehmen wollen auch nach der Krise an Homeoffice festhalten. *ZEW Branchenreport Informationswirtschaft, August 2020,* 3.

8. Eurostat. (2020). Mobile tertiary students from abroad in the EU, Eurostat News 28.08.2020. https://ec.europa.eu/eurostat/web/products-eurostat-news/-/DDN-20200828-1?inheritRedirect=true&redirect=%2Feurostat%2Fnews%2Fwhats-new. Zugegriffen: 9. Sept. 2020.
9. Geis-Thöne, W. (2020). Über eine Million erwerbsorientierte Zuwanderer in 10 Jahren: Eine Auswertung der Wanderungsmotive nach Deutschland zugezogener Personen. IW-Report No. 29/2020. Institut der deutschen Wirtschaft (IW), Köln.
10. Hering, A. (2020b). Studi-Jobs und Praktika: Student:innen als große Verlierer:innen der Corona-Krise, Indeed Hiring Lab. https://www.hiringlab.org/de/blog/2020/10/22/corona-krise-studenten/. Zugegriffen: 22. Okt. 2020.
11. Hering, A. (2019a). Grenzenlos: Jobsuche in Europa und international, Indeed Hiring Lab. https://www.hiringlab.org/de/blog/2019/05/24/jobsuche-in-europa-und-international/. Zugegriffen: 9. Sept. 2020.
12. Hering, A. (2019b). Die große Unbekannte des Recruitings: Wie ticken Jobsuchende? Indeed Hiring Lab. https://www.hiringlab.org/de/blog/2019/09/19/wie-ticken-jobsuchende/. Zugegriffen: 9. Sept. 2020.
13. Hering, A. (2020a). Coronakrise: Kurzarbeit, Arbeitslosenquote und Stellenausschreibungen, Indeed Hiring Lab. https://www.hiringlab.org/de/blog/2020/06/04/coronavirus-arbeitsmarkt-update-daten-29-mai/. Zugegriffen: 9. Sept. 2020.
14. Hesse, G., & Mattmüller, R. (2019). *Perspektivwechsel im Employer Branding. Neue Ansätze für die Generationen Y und Z* (2. Aufl.). Wiesbaden: Gabler Verlag.
15. Indeed. (2020). Meaning of work report. Deutschland 2020. https://www.meaningofwork.de/. Zugegriffen: 9. Sept. 2020.
16. Klinger, S., & Fuchs, J. (2020). Wie sich der demografische Wandel auf den deutschen Arbeitsmarkt auswirkt, IAB-Forum https://www.iab-forum.de/wie-sich-der-demografische-wandel-auf-den-deutschen-arbeitsmarkt-auswirkt/. Zugegriffen: 9. Sept. 2020.
17. Kubis, A. (2020). IAB-Stellenerhebung 2/2020: Fast 500.000 weniger offene Stellen als ein Jahr zuvor. IAB-Forum. https://www.iab-forum.de/iab-stellenerhebung-2-2020-fast-500000-weniger-offene-stellen-als-ein-jahr-zuvor/. Zugegriffen: 2. Sept. 2020.
18. Middendorff, E., Apolinarski, B., Becker, K., Bornkessel, P., Brandt, T., Heißenberg, S., & Poskowsky, J. (2017). *Die wirtschaftliche und soziale Lage der Studierenden in Deutschland 2016. 21. Sozialerhebung des Deutschen Studentenwerks – durchgeführt vom Deutschen Zentrum für Hochschul- und Wissenschaftsforschung*. Berlin: Bundesministerium für Bildung und Forschung (BMBF).
19. Rütten, M. (2019). Talent Relationship Management fängt beim Praktikumsende an. Human Resources Manager. https://www.humanresourcesmanager.de/news/talent-relationship-management-praktikum.html. Zugegriffen: 9. Sept. 2020.
20. Schmidt, O. (2013). *Die Abschlussarbeit im Unternehmen schreiben*. Konstanz: UTB.
21. Simons, H., & Weiden, L. (2015). *Schwarmstädte in Deutschland – Ursachen und Nachhaltigkeit der neuen Wanderungsmuster. Endbericht* . Berlin: GdW Bundesverband deutscher Wohnungs- und Immobilienunternehmen e. V.
22. Statistisches Bundesamt. (2018a). Anteil der Akademikerinnen bei 30- bis 34-Jährigen doppelt so hoch wie vor einer Generation. Pressemitteilung Nr. 332 vom 06. September 2018. https://www.destatis.de/DE/Presse/Pressemitteilungen/2018/09/PD18_332_217.html. Zugegriffen: 9. Sept. 2020.
23. Statistisches Bundesamt. (2019a). Daten aus dem Gemeindeverzeichnis. Daten aus dem Gemeindeverzeichnis und Bevölkerungsdichte. Gebietsstand: 31.12.2018. https://www.destatis.de/DE/Themen/Laender-Regionen/Regionales/Gemeindeverzeichnis/Administrativ/05-staedte.html. Zugegriffen: 9. Sept. 2020.

24. Statistisches Bundesamt. (2019b). Bevölkerung im Alter von 15 Jahren und mehr nach allgemeinen und beruflichen Bildungsabschlüssen nach Jahren, Stand: 18. April 2019. https://www.destatis.de/DE/Themen/Gesellschaft-Umwelt/Bildung-Forschung-Kultur/Bildungsstand/Tabellen/bildungsabschluss.html. Zugegriffen: 9. Sept. 2020.
25. Statistisches Bundesamt. (2020a). Finanzielle Situation von alleinwohnenden Studierenden: 37 % ihrer Einnahmen stammten 2018 aus Nebentätigkeit. Pressemitteilung Nr. N 029, 17. Juni 2020. https://www.destatis.de/DE/Presse/Pressemitteilungen/2020/06/PD20_N029_21.html. Zugegriffen: 9. Sept. 2020.
26. Statistisches Bundesamt. (2020b). Bildung und Kultur. Studierende an Hochschulen. Vorbericht. Wintersemester 2019/2020. Fachserie 11 Reihe 4.1.
27. Yükselen, I., Sandner, M., Jugenheimer, N., & Christoph, B. (2020). To work or not to work? Eine Fallstudie zur Beschäftigungsstruktur von Studierenden und möglichen Auswirkungen der Corona-Krise, IAB-Forum. https://www.iab-forum.de/to-work-or-not-to-work-eine-fallstudie-zur-beschaeftigungsstruktur-von-studierenden-und-moeglichen-auswirkungen-der-corona-krise/. Zugegriffen: 9. Sept. 2020.

Dr. Annina Hering ist Economist für die Region DACH bei der Jobseite Indeed. Sie erforscht Trends und Entwicklungen auf dem Arbeitsmarkt mit nationaler und globaler Relevanz. Die Zukunft der Arbeit, Digitalisierung, internationale Jobsuche und die Erwerbstätigkeit von Frauen sind dabei nur einige Themen, mit denen sie sich beschäftigt. Hierfür nutzt sie sowohl Big Data von Indeed als auch Befragungen sowie amtliche Statistiken. Dr. Annina Hering ist promovierte Sozialwissenschaftlerin. Vor Indeed war sie wissenschaftliche Mitarbeiterin am Max-Planck-Institut für Gesellschaftsforschung.

Die Generation Bewertung

8

Sascha Theisen und Manfred Böcker

Inhaltsverzeichnis

8.1 Die gestiegene Bedeutung von Arbeitgeberbewertungsportalen 101
8.2 Future Talents auf Deutschlands größter Arbeitgeberbewertungsplattform 103
8.3 Handlungsempfehlung 106

8.1 Die gestiegene Bedeutung von Arbeitgeberbewertungsportalen

„Web 2.0…von seiner bedrohlichen Seite", mit diesen Worten schickte der Redakteur eines HR-Fachmagazins einem der Autoren dieses Beitrags im Jahr 2007 einen Link auf die Arbeitgeberbewertungsplattform kununu, die damals in den deutschen Markt startete. Tatsächlich galten nutzergenerierte Inhalte im Arbeitgeberkontext und insbesondere Arbeitgeberbewertungsplattformen zur damaligen Zeit in weiten Teilen der HR-Community zunächst als „dunkle Seite" des interaktiven Internets. War kununu also so etwas wie der Darth Vader des Human Resources Managements? 13 Jahre später schalten rund 8000 Unternehmen friedlich ein bezahlpflichtiges Employer Branding-Porträt auf der Plattform, aber so ganz ist die HR-Community im Hinblick auf das Phänomen nie aus der Schmollecke herausgekommen. kununu & Co. sind als Plattformen verschrien, auf denen Mitarbeiter ihren Frust ablassen. Dies ist eine

S. Theisen (✉) · M. Böcker
Employer Telling, Köln, Deutschland
E-Mail: st@employer-telling.de

M. Böcker
E-Mail: mb@employer-telling.de

M. Rütten und K. Bierer (Hrsg.), *Future Talents*,
https://doi.org/10.1007/978-3-658-33023-1_8

Tab. 8.1 Verteilung der Mittelwerte bei kununu-Bewertungen

Spektrum der Bewertungen	Anteil an den Gesamtbewertungen (%)
1–1,49	12,1
1,5–2,49	19,3
2,5–3,49	11,5
3,5–4,49	25,5
4,5–5	31,6

Angaben von kununu (Stand: Juli 2020). Auf kununu können Mitarbeiter ihre Arbeitgeber mit Sternchen bewerten. Die beste Bewertung besteht aus 5 Sternchen. Branchenübergreifend liegt der Bewertungsdurchschnitt aktuell bei 3,4

Fehleinschätzung. Denn Mitarbeiter, Praktikanten, Bewerber und andere schöpfen auf der Bewertungsplattform das gesamte Notenspektrum aus (Stand: Juli 2020), s. Tab. 8.1.

Gerade weil HR'ler diejenigen sein müssten, die konstruktiv und souverän mit Feedback umgehen, sollten sie aktiv mit Bewertungsplattformen umgehen.

Hinter der beschriebenen Abneigung verbirgt sich die für viele bittere Erkenntnis, dass die vermeintlich goldenen Zeiten, in denen Arbeitgeber noch öffentlich unwidersprochen einfach „Botschaften" aussenden konnten, endgültig vorbei sind. Arbeitgeber haben die Deutungshoheit in eigener Sache unwiederbringlich verloren. Dieser Trend hat sich seit 2007 nicht geändert, sondern er hat sich verschärft. kununu ist dafür nicht Ursache, sondern ein Symptom. Schließlich gibt es noch einige kleine Plattformen wie das Forum von wiwi-treff.de und große Wettbewerber wie Glassdoor, auf denen sich Mitarbeiter Luft über ihren Arbeitgeber machen können. Das können sie selbstverständlich auch auf anderen Social Media-Plattformen wie Facebook oder Twitter tun – oder auf Jobplattformen wie Indeed.

Online-Arbeitgeberbewertung ist kein unabhängiger Arbeitgeber-TÜV, das wird niemand ernsthaft behaupten können. Fakt aber ist: Sie hat zu einem Mehr an Transparenz auf den Arbeitsmärkten geführt und das Informationsgefälle, das in Bewerbungsgesprächen zwischen Arbeitgebern und Jobkandidaten herrschte, zuungunsten der Unternehmen verändert. Seit 2007 hat sich zudem viel im Mediennutzungsverhalten der Kandidatenzielgruppen geändert. Dazu müssen wir ein wenig ausholen. Bewerber sind ja nicht hauptberuflich Bewerber, sondern ganz normale Menschen, für die es heute üblich ist, sich online über Produkte und Services zu informieren.

In dieser Eigenschaft haben sie gelernt, sich vor dem Kauf eines Smartphones, der Buchung eines Hotels oder auch dem Besuch eines Arztes neben der offiziellen Kommunikation der Anbieter die Bewertungen und Kommentare von Nutzern und Kunden anzuschauen, zum Beispiel auf Amazon, Tripadvisor oder Jameda. In der Kommunikation unterscheidet man zwischen Owned Media (Eigenkanäle der Unternehmen wie etwa die Website), Paid Media (gekaufte Kommunikation wie etwa Anzeigen) und Earned Media (traditionell die Presse, aber auch nutzergenerierte Inhalte auf Bewertungsplattformen). Experten weisen darauf hin, dass sich das Gewicht in der Unternehmenskommunikation immer mehr von den Owned und Paid Media in Richtung Earned Media verschiebt, womit vor allem Bewertungen gemeint sind.

Das Unternehmen als Arbeitgeber ist von diesem Trend nicht ausgenommen, da Bewerber eben auch Online-Kunden und -Nutzer sind. Die Folge: Bewerber vertrauen tendenziell immer weniger der Eigenkommunikation von Unternehmen – zum Beispiel auf deren Karrierewebsites. Sie lesen zur Orientierung und Überprüfung die im Internet veröffentlichten Erfahrungsberichte von Mitarbeitern, Bewerbern und eben auch Praktikanten. Derzeit nutzen mehr als die Hälfte der Bewerber Arbeitgeberbewertungsplattformen. Der hohe Grad der Nutzung von Bewertungen in anderen Kontexten (Reisen, Elektrogeräte) zeigt, dass dieser Anteil wahrscheinlich noch deutlich zunehmen wird.

Eigentlich Grund genug für Arbeitgeber, das Phänomen ernst zu nehmen. Eigentlich. Denn wie eine Employer Telling Studie aus dem Jahr 2018 zeigt, steckt ein aktiver Umgang mit Arbeitgeberbewertungsplattformen als Earned Media noch in den Kinderschuhen. Aktuell nutzen nach Angaben von kununu nur rund 10 % der bewerteten Unternehmen die kostenlose Funktion, mit der sie auf Nutzerkommentare reagieren können. Warum ist das so? Vielleicht rächt sich da die Tatsache, dass Employer Branding-Akteure der vergangenen Jahre fast ausschließlich werbliche Methoden verfolgt haben. Im Umkehrschluss führte das zu folgendem Status quo: Personalmarketing und Employer Branding sind auf dem Earned Media-Auge blind, was schon ein Blick auf den Umgang auch großer deutscher Arbeitgeber mit einer aktiven Pressearbeit zu Arbeitsweltthemen in den vergangenen Jahren zeigt.

Komplizierter wird der Umgang mit kununu & Co. dadurch, dass hier Schnittstellenkompetenzen gefragt sind, denn kununu ist unter anderem eine Paid Media-Plattform, eine Earned Media-Plattform und ein Feedback-Kanal. Wer ein Employer Branding-Porträt bucht, bedient dort ausschließlich die erste Facette.

8.2 Future Talents auf Deutschlands größter Arbeitgeberbewertungsplattform

Wir haben uns im Rahmen dieses Buchbeitrages angesehen, wie Arbeitgeber auf kununu mit Praktikanten umgehen. Dazu haben wir als überschaubare Grundgesamtheit unserer Analyse die DAX30 ausgewählt (Stand: Mitte Juni 2020) – eine dankbare Bewertungsgruppe auch deswegen, weil alle Unternehmen Praktikanten beschäftigen und gemäß unserer Einschätzung wohl alle Bewertungsplattformen im Blick haben sollten. Wir haben uns angesehen, wie werden die DAX30 von Praktikanten auf kununu bewertet? Wie viele Bewertungen gehen von Praktikanten ein? Wie und in welcher Taktung werden sie beantwortet?

Zunächst: Die DAX30 verzeichneten im Juni 2020 40.725 Bewertungen. 1536 davon kamen von Praktikanten und Praktikantinnen. Das entspricht einem Anteil von 3,8 %. Das mag auf den ersten Blick wenig klingen. Setzt man ihn aber in Bezug zu 600.000 Praktikanten, die gemäß einer Schätzung des DGB auf dem deutschen Arbeitsmarkt jährlich beschäftigt werden (ca. 1,5 % der Beschäftigten in Deutschland), entspricht er auch unter der Annahme, dass die DAX30 mehr Praktika anbieten als der allgemeine Arbeitsmarkt, in etwa dem realen Verhältnis zwischen Belegschaft und Praktikanten.

Schauen wir uns die Bewertungen von Praktikanten im Vergleich mit den allgemeinen Bewertungen an, fällt als allererstes auf: Praktikanten bewerten ihre Arbeitgeber überdurchschnittlich gut (s. Tab. 8.2).

Mit einem Score von mehr als vier bewerten Praktikanten deutlich positiver als andere Mitarbeiter. Im Vergleich zum Gesamtscore liegt er um fast 0,5 Punkte höher. Ähnlich sieht es bei der Weiterempfehlungsrate aus. So werden die DAX30 von ihren Praktikanten zu 81 % weiterempfohlen, während diese Quote insgesamt bei 73 % liegt. Das bedeutet: Das Feedback, das Arbeitgeber auf Deutschlands größter Arbeitgeberbewertungsplattform für ihre Praktika erhalten, dient in jedem Fall auch als Referenz dafür, dass sich Praktika bei den jeweiligen Arbeitgebern lohnen. Denn es liegen zahlreiche O-Töne vor, die dies beweisen. So berichtet beispielsweise eine Praktikantin auf der Bewertungsseite von Merck: „Auf allen Ebenen wurde man freundlich empfangen, schnell eingearbeitet und immer mit viel Respekt behandelt". Die gleiche Bewerterin bescheinigt Merck in ihrem Statement „sehr professionelles Vorgesetztenverhalten" sowie ein „faires Praktikantengehalt". Ein ähnliches Bild zeichnet ein Praktikant bei SAP, der zu Protokoll gibt: „SAP unterstützt seine Mitarbeiter in jeder Hinsicht sei es privat als auch am Arbeitsplatz. Sie bemühen sich jeden Tag neue Ideen zu Gunsten der Mitarbeiter zu entwickeln und integrieren jeden mit ein – ob Praktikant oder ob langjähriger Angestellter."

Es handelt sich also um authentische O-Töne, die sowohl in Recruiting-Kampagnen für Future Talents eingesetzt werden können als auch als Argumente fungieren können, wenn es um mögliche Übernahmen von Top-Talenten geht.

Die bemerkenswert positiven Bewertungen von Praktikanten gehen an den Arbeitgebern vorbei. Denn das Feedback auf kununu wird von diesen meist kommentarlos hingenommen. Gerade einmal sieben DAX30-Unternehmen beantworten mehr als eine Bewertung von Praktikanten. 19 Unternehmen antworten überhaupt nicht auf Praktikanten-Feedback. Insgesamt erhalten 1536 Praktikanten genau 75 Arbeitgeberantworten, wovon allein auf den Volkswagen-Konzern 46 Antworten entfallen, der damit alleine für 61 % der Antworten verantwortlich ist und als einziges Unternehmen diesbezüglich wirklich wertschätzend agiert. Während die DAX30 insgesamt auf 7,5 % aller Bewertungen antworten, liegt der entsprechende Anteil bei Praktikanten bei gerade einmal 2,4 %. Es zeigt sich also durchaus eine Geringschätzung dieser Talent-Gruppe.

Tab. 8.2 Durchschnittlicher kununu Score der DAX30 nach Bewerter-Gruppen

Bewerter	Durchschnitt
Gesamt-Score (Mitarbeiter, Bewerber, Praktikanten)	3,60
Gesamt-Score nur Mitarbeiter	3,72
Gesamt-Score Praktikanten	4,09

Zum Vergleich: Gemäß kununu-Angaben antworten derzeit 10 % aller Arbeitgeber, die auf kununu bewertet werden, auf das Feedback ihrer Mitarbeiter oder Bewerber. Das ist bereits ein vergleichsweise geringer Wert, wenn man in Betracht zieht, wie sehr einerseits ein professioneller Kandidatendialog seit Jahren beschworen wird und dass andererseits die Feedback-Funktion auf kununu kostenfrei nutzbar ist. Derzeit antworten daher auch 25 von 30 DAX30 Unternehmen auf allgemeine Bewertungen, die nicht von Praktikanten kommen – bei neun Unternehmen geht die entsprechende Anzahl gar in den dreistelligen Bereich – heißt: Hier ist von einer strategischen Herangehensweise auszugehen.

Bei der Bewertung des Arbeitgeberschweigens auf Praktikanten-Feedback ist folgender Aspekt absolut entscheidend: Plattformen wie kununu sind öffentliche Feedback-Kanäle. Die eigentlichen Adressaten des öffentlich abgehaltenen Dialogs auf Arbeitgeberbewertungsplattformen sind die Nutzer dieser Plattform, das heißt vor allem potenzielle Praktikanten-Bewerber. Das Feedbackverhalten der Unternehmen ist deshalb arbeitgebermarkenbildend. Im Social Media-Zeitalter ist die Art, wie der Dialog geführt wird, vereinfacht gesagt eine Form von „Employer Branding". Ein gutes Arbeitgeberimage ist das Ziel einer konsistenten und positiven Dialogführung.

Diesen Wirkungszusammenhang müssen Verantwortliche auf dem Schirm haben, wenn sie beurteilen möchten, ob sich eine „Investition" in ein aktives Dialogmanagement auf kununu „lohnt". Sie können Botschaften im traditionellen Personalmarketingstil herausblasen, wie sie wollen: Ihre Kommunikation besteht den Elchtest erst im Dialog mit den Zielgruppen.

Tab. 8.3 zeigt zwei Einordnungen, wie nach unserer Einschätzung bestimmte Formen des Dialogs auf potenzielle Praktikanten wirken.

Im Fazit bleibt also erst einmal Folgendes festzuhalten Praktikanten bewerten ihre Arbeitgeber ausgesprochen gut. Dieses überaus positive Feedback ist eine Steilvorlage für jeden Employer Branding-Verantwortlichen. Notwendig ist daher ein neuer Blick auf Bewertungsplattformen. Sie sollten nicht länger als Kritikplattform gesehen werden, sondern auch als Ort, an dem die eigene Arbeitgebermarke bestätigt und letztlich auch gebildet wird – authentisch, weil im O-Ton.

Das positive Feedback dient zurzeit offenbar nur dazu, im stillen Kämmerchen die Becker-Faust zu ballen und sich dann wieder anderen Themen zu widmen. Denn auf der Plattform selbst werden sie von den meisten analysierten Unternehmen schlichtweg ignoriert. Weder wird Lob bestätigt noch – und das ist viel wichtiger – wird auf Kritik eingegangen. Wie fatal ist es etwa, wenn ein großer Automobilkonzern einen Vorwurf unbeantwortet lässt, der ihm in der Kategorie Arbeitsatmosphäre „Rassistische Witze, impulsive Ausraster, Erniedrigung" vorwirft. Derartige Vorwürfe unbeantwortet zu lassen ist fatal – aus Arbeitgebermarken-Sicht genauso wie aus allgemeiner Image-Sicht.

Seit Anfang 2020 können sich übrigens alle Bewerber, die sich für ein Praktikum in einem bestimmten Unternehmen interessieren, auf kununu gezielt nach Bewertungen

Tab. 8.3 Beantwortung von Feedback und Deutung durch die Bewerter

Dialogverhalten	Deutung der Zielgruppe
Verweigerung des Dialogs (Strategie der überwältigenden Mehrheit der bewerteten Unternehmen)	„Arbeitgeber ist unnahbar und nimmt Kritik überhaupt nicht wahr" „An der Kritik wird schon etwas stimmen" „Die steigen nicht von ihrem hohen Ross und nehmen Kritik der Mitarbeiter nicht ernst" „Die mögen kein Feedback" „Die sind altbacken und reagieren nicht professionell auf Kommentare in Social Media"
Individuelles Eingehen auf Kritik (falls das Statement des Mitarbeiters detailliert genug ist), freundlich, bestimmt, sachlich im Ton mit dem Angebot eines persönlichen Kontakts	„Die nehmen das ja richtig ernst" „Vielleicht bin ich nicht mit allem einverstanden, was das Unternehmen hier schreibt, aber ich finde es gut, wie die mit Kritik umgehen" „Denen liegen die Mitarbeiter und Bewerber wirklich am Herzen" „Da sprechen Menschen zu Menschen"

von Praktikantinnen und Praktikanten suchen. Auf den Bewertungsseiten der Unternehmen können Nutzer dank des „neuen Filters" gezielt Bewertungen nach Zielgruppen selektieren. Sie sehen dann nicht nur die einzelnen Bewertungen, sondern auch den Gesamtscore und die Weiterempfehlungsquote aus Sicht der Praktikanten. Nicht überall läuft es dabei so rund wie bei SAP. Der IT-Riese erzielt bei Praktikanten eine Weiterempfehlungsquote von 100%.

8.3 Handlungsempfehlung

Den Kampf um die besten Future Talents werden die Arbeitgeber gewinnen, die verstehen, dass Arbeitgebermarken auch und vor allem auf Bewertungsplattformen gebildet werden. Wer sie also so behandelt, ist auf dem richtigen Weg. Nehmen Sie Feedback ernst und reagieren Sie angemessen, und zwar egal, ob es sich um Praktikanten, Bewerber oder bestehende Mitarbeiter handelt.

kununu als Tool für Employer Branding bei Future Talents – 5 Tipps

1. Praktikanten-Bewertungen regelmäßig analysieren

Kununu bietet zahlreiche Filterfunktionen, die den Blick auf Unternehmensstandorte, einzelne Berufsprofile oder eben spezifische Mitarbeitergruppen wie eben Praktikanten ermöglichen. Wer im Blick behalten möchte, wie Praktikanten im eigenen Unternehmen zurechtkommen und wo vielleicht der Schuh drückt, kann das sehr leicht tun. Auf der kununu-Bewertungsseite finden Sie bei einem Klick auf den Reiter „Bewertungen" auf dem linken Rand die Möglichkeit, Bewertungen nach Zielgruppen anzeigen zu lassen. Wählen Sie dort unter „Position" den Punkt „Praktikant/-in". Wenn viele Praktikantenbewertungen vorliegen, können Sie die Bewertungen zusätzlich auch nach Standort oder Unternehmensbereich anzeigen lassen. Schauen Sie regelmäßig nach, wie ihr Unternehmen dort abschneidet und benchmarken Sie die Ergebnisse mit Ihren arbeitgeberseitigen Wettbewerbern.

2. Analysen als Grundlage für Verbesserungen nutzen

Nehmen Sie Ihre Analysen zum Anlass, um kontinuierlich an der Qualität Ihres Praktikumsangebots zu feilen und gegebenenfalls Missstände – auch in der Fläche – abzustellen. Ein Beispiel: Eine Königsteiner-Studie hat vor kurzem herausgefunden, dass gerade bei jungen Menschen das Umweltbewusstsein eines Unternehmens eine große Rolle bei der Berufswahl spielt. Das bedeutet, dass viele Kandidaten nach Hinweisen suchen, wie Nachhaltigkeit bei dem Arbeitgeber der potenziellen Wahl gelebt wird. Die Generation Greta grüßt an der Stelle den Arbeitsmarkt. Wichtig ist es daher für Arbeitgeber, die von sich behaupten nachhaltig aufgestellt zu sein, ihre Wirkung in dieser Hinsicht regelmäßig zu prüfen. Bestätigen Praktikanten das in ihren kununu-Bewertungen oder nicht? Ist dies nämlich nicht der Fall, besteht ein Missverhältnis zwischen Selbst- und Fremdbild. Dieses anzupassen ist der erste Schritt zur Verbesserung.

3. Feedback von Praktikanten fördern

Sie möchten wissen, wo Sie stehen? Wie bei anderen Zielgruppen auch, sollten Sie dazu bei Ihren Praktikanten Feedback fördern. Die Feedbackförderung sollte zum einen neutral und zum anderen kontinuierlich erfolgen. „Neutral" bedeutet, dass Sie nicht „Jubelpraktikanten" aktivieren (diese Praxis ist zum Beispiel leider auf den Bewertungsseiten von Employer Branding-Agenturen vielfach weit verbreitet und ein Beispiel dafür, wie man es besser nicht macht), sondern alle. Es ist entscheidend, dass Sie diese Praktikanten nicht dazu aufrufen, „uns positiv zu bewerten", sondern „zu bewerten" bzw. „Feedback zu geben". „Kontinuierlich" bedeutet in diesem Kontext, Bewertungsaufrufe in digitale Standardkommunikation zu integrieren. Dafür stehen mittlerweile Tools zur Verfügung – etwa von den ATS-Anbietern softgarden und Prescreen. Die Erfahrung zeigt übrigens, dass sich bei kontinuierlicher, neutraler Bewerbung der Bewertungen der Score verbessert.

4. Sichtbar auf Kritik antworten und Guidelines formulieren

Sie sollten sichtbar auf Kritik von Praktikanten antworten. Die Nutzung der Kommentarfunktion bei kununu ist kostenlos und nicht an ein bezahlpflichtiges Employer Branding-Porträt gekoppelt. Wer es bislang noch nicht getan hat, sollte auf jeden Fall die Kommentarfunktion beantragen. Arbeitgeber müssen auf öffentliche Kritik ebenso öffentlich reagieren und dazu interne Guidelines formulieren. Hier müssen Aktionsschwellen definiert werden, um letztlich planvoll vorgehen zu können. Dabei stehen Fragen im Mittelpunkt, wie: Wann gibt es eine detaillierte Stellungnahme? Wann muss eine Standardantwort genügen? Wie kann Wertschätzung als wichtiges Leitprinzip für den Dialog sichergestellt sein? Das gilt für die Entgegnung auf Kritik ebenso wie für das offene Auftreten mit Name, Gesicht und personalisierter E-Mailadresse.

5. Praktikanten-Bewertungen als Booster fürs Employer Branding und Recruiting nutzen

Aus dem E-Commerce ist bekannt: Produktseiten mit positiven Bewertungen konvertieren besser. Nutzen Sie diesen Mechanismus für Ihr Praktikanten-Recruiting und bauen Sie Bewertungen in Ihre Recruiting-Instrumente ein. Positive Bewertungen gehören in Stellenanzeigen und auf Karriere-Websites. Sie sollten – die häufig arg gestelzten – Mitarbeiter-Statements ersetzen. Die Praktikanten-Kandidaten sind längst reif dafür. Wer Bewertungen nutzt, differenziert sich nachhaltig von anderen Arbeitgebern.

Weitere ausführliche Hinweise finden Sie auf unserer kununu-Ratgeberseite sowie in unseren Workshops www.employer-telling.de/kununu-fuer-Arbeitgeber.

Sascha Theisen und **Dr. Manfred Böcker** sind Inhaber von Employer Telling, einer Unternehmensberatung für Arbeitgeberattraktivität. Employer Telling ist in den vergangenen Jahren vor allem durch die Studienreihe „Club der Gleichen" bekannt geworden, mit denen Böcker und Theisen auf aktuelle Schieflagen in der Arbeitgeberkommunikation hingewiesen haben, etwa bei Stellenanzeigen, Karrierewebsite oder in der PR. Sascha Theisen hat von 2007 bis 2013 in führenden Kommunikationspositionen entscheidend dazu beigetragen, dass StepStone zu einer der bekanntesten deutschen Online-Marken wurde. Seit 2013 berät er Recruiting-Unternehmen und verhilft ihnen zu führenden Marktpositionen. Manfred Böcker hat das Karrierenetzwerk e-fellows.net von 1999 bis 2003 mit aufgebaut. Seit 2004 ist er als selbstständiger Berater für Aufgaben an der Schnittstelle von HR-Management und Kommunikation tätig.

Hochschulmarketing als nachhaltige Methode zur Gewinnung junger Talente

9

Von Recruiting-Events bis zur Messbarkeit

Tim Verhoeven

Inhaltsverzeichnis

9.1 Intro 110
9.2 Was ist Hochschulmarketing? 110
9.2.1 Definition Hochschulmarketing 110
9.2.2 Hochschulmarketing als Teil eines Recruiting-Mix 112
9.2.3 Hochschulmarketing und Candidate Experience 113
9.2.4 Hochschulmarketing im Zwang zur Digitalisierung 114
9.3 Die Auswahl der richtigen Hochschule 116
9.4 Warum rückte Hochschulmarketing immer mehr in den Fokus? 118
9.5 Was macht erfolgreiches Hochschulmarketing aus? 120
9.5.1 Persönlicher Kontakt 120
9.5.2 Individueller Auftritt 120
9.5.3 Mehrwert ermöglichen 122
9.5.4 Konsistenz 122
9.5.5 Professionalität 123
9.6 Exkurs: Hochschulmarketing und Messbarkeit 126
9.6.1 Analoge Möglichkeiten 126
9.6.2 Digitale Möglichkeiten 129
Literatur 131

T. Verhoeven (✉)
Korschenbroich, Deutschland
E-Mail: info@recruitingnerd.de

M. Rütten und K. Bierer (Hrsg.), *Future Talents*,
https://doi.org/10.1007/978-3-658-33023-1_9

9.1 Intro

Es ist nun schon fast zwanzig Jahre her, als ich das erste Mal auf einer Karrieremesse war. Damals als Student und in dem Bewusstsein, dass eine solche Veranstaltung etwas sehr Einzigartiges für mich darstellt, da zu dieser Zeit von einer engen Verzahnung von Unternehmen und Universitäten nicht viel zu sehen war und wir als Studierende nach Praxisbezug lechzten.

So lange zum Exkurs in die Vergangenheit, da sie mit der gegenwärtigen Situation nicht mehr sehr viel zu tun hat. Trotzdem hat dieser Blick in frühere Zeiten sehr gut zeigt, wie sich die Marktsituation in den letzten zwei Jahrzehnten verändert hat im weiten Feld des Hochschulmarketings. In diesen zwanzig Jahren hat sich diese Situation sogar sehr stark verändert. Vom Unterangebot aus meiner Erfahrung zu einer zumindest teilweise existierenden Übersättigung der Studierenden. Nichtsdestotrotz wächst das Interesse von Arbeitgebern weiter ungebremst an der Kooperation mit Hochschulen mit der Hoffnung, den oder die Richtige frühzeitig für sich gewinnen zu können.

9.2 Was ist Hochschulmarketing?

Um sich der Frage zu widmen, was genau Hochschulmarketing ist, sollte man erst einmal die Hochschullandschaft betrachten. Das Feld der Hochschulen ist größer, als man es häufig erwartet. Möglicherweise durch das föderale Bildungssystem gefördert, gibt es mittlerweile eine hohe Anzahl an staatlich anerkannten Hochschulen in Deutschland. Wie man in Tab. 9.1 sieht, ist die gesamte Anzahl der Hochschulen in den vergangenen Jahren bis auf leichte Schwankungen relativ konstant geblieben.

Die hohe Anzahl an Hochschulen führt dazu, dass man als Arbeitgeber genau darauf achten sollte, mit welcher Hochschule man kooperieren möchte. Neben Hochschulen gibt es jedoch auch noch weitere Organisationen, Veranstaltungen und Institutionen, die für die Zielgruppen Studenten bzw. Absolventen relevant sind. Je nach Betrachtungsweise führt dies auch zu unterschiedlichen Definitionen des Begriffs ‚Hochschulmarketing'.

9.2.1 Definition Hochschulmarketing

Es gibt mehrere Versuche einer Definition des Hochschulmarketings, die sich jedoch teilweise unterscheiden. Ich möchte hier keine definitorische Grundsatzdiskussion lostreten, weswegen ich zwei unterschiedliche Blickwinkel aus Praxissicht betrachten möchte. In der Theorie gibt es sicherlich weitere mehr oder weniger passende Definitionen, aber aus der Sicht der Praxis gibt es in erster Linie diese beiden Ansätze:

▶ **Fokus auf den Ort der Hochschule** Hochschulmarketing bezeichnet die Planung und Umsetzung von Maßnahmen zur operativen und strategischen Personalbeschaffung an Hochschulen.

Tab. 9.1 Anzahl und Aufteilung der Hochschulen in Deutschland 2013–2020

Hochschul-Art	2013/2014	2014/2015	2015/2016	2016/2017	2017/2018	2018/2019	2019/2020
Fachhochschulen	212	217	215	217	218	215	213
Universitäten	106	107	107	106	106	106	107
Kunsthochschulen	53	52	52	53	53	52	52
Verwaltungsfach-hochschulen	29	29	30	30	30	30	30
Theologische Hochschulen	17	16	16	16	16	16	16
Pädagogische Hochschulen	6	6	6	6	6	6	6
Gesamt	**423**	**427**	**426**	**428**	**429**	**425**	**424**

(Quelle: Eigene Darstellung nach Statista [1])

Diese Definition ist zwar naheliegend und durchaus gängig, aber sie schließt sämtliche Maßnahmen aus, die außerhalb von Hochschulen stattfinden, wie Studenten-/Absolventenmessen oder auch studentischen Organisationen oder Stiftungen. Je nach eigenem Fokus kann diese Definition mehr oder weniger passend sein.

▶ **Fokus auf die Zielgruppe Studenten/Hochschulabgänger** Hochschulmarketing bezeichnet die Planung und Umsetzung von Maßnahmen zur operativen und strategischen Personalbeschaffung auf Kanälen, welche die primären Zielgruppen Studenten und Absolventen haben.

Diese Definition ist in Summe deutlich weiter gefasst und deckt das ab, was auch in der Praxis die meiste Relevanz hat. In dieser Definition wären beispielsweise auch Studenten- und Absolventenmessen inkludiert, die nicht an einer Hochschule stattfinden. Geteilter Meinung kann man bei der Frage sein, ob durch diese Definition auch Jobbörsen als Teil des Hochschulmarketings angesehen werden.

In immer mehr Unternehmen etabliert sich auch eine neue Bezeichnung für die Tätigkeiten im Bereich Hochschulmarketing. Hier spricht man angelehnt an der zweiten Definition vom Bereich Young Talents.

9.2.2 Hochschulmarketing als Teil eines Recruiting-Mix

Das Thema Hochschulmarketing sollte nie losgelöst betrachtet werden, sondern immer in einer Gesamtbetrachtung einer kompletten Recruitingstrategie stehen. Ansonsten läuft man möglicherweise Gefahr, dass Aufwand und Ertrag nicht mehr im Einklang stehen. Als übergeordnetes und langfristiges Ziel des Hochschulmarketings stehen selbstverständlich Einstellungen, sowohl von Studierenden in Form von Praktika oder ähnlichen Anstellungsverhältnissen als auch von Absolventen.

Hochschulmarketing allein wird jedoch in der Regel nicht den kompletten Bedarf decken können, sondern nur gemeinsam mit anderen Kanälen. Daher sollten alle Kanäle, die diese Zielgruppen ansprechen, auch miteinander harmonisiert werden, um ein größtmögliches Maß an Effizienz zu erzielen.

In Abb. 9.1 ist eine exemplarische Einordnung einer Strategie, in der das Thema Hochschulmarketing eine feste Säule ist. Ebenso wie alle anderen Recruitingkanäle muss auch das Hochschulmarketing auf ein definiertes Recruitingziel einzahlen. Da Bewerber heutzutage sehr viele verschiedene Kontaktpunkte mit einem Arbeitgeber bekommen können, ist es wichtig, dass alle Recruitingkanäle konsistent sind in der Candidate Experience und der Vermittlung der Arbeitgebermarke, die beide auf den Werten und der Kultur eines Arbeitgebers bauen.

Es macht Sinn, diese strategische Einordnung nach Zielgruppen zu unterteilen, da unterschiedliche Zielgruppen in der Regel durch unterschiedliche Kanäle angesprochen

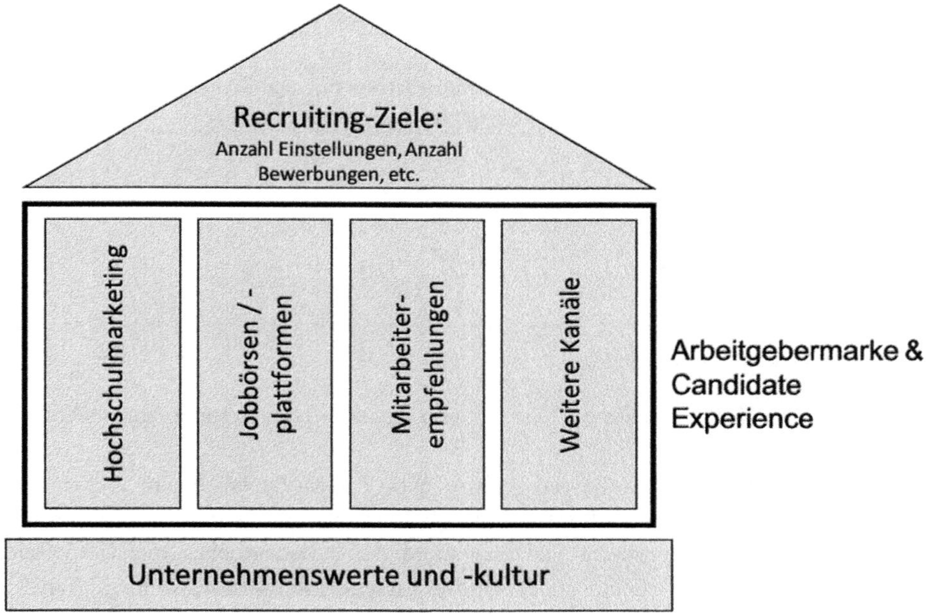

Abb. 9.1 Einordnung des Hochschulmarketings in eine Recruiting Strategie. (Eigene Darstellung)

werden und andere Facetten einer Employer Brand je nach Zielgruppe wichtiger oder weniger wichtig sind.

9.2.3 Hochschulmarketing und Candidate Experience

Der Begriff der Candidate Experience wird mittlerweile schon fast inflationär genutzt – jedoch häufig ohne eine theoretisch oder quantitativ angemessene Würdigung. Definiert wird der Begriff, welcher sich aus dem Bereich des Customer Managements ableitet, wie folgt:

▶ Candidate Experience bezeichnet den Gesamteindruck, den ein potenzieller Bewerber im Rahmen der Prozesse des Personalmarketings, des Recruitings und darüber hinaus vom potenziellen Arbeitgeber erhält [9].

Im Bereich Hochschulmarketing sehen wir verschiedene Kanäle, die alle zusammen dazu führen sollen, das Hiring-Ziel für die Zielgruppe Absolventen zu erreichen. Aus Sicht der Candidate Experience macht es Sinn, diese Kanäle zu harmonisieren, um eine gute Candidate Journey zu gewährleisten, da die moderne Candidate Journey deutlich diffuser und vielfältiger geworden ist [10]. Kandidaten werden dementsprechend höchst-

Tab. 9.2 Korrelation zwischen Zufriedenheit mit Kontaktpunkten und dem Candidate Net Promoter Score nach eigener Erhebung

Kontaktpunkt	Korrelation zwischen Zufriedenheit mit dem Kontaktpunkt und der Gesamt Candidate Experience[1]
Persönliches Interview	.52
Assessment Center	.50
Telefoninterview	.38
Online Assessment	.35
Stellenanzeige	.27

wahrscheinlich mehrere Kanäle nutzen, um sich mit dem Unternehmen auseinanderzusetzen.

Im Rahmen einer internen Bewerberzufriedenheits-Analyse bei einem meiner ehemaligen Arbeitgeber wurden alle Bewerber befragt, die mindestens einen direkten Kontaktpunkt hatten. In unserem Fall also mindestens: Persönliches Interview, Telefoninterview, Assessment Center oder Online Assessment. Die Ergebnisse Tab. 9.2 zeigen deutlich, dass die Candidate Experience stark von der persönlichen Intensität des Kontaktpunktes abhängt. Kontaktpunkte, die sehr persönlich sind, wie persönliche Interviews oder Assessment Center, haben einen starken Einfluss auf die Candidate Experience, während Kontaktpunkte mit geringer persönlicher Intensität eher geringeren Einfluss auf die Candidate Experience haben.

Spannend bleibt in diesem Kontext die Frage, wie persönliche, digitale Kontaktpunkte hier abschneiden, wie Video-Interviews, digitale Hiring-Events oder digitale Recruiting Messen.

Dies bedeutet für das Thema Hochschulmarketing, dass man den höchsten Einfluss auf die Zufriedenheit seine potenziellen Mitarbeiter hat, wenn man möglichst persönlichen Kontakt mit ihnen hat. Vereinfacht ausgedrückt: je persönlicher und intensiver der Kontakt, desto höher die Chance, potenzielle Mitarbeiter zu begeistern.

9.2.4 Hochschulmarketing im Zwang zur Digitalisierung

Der Arbeitsmarkt hat sich in den letzten Monaten sehr stark verändert, was dazu geführt hat, dass sich auch die aktuelle Ausgangslage für das Recruiting und auch das Hochschulmarketing stark verändert hat.

[1]Gemessen wurde die Candidate Experience mittels Candidate Net Promoter Score. Als Korrelationsmaß wurde der Korrelationskoeffizient r gewählt.

Tab. 9.3 Anzahl Bezieher von Kurzarbeitergeld Mai-August 2020 im Vergleich zum Durchschnitt der Vorjahre [6]

Zeitraum	Anzahl Bezieher Kurzarbeitergeld
August 2020	4.600.000
Juli 2020	5.600.000
Juni 2020	6.700.000
Mai 2020	7.300.000
Durchschnitt 2019 pro Monat	145.276
Durchschnitt 2018 pro Monat	117.659

Tab. 9.4 Anzahl der offiziell gemeldeten Arbeitsstellen im Jahresdurchschnitt 2016–2020 [7]

Jahr	Durchschnittliche Anzahl der gemeldeten Arbeitsstellen
2020	623.320
2019	774.345
2018	796.427
2017	730.551
2016	655.490

Anzahl offener Stellen

Gemäß der Bundesagentur für Arbeit ist 2020 die Anzahl der dort offiziell gemeldeten Stellen im Vergleich zu den letzten Jahren gesunken (Tab. 9.4). Das liegt daran, dass viele Branchen durch die aktuellen Maßnahmen defizitär arbeiten und gleichzeitig viele Unternehmen Kurzarbeit angemeldet haben. In diesen Unternehmen wird in der Regel nicht mehr stark rekrutiert. Die Anzahl von Beziehern von Kurzarbeitergeld ist 2020 extrem stark im Vergleich zu den Vorjahren angestiegen (Tab. 9.3).

Man kann also davon ausgehen, dass viele Unternehmen – wenn überhaupt – nur kurzfristig äußerst erfolgskritische Positionen besetzen werden und insbesondere die Positionen für Studierende und Absolventen gestrichen oder auf später verschoben worden sind.

Hinzu kommen eine Vielzahl an sich stetig ändernden Hygienemaßnahmen bzw. Ein- und Beschränkungen der persönlichen Interaktionsmöglichkeiten. Dies ist auch nicht spurlos an der Hochschulmarketing-Landschaft vorüber gegangen – insbesondere bei den typischen Veranstaltungsformaten.

Klassische Recruiting-Events wurden in der Vergangenheit primär vor Ort durchgeführt. Dies war zwischenzeitlich nicht mehr erlaubt und von vielen Unternehmen aufgrund von internen Richtlinien nicht mehr gewünscht. Also mussten digitale Alternativen dafür erarbeitet werden.

Jedoch auch schon vor der aktuellen Entwicklung sah man, dass der Druck zur Digitalisierung von Hochschulevents größer wird. „Veranstalter von Recruiting-Events müssen es also nicht nur zur Aufgabe machen, ihre Events online zu bewerben, sondern auch deren Formate zu digitalisieren“ [11].

Virtuelle Messen

Das Prinzip ist häufig wie bei einer normalen Karrieremesse. Es gibt Unternehmen als Aussteller – mit virtuellen Messeständen – und Interessenten, die in dem Fall jedoch als Avatar über die virtuelle Messe gehen.

Virtuelle Hiring Events

Im Gegensatz zu virtuellen Messen sind reine virtuelle Hiring Events fokussiert auf das Wesentliche – die Vermittlung von Gesprächen, meist per Video-Konferenz.

9.3 Die Auswahl der richtigen Hochschule

Durch die hohe Anzahl an Hochschulen in Deutschland ist es eine zeitintensive, aber sehr wichtige Aufgabe, sich genau zu überlegen, mit welcher Hochschule man zusammenarbeiten möchte. Die meisten Unternehmen arbeiten nach dem Gießkannen-Prinzip ‚viel hilft viel‘ und haben eine zu große Anzahl an Hochschulkooperationen. Dies führt vor allem dazu, dass man keine gute Durchdringung bei den einzelnen Hochschulen erzielt.

Wenn man intensiv und nachhaltig erfolgreich mit einer Hochschule zusammenarbeiten möchte, dann sollte man jede Zielgruppe mindestens einmal pro Semester kontaktieren.

Hochschul-Ranking

Es gibt diverse Rankings, welche Hochschulen nach verschiedenen Kriterien bewerten und Ranglisten erstellen. Am bekanntesten im deutschsprachigen Bereich ist wahrscheinlich das sogenannte CHE-Ranking[2]. Es bewertet Selbsteinschätzung von Studierenden und Dozenten. Daneben gibt es eine Vielzahl an weiteren Rankings, die sich jedoch alle von ihrer Methodik und damit von ihrer Aussage unterscheiden. Je nach Fokus der Zusammenarbeit kann ein Blick auf Rankings sinnvoll sein – aber auch nur dann.

Inhaltlicher Fit: Fachliche Bedeutung der Lehrstühle

Bei der Betrachtung der inhaltlichen Passung zu dem, was man in seinem Unternehmen benötigt, schauen die meisten Unternehmen nicht tiefgehend genug. Wenn man Studierende mit einem speziellen Fokus sucht, dann sollte man sich auch die einzelnen Fachbereiche eines Studiengangs genauer anschauen und einzelne Vorlesungen genauer

[2]Die Abkürzung CHE steht für das Gütersloher Centrum für Hochschulentwicklung.

durchlesen. Erfahrungsgemäß ergeben sich dann auf der Ebene auch direkt Anknüpfungspunkte für inhaltlichen Austausch mit einzelnen Dozenten oder Lehrstühlen.

Räumliche Nähe zu eigenen Standorten
Man sollte keine Hochschule ausschließlich danach auswählen, dass sie nahe zum eigenen Standort liegt. Jedoch sollte dieser Faktor mitberücksichtigt werden. Mit der räumlichen Entfernung steigen auch die Kosten für Pendeln, Transport sowie Übernachtungen. Darüber hinaus steigt der zeitliche Aufwand durch längere An- und Abfahrtswege sowie gegebenenfalls durch notwendige Übernachtungen. Dies kann zu einem nicht zu unterschätzenden Faktor werden. Daneben hat räumliche Nähe den Vorteil, dass man spontaner ist und auch der Aufwand für Studierende und Absolventen geringer ist, wenn man etwas machen möchte, dass am eigenen Standort ist.

Praxisorientierung
Bei der Suche nach einer geeigneten Hochschule sollte man darauf achten, inwiefern die Hochschule eine Praxisorientierung im Studium umsetzt. Folgende Fragen sind dabei zu berücksichtigen: Sind Pflichtpraktika oder Praxissemester vorgesehen? Sind praxisnahe Lernmethoden Teil des Studiums, bei denen praxisbezogene Aufgaben bearbeitet werden? Sind Dozenten aus der Praxis Teil des Lehrpersonals? Hat die Hochschule ein hohes Interesse am Austausch bzw. der Zusammenarbeit mit Unternehmen?

Internationalität
Sollte ein Arbeitgeber besonders hohen Wert auf internationale oder international erfahrene Bewerber legen, dann sollte dies auch ein Auswahlkriterium für eine kooperierende Hochschule sein. Wird ausschließlich auf Deutsch gelehrt? Gibt es feste Austauschprogramme mit Partnerhochschulen? Sind Auslandspraktika oder -semester vorgeschrieben oder nur optional? Vielleicht hat die Hochschule auch internationale Akkreditierungen – das sorgt in der Regel für ein hohes Maß an Internationalität.

Professionelle Angebote durch Career Services
Je besser die Hochschule darauf eingestellt ist, mit Unternehmen zu kooperieren, desto weniger Aufwand ist vonseiten der Arbeitgeber nötig. Ein Indiz aufseiten der Hochschulen ist die Art und Weise, wie der Career Service oder das Career Center aufgestellt ist. Gibt es hier eine gewachsene, professionelle Struktur mit festangestellten Experten? Wird es nur nebenbei gemacht? Ist es primär mit studentischen Hilfskräften besetzt? Oder gibt es vielleicht gar keine Institution, die sich um so etwas kümmert? Näheres zu Career Services in Deutschland finden Sie in Kap. 16 dieses Buches.

Höhe der Kosten für die Kooperation
So löblich es auch ist, dass Hochschulen immer professioneller werden im Umgang mit Arbeitgebern, so kommerzieller ist die Zusammenarbeit in den letzten Jahren auch geworden. Da kann eine Kooperation mit einer Top-Universität auch schnell fünf- oder

sechsstellige Summen kosten. Daher sollte man sich die Kosten genauer anschauen und in die Gesamtbetrachtung einfließen lassen.

Bisherige Einstellungszahlen
Eine Analyse der Einstellungszahlen der letzten Jahre nach Hochschule ist auf jeden Fall sinnvoll, um zu sehen, welche bisherigen Kooperationen erfolgreich waren und welche nicht. Gleichzeitig wird man hier vielleicht auch die eine oder andere Hochschule sehen, bei der die Einstellungszahlen gut sind, obwohl man noch gar nicht intensiv zusammenarbeitet. Dies wären spannende Kandidaten für einen Ausbau der Kooperation.

Weitere Angebote durch studentische Organisationen
Neben der direkten Zusammenarbeit mit der Hochschule gibt es außerdem meistens die Möglichkeit, mit studentischen Organisationen und Vereinen zusammenzuarbeiten. Diese können eine interessante Erweiterung des Portfolios sein und sollten auch genau angeschaut werden. Angefangen von studentischen Unternehmensberatungen, ideellen Organisationen wie AIESEC (Abschn. 17.2) bis hin zu studentischen Börsenclubs oder IT-Clubs gibt es eine enorme Bandbreite an Organisationen, die in der Regel sehr offen sind für Kooperationen.

Größe der Hochschule/Fakultät
Instinktiv mag man dazu neigen zu denken, dass hier ‚größer ist besser' gilt. Dem muss ich jedoch konsequent widersprechen. Kleinere Hochschulen bzw. Fakultäten haben den Vorteil, dass ein Unternehmen sehr gut von viralem Marketing profitieren kann. Eine tolle Recruiting-Aktivität an einer kleinen Fakultät wird dazu führen, dass es schnell an der ganzen Fakultät bekannt ist. In einer sehr großen – und meist damit zusammenhängend viel anonymeren Fakultät – können selbst sehr spannende Aktivitäten schnell verpuffen. Dies liegt daran, dass kleinere Hochschulen bzw. Fakultäten in der Regel deutlich stärker intern vernetzt sind als größere Hochschulen bzw. Fakultäten.

Konkurrenz
Die Konkurrenz im Auge zu behalten und zu wissen, wer an der gewünschten Hochschule mit welchen Inhalten und welchem Aufwand vor Ort ist, kann nicht schaden. Man sollte sich jedoch nicht zu sehr von der Konkurrenz leiten lassen, sondern selbstbewusst agieren. Konkurrenz vor Ort hat Vor- und Nachteile, deswegen ist es schwer zu sagen, ob viel oder wenig Konkurrenz gut ist.

9.4 Warum rückte Hochschulmarketing immer mehr in den Fokus?

Hochschulmarketing und hier insbesondere Recruiting-Events sind weiterhin beliebte Kanäle, sowohl für Arbeitgeber als auch für Studierende und Absolventen. Eine Absolventa-Studie ergab, dass 67 % der Studierenden sowie 56 % der Young

Professionals Recruiting-Events besuchen würden [1], was bei Studierenden in der Regel Hochschulmarketing Aktivitäten sind.

Wenn man mit den meisten Unternehmensvertretern spricht, die im Bereich Hochschulmarketing verantwortlich sind, dann bekommt man immer wieder die gleiche Geschichte zu hören: Es wird deutlich mehr investiert, als noch vor einigen Jahren und hat auch professionelle Rahmenbedingungen geschaffen. Das sieht von Unternehmen zu Unternehmen sehr unterschiedlich aus. Durch meine Dozententätigkeit im Bereich Hochschulmarketing an der Quadriga Hochschule bekomme ich in meinen Seminaren viel Input von Hochschulmarketing-Verantwortlichen unterschiedlichster Unternehmensgrößen.

Kleine Unternehmen

Kleine Unternehmen beginnen häufig erstmalig sich mit dem Thema Hochschulmarketing zu beschäftigen und haben deswegen noch eine sehr große Lernkurve vor sich. In der Regel gibt es in diesen Unternehmen keine Abteilung, die sich um solche Themen kümmert und auch keine Vollzeitbeschäftigten. Stattdessen wir das Thema erst einmal projektartig angegangen. Hieran erkennt man sehr stark, dass sich der Markt vergrößert und sich immer mehr Unternehmen mit Hochschulmarketing beschäftigen. Dies tun sie häufig mit einem starken regionalen Fokus und nur mit wenigen ausgewählten Kooperationspartnern, was aus einer Effizienzbetrachtung heraus durchaus sinnvoll ist.

Mittelgroße Unternehmen

Mittelgroße Unternehmen haben den Entwicklungsstand von kleinen Unternehmen bereits hinter sich gelassen und sind einen Schritt weiter. Hier befindet sich bereits ein erster Erfahrungsschatz im Bereich Hochschulmarketing. Häufig wächst mit dem Maß der Erfahrung auch der Gestaltungsspielraum: Es gibt mehr Budget und auch die Anzahl der Kooperationen wächst. Hier erkennt man die Entwicklung vor allem daran, dass eine erste Form der Spezialisierung stattgefunden hat oder stattfindet. Es gibt also in der Regel einen ersten Mitarbeiter, der sich primär um Hochschulmarketing kümmert.

Großunternehmen

Großunternehmen haben häufig im Bereich Hochschulmarketing einen noch weiteren Reifegrad erlangt. Man hat in der Regel schon länger Erfahrung im Bereich Hochschulmarketing, hat eine breite Streuung an Kooperationspartnern und gewachsene Strukturen – meistens auch schon länger mit Personen, die sich explizit um das Thema kümmern. Die Fragen, die sich hier stellen, drehen sich meist um ein höheres Maß der Professionalisierung, welche in entweder größerer Effizienz oder größerer Effektivität münden soll.

Je nachdem, welches Unternehmen betrachtet wird, birgt dies auch unterschiedliche organisatorische und operative Fragen.

9.5 Was macht erfolgreiches Hochschulmarketing aus?

Hochschulmarketing hat den Vorteil, dass es einen sehr persönlichen Kontakt mit Kandidaten in den Vordergrund stellen kann und persönliche Kontakte im Recruiting durchschnittlich einen stärkeren Einfluss auf die Kandidatenzufriedenheit hat als unpersönliche Kontakte (Tab. 9.2).

Daraus folgt, dass man – ähnlich wie bei einem persönlichen Vorstellungsgespräch – sowohl stark begeistern als auch stark frustrieren kann.

Bei der Auswahl an Erfolgsfaktoren für Hochschulmarketing ist es daher naheliegend, dass der persönliche Kontakt an erster Stelle steht.

9.5.1 Persönlicher Kontakt

Auch wenn es eine sehr große Anzahl an Hochschulen gibt, so bedeutet dies nicht, dass es nur wenig Andrang je Hochschule gibt. Im Gegenteil: Studierende haben heute ein Überangebot an Möglichkeiten mit Unternehmen als Arbeitgeber in Kontakt zu kommen. Sowohl bei Recruitingmessen, Workshops, Vorträgen als auch außergewöhnlicheren Formaten.

Die Studienergebnisse der Firma Absolventa legen nahe, dass insbesondere der persönliche Austausch mit potenziellen Kollegen oder Vorgesetzten am attraktivsten für die Teilnehmerinnen und Teilnehmer von Recruiting-Events ist [1].

9.5.2 Individueller Auftritt

Sind Sie schon einmal durch eine Karrieremesse gegangen und haben die meisten Messestände angeschaut? Wenn man sich die Logos wegdenkt, dann sind die meisten Auftritte komplett austauschbar und teilweise eklatant in einer Diskrepanz zum eigentlichen Markenauftritt.

Haben Sie sich schon einmal die Agenda und die Vermarktungstexte von Workshops an Hochschulen angeschaut? Auch hier sieht man – um es positiv zu formulieren – sehr viel Potenzial für eine stärkere Differenzierung.

Im Folgenden ein paar kostengünstige Anregungen, wie ein Unternehmen seinen Auftritt individueller gestalten kann, ohne all zu tief in die Tasche greifen zu müssen:

Rollenspielelemente in Workshops einbauen

Workshops sind ein tolles Medium, um mit Studierenden Praxiseinblicke zu erarbeiten. Leider hat sich das nun auch schon seit mehr als einem Jahrzehnt herumgesprochen und es gibt ein Überangebot von Workshops und dadurch eine Sättigung bei Studierenden.

Dies liegt jedoch meiner Erfahrung nach auch daran, dass die meisten Unternehmen sich zwar viele Gedanken machen, welche Inhalte in einem Workshop transportiert werden sollen, aber kaum Gedanken über die Didaktik machen.

Hier hilft ein Blick auf das Thema Planspiele, welches in der Regel sehr bewusst viel intensivere interaktive Elemente und Rollenspiel-Elemente einbaut. Dies erhöht zum einen die Immersion und zum anderen differenziert es. Die Planspiele, an denen ich teilnehmen durfte, waren deutlich spannender und fesselnder als jeder 08/15-Workshop von Arbeitgebern.

Mini-Präsentationen am Messestand

Nutzen Sie kleine Präsentationen oder Impulsvorträge am Messestand zu jeder vollen Stunde zu verschiedenen Themen, welche Sie einmal am Tag wiederholen. Machen Sie kleine Flyer, in denen Sie darauf hinweisen. Es muss keine große Präsentation sein, sondern könnte auch eine Fragerunde mit verschiedenen Mitarbeitern sein. Sie sollten nur kenntlich machen, wer und wo gerade die Präsentation stattfindet. Erfahrungsgemäß kommen immer ein paar Interessierte – und sobald ein paar Menschen um den Messestand stehen und zuhören, wirkt dies auch interessant auf andere Messeteilnehmer.

Agenda weglassen

Versuchen Sie einmal, komplett interaktive Formate mit Studenten durchzuführen. Wie beispielsweise bei einem Barcamp (Kap. 13) einfach ohne inhaltliche Agenda – die Agenda soll von den Teilnehmern selbst erstell werden. Das erfordert natürlich Mut, da dies ein ungewohntes Format ist. So schaffen Sie es, genau die Themen zu behandeln, die den Teilnehmern wichtig sind und agieren glaubwürdig auf Augenhöhe. Mein Rat: Gehen Sie vorher zu einer Veranstaltung wie einem Barcamp, bei der es keine fixe Agenda gibt. Dann haben Sie ein Gefühl dafür, wie angenehm solche Formate sein können.

Andere Namensschilder

Manchmal sind es die kleinen Dinge. Warum sehen alle Namensschilder eigentlich gleich aus? Vorname und Nachname. Vielleicht noch der Bereich – meist in kryptischen unternehmensinternen Bezeichnungen. Warum nicht auch mal das anders denken? Beispielsweise: Namensschilder größer machen und nach dem Namen bei allen Mitarbeitern folgenden Bereich einfügen: ‚Sprecht mich an für…' – dann ergänzen Sie verschiedene Themen, wie ‚Fragen zum Thema Praktika', ‚Informationen über Traineeprogramme', ‚Rahmenbedingungen von Abschlussarbeiten' oder ‚einen Einblick in unsere Unternehmenskultur'.

In Summe gilt die alte Weisheit, dass man sich sehr gut in anderen Industrien Inspiration holen kann. Klassische Consumer-Messen sind eine tolle Inspiration, aber auch der tägliche Einkauf im Supermarkt, im Kaufhaus oder sonst wo.

9.5.3 Mehrwert ermöglichen

Haben Sie sich schon einmal gefragt, was der individuelle Mehrwert für Studierende sein soll, wenn sie mit Ihrem Unternehmen bei einer der oben genannten Aktivitäten in Kontakt treten? Die Antwort, das Unternehmen besser kennenzulernen, ist sicherlich schon einmal ein Anfang, jedoch allein betrachtet unzureichend. Wenn Sie auf sich aufmerksam machen und Personen motivieren möchten, sich mit Ihnen zu beschäftigen, dann muss dabei schon mehr rauskommen. Es sei denn, Sie gehören zu den wenigen extrem bekannten und attraktiven Arbeitgebern, für welche die meisten Studierenden schon während des Studiums eine hohe Affinität haben.

Praktika oder andere Tätigkeiten
Eine nachhaltige Win-Win-Situation kann auch durch den Ausbau von studentischen Jobs, Praktika und Abschlussarbeiten exzellent ergänzt werden. Idealerweise werden Studierende „bereits im frühen Stadium ihres Studiums beschäftigt" [2].

Exklusiver Zugang
Ein schönes Beispiel für einen Mehrwert ist der exklusive Zugang zu Inhalten, die man sonst nicht bekommen könnte, wie die Accenture Auditions. Dieses Eventformat der Unternehmensberatung Accenture hat Studierenden nach Prüfung des Lebenslaufes die Möglichkeit gegeben, während einer Karrieremesse am Messestand ein Kurz-Interview durchzuführen, welches im besten Fall direkt zu einer festen Zusage inklusive Vertragsangebot führt [3]. Was gibt es Besseres als ein exklusiver Zugang zu einem exklusiven und schnellen Bewerbungsformat?

Lernmehrwert
Weniger bei Messen, aber insbesondere in Workshops kann ein interessanter Mehrwert geliefert werden, indem man mit den Studierenden Themen bearbeitet, die einen echten Lernmehrwert haben. Dazu gehören in der Regel praktische Themen wie Projektmanagement, Zeitmanagement, Agiles Management etc. Idealerweise geben Sie den Teilnehmerinnen und Teilnehmern am Ende noch ein Teilnahmezertifikat.

9.5.4 Konsistenz

Ein Unternehmen sollte davon ausgehen, dass Bewerber, mit denen man auf einem Recruiting-Event spricht, nicht nur diesen einen Kontaktpunkt mit dem eigenen Unternehmen haben werden. Vielleicht hatten sie vorher schon digital oder analog Kontakt; vielleicht werden sie nach dem Event analog oder digital Kontakt mit dem eigenen Unternehmen haben. Egal was in welcher Reihenfolge passiert, das Ergebnis ist das gleiche: Bewerber prüfen bewusst oder unbewusst, ob die Kontakte konsistent waren.

Dies kann in der Tonalität sein, in der Offenheit, in ganz einfachen Dingen wie ‚Du' oder ‚Sie' in der Ansprache und noch vieles mehr.

Wenn hier ein inkonsistentes Markenerlebnis stattfindet, schadet dies der Candidate Experience und führt folgerichtig zu weniger Bewerbern oder mehr Abbrüchen innerhalb des Bewerbungsprozesses. Um beides zu vermeiden, sollte man ein paar Punkte beherzigen:

Veranstaltungsinterne Konsistenz
Nutzen Sie interne Abstimmungen vor den Veranstaltungen, um eine einheitliche Sprachwahl, Tonalität und inhaltliche Fokussierung abzustimmen. Diese Dinge sollten auch mit Medien und Material der Veranstaltung konsistent sein.

Prozessinterne Konsistenz
Stimmen Sie sich auch mit den vor- sowie nachgelagerten Prozessen ab, um zu gewährleisten, dass diese Prozesse ein konsistentes Markenerlebnis erzeugen. Klassische Bereiche, die dabei eingebunden werden sollten, sind Employer Branding, Personalmarketing sowie Recruiting.

Unternehmensinterne Konsistenz
Zu guter Letzt sollte die Konsistenz des Markenerlebnises auch mit dem übereinstimmen, was den Bewerber später im Alltag im Unternehmen erwarten wird. Ansonsten sind der Frust und vielleicht sogar die Probezeitkündigung vorprogrammiert.

Wenn diese Punkte beherzigt werden, dann ist davon auszugehen, dass man einen authentischen Eindruck hinterlässt und die Chancen gut sind, dass ein Bewerber eine positive Candidate Experience hatte.

9.5.5 Professionalität

Das Thema der Professionalität ist in der Organisation, Vorbereitung und Durchführung des Arbeitgeberauftritts ein Erfolgsfaktor, der gerne unterschätzt wird, weil sich natürlich niemand gerne mit einem Mangel dieses Themas bei sich selbst beschäftigt. Wie so häufig im Leben liegen hier gut gedacht und gut gemacht nah beieinander.

9.5.5.1 Briefing
Insbesondere bei größeren Recruiting-Events wie Karrieremessen ist ein Briefing der Unternehmensvertreter besonders wichtig. Denn ein „wesentlicher Bestandteil, der über den Erfolg der Messe entscheiden kann, muss ebenfalls organisiert werden: der teilnehmende Fachbereich" [8].

Idealerweise gibt es im Vorfeld zumindest ein schriftliches Briefing, damit die Fachbereiche sich vorbereiten können. Auf jeden Fall sollte zusätzlich vor jedem Messetag ein persönliches Vor-Ort-Briefing stattfinden. Dies führt dazu, dass die Themen bei den Teilnehmern noch einmal verinnerlicht, Fragen gestellt als auch die Örtlichkeiten begangen und gezeigt werden können.

Sinnvolle Bestandteile eines Messe-Briefings sind unter anderem:

- **Corporate Wording:** Welche Wortwahl nutze ich bei der Beschreibung des Unternehmens (insb. darauf hinweisen, welche internen Begriffe nicht zu nutzen sind)
- **Corporate Behaviour:** Wie soll ich mich gegenüber dem Interessenten verhalten?/ Wann nehme ich welche Informationen auf und wann gebe ich was heraus?
- **Corporate Look:** Was wird am Messestand getragen? Gibt es spezielle Kleidung oder einen Dresscode?
- **Aktuelle Zahlen, Daten, Fakten:** Alle Unternehmenszahlen und relevante Fakten.
- **Differenzierungsmerkmal:** In einem prägnanten Satz zusammengefasst, was das Unternehmen differenziert oder ausmacht.
- **FAQ:** Antworten auf die wichtigsten Fragen (beispielsweise zum Recruiting-Prozess o. ä.)
- **Technische Details:** Wie baue ich den Stand auf? Wie nutze ich das iPad? Gibt es andere technische Besonderheiten?
- **Informationen über die Messe:** Kurz zusammengefasst, wer die Zielgruppe ist und was es über den Veranstalter etc. zu wissen gibt (beispielsweise, wie die Erfolge der letzten Jahre waren, welche Konkurrenz vor Ort ist etc.)

9.5.5.2 Logistik

Was ist der absolute Super-GAU bei einer Messe? Man kommt am Morgen der Messe zu seinem zugeordneten Platz, erwartet den Messestand, aber dieser ist nicht da und nicht auffindbar. Ja, ich gestehe, als ich frisch nach der Universität meinen ersten Job im Bereich Hochschulmarketing begann, hatte ich hin und wieder schlaflose Nächte wegen dieses Szenarios. Genau deswegen ist es wichtig, Routinen und interne Qualitätsstandards zu schaffen, sodass hier keine Fehler passieren.

Ein paar sehr wesentliche Bestandteile einer guten logistischen Planung im Bereich des Hochschulmarketings sind:

- **Messestand vorher prüfen:** Sofern man einen portablen Messestand hat, sollte dieser in sehr regelmäßigen Abständen vor dem Versand geprüft und gegebenenfalls repariert und gesäubert werden.
- **Zielgruppenspezifisches Material:** Verschiedene Veranstaltungen haben verschiedene Zielgruppen und das Material sollte möglichst immer abgestimmt sein auf diese Zielgruppen. Insbesondere bei Studierenden und Absolventen ist das Thema wichtig. Wenn Sie beispielsweise auf einer Veranstaltung sind, wo sie wissen, dass in der Regel nach Praktika gefragt wird, dann bringt es wenig, wenn Sie diese Jobs zu Hause lassen und nur andere Jobs ausgedruckt mitnehmen.
- **Puffer einplanen:** Egal, wie gut man plant – nichts funktioniert in der Regel hundertprozentig. Mal kommt der Kurier mit dem Messestand zu spät, mal gibt es Probleme

beim Messe-Organisationsteam, mal kommt ein Stau dazwischen. Um dafür gewappnet zu sein, empfiehlt es sich immer einen ordentlichen Puffer einzuplanen. Je weniger Puffer eingeplant ist, desto eher geht etwas schief.

- **Räumlichkeiten im Detail kennen:** Man sollte sich insbesondere bei Karrieremessen nie darauf verlassen, dass Transport und Standaufbau reibungslos funktionieren. Es gibt immer irgendwelche Besonderheiten, die vorab geprüft werden sollten. Mal gibt es für den Kurier keine Haltemöglichkeit, mal ist der Messestand nur schwer zu erreichen, mal verläuft ein Deckenbalken genau über dem Messestand, sodass dieser nicht aufgestellt werden kann. Das alles sind Dinge, die man vorher möglichst genau prüfen sollte.
- **Folgeplanung:** Nach dem Event ist vor dem Event. Manchmal ist die besondere logistische Herausforderung, dass das Material direkt von einem Event zum nächsten Event weitergeschickt wird. Dies ist genau zu planen und es sollte auch jemand benannt werden, der am Ende des Events einmal alles überprüft und gegebenenfalls Probleme melden kann.
- **Verpackung und Portionierung:** Eine Kleinigkeit, die aber sehr wichtig ist: Wie werden die Versandmaterialien verpackt? Insbesondere Printmaterial, wie Broschüren, ausgedruckte Stellenanzeigen oder Flyer sehen bei nicht optimaler Verpackung schnell mitgenommen und unprofessionell aus. Eine Investition in ein durchdachtes Verpackungssystem lohnt sich relativ schnell. Es gehen weniger Dinge kaputt, aber auch die Zeit zum Auspacken und späten wieder Einpacken ist deutlich geringer, wenn es gut durchdacht ist.

9.5.5.3 Nachbereitung

Um langfristig erfolgreich zu sein im Hochschulmarketing, sollten Veranstaltungen auch immer detailliert nachbearbeitet werden. Dies liegt einerseits daran, dass sich auf der Veranstaltung selbst verschiedene Aufgaben und Handlungspunkte ergeben, die erst im Nachgang weitergeführt werden können. Andererseits kann im Nachhinein erst genau darauf eingegangen werden, was gut lief und was eventuell noch verbessert werden kann – also eine klassische Qualitätskontrolle.

Folgende Punkte sind in der Nachbereitung zu beachten:

- **Offene Anfragen bearbeiten:** Es ergeben sich immer wieder Anfragen auf Recruiting-Events, die erst im Nachgang bearbeitet werden können. Sei es die Papierbewerbung, die man in die Hand gedrückt bekommt. Sei es die Nachbereitung nach einem Workshop, wo man alle Teilnehmer noch einmal anschreibt und eventuell Zertifikate verschickt. Sei es weitere Kooperationsanfragen von Vertretern der Hochschule.
- **Material prüfen:** Nach jeder Veranstaltung sollte geprüft werden, wie der Zustand des Materials (Banner, Messestand, Technik etc.) ist, wie viel Verbrauchsmaterial verbraucht wurde und wo es ggf. Engpässe gab.

- **De-Briefing mit Teilnehmern:** Es ist nicht nur aus organisatorischer Sicht sinnvoll, noch einmal mit allen Teilnehmern über die Veranstaltung zu sprechen. Es ist auch wertschätzend und zeigt eine professionelle Arbeitsweise, wenn man dies macht. Hier kann man alles ansprechen: von der Vorbereitung über die Veranstaltung selbst, bis hin zu Empfehlungen fürs nächste Mal.
- **De-Briefing mit Logistiker** (optional): Sollte es logistische Besonderheiten gegeben haben, macht es Sinn, sich auch noch einmal mit dem Logistiker oder Messebauer abzustimmen, um gemeinsam zu schauen, was gut oder weniger gut lief und was beim nächsten Mal besser laufen kann.
- **De-Briefing mit Veranstalter:** Es ist in jedem Fall sinnvoll, im Nachgang zu einer Veranstaltung mit dem Veranstalter zu sprechen und dabei sehr offen zu sein, was gut lief und wo es Verbesserungspotenzial gibt. Fordern Sie aber auch offenes Feedback ein – da gibt es auch immer wieder interessante Punkte.
- **Erfolg messen:** Die Details und verschiedenen Methoden werden im folgenden Kapitel beschrieben Abschn. 9.6. Daneben kann man aber auch schon einmal O-Töne festhalten von Fachbereichen, Studierenden etc. Das ist im Zweifel eine Ergänzung.

9.6 Exkurs: Hochschulmarketing und Messbarkeit

Im Recruiting ist das Thema der Messbarkeit auf der einen Seite sehr wichtig, aber auf der anderen Seite nicht übermäßig gut ausgeprägt. Auch wenn die Online Recruiting-Studie von Wollmilchsau einen positiven Trend erkennen lässt, so sind selbst bei den DAX Unternehmen immer noch 30 % aller Karrierewebsites nicht einmal an ein gängiges Web-Analytics-System angeschlossen [12]. Dabei ist durch diese Zahl noch nicht einmal eine klare Indikation möglich, inwiefern das jeweilige Tool überhaupt explizit für die Karriereseite genutzt wird, da erfahrungsgemäß in vielen Unternehmen der Einsatz solcher Tools zentral außerhalb des Recruitings verwaltet wird. Recruitingspezifische Nutzungen sind dementsprechend selten der Fall.

In der Regel bedarf es hier auch der Zusammenarbeit zwischen dem Bereich Hochschulmarketing und anderen Bereichen mit mehr Wissen in den Bereichen Messbarkeit, Fragebogendesign, Web-Analytics und vergleichbaren Disziplinen. Sollte dieses Wissen im eigenen Unternehmen nicht vorhanden sein, sollte man gut abwägen, ob es nicht über externe Dienstleister oder Weiterbildungen erworben werden sollte.

9.6.1 Analoge Möglichkeiten

Unter analogen Messmöglichkeiten verstehen wir im weiteren Verlauf sämtliche Messungen, die primär ohne digitale Hilfsmittel auskommen sowie nicht im digitalen Umfeld stattfinden. Jede dieser Messmöglichkeiten hat sowohl Vor- als auch Nachteile, jedoch kann man allgemein sagen, dass analoge Messmöglichkeiten häufig unpräzise und deutlich schwerer skalierbar sind als digitale Messmöglichkeiten. Hingegen sind für die Einführung analoger Messmöglichkeiten häufig keine Spezialkenntnisse notwendig und insbesondere deswegen ist der Initialaufwand geringer.

Die gängigsten analogen Möglichkeiten sind:

9.6.1.1 Kontaktbögen

Nach jedem Kontakt oder nach jedem qualifizierten Kontakt auf einer Karrieremesse oder anderen Veranstaltungen, bei denen man ein Gespräch mit Interessenten hatte, wird vom Unternehmensvertreter ein Kontaktbogen ausgefüllt, welcher sowohl die Kontaktdaten als auch ein paar Rahmendaten über das Gespräch und den Gesprächsteilnehmer beinhaltet. Die Datentiefe und Datenqualität hängen sehr stark von der Konzeption des Kontaktbogens und einer Schulung der ausfüllenden Unternehmensvertreter ab.

Vorteile

Durch die Auswertung sind sowohl qualitative als auch quantitative Aussagen möglich.

Nachteile

Hoher manueller Aufwand zur Erfassung und der Transkription für eine spätere Auswertung. Durch die manuellen Schritte ergibt sich eine hohe Fehleranfälligkeit. Eine grundlegende Herausforderung besteht darin, diesen Prozess datenschutzkonform abzubilden.

9.6.1.2 Visitenkarten

Geben Sie jedem Kontakt oder jedem qualifizierten Kontakt auf einer Karrieremesse eine Visitenkarte. Danach können Sie das Delta des Visitenkarten-Bestandes vor und nach der Veranstaltung messen und haben dadurch die Anzahl der Kontakte bzw. qualifizierten Kontakte. Denkbar wäre es auch, mehrere Varianten der Visitenkarten zu nehmen – eine für jeden Kontakt und eine für qualifizierte Kontakte oder für verschiedene Zielgruppen.

Vorteile

Der Aufwand für den Druck und die Verteilung von Visitenkarten ist überschaubar und es ist in der Tat relativ gut skalierbar – was eher ungewöhnlich für analoge Messmethoden ist.

Nachteile

Sie haben keinerlei personalisierte Informationen über die Personen, denen Sie die Visitenkarten gegeben haben. Man kann also nur quantitative Aussagen machen. Gleichzeitig führen Visitenkarten dazu, dass der Empfänger dieser Visitenkarte die Erwartung hat, einen persönlichen Kontakt zu bekommen.

9.6.1.3 Counter

Nutzen Sie einen Counter, welcher ein kleines Zählinstrument ist, das in der Regel in der Hand gehalten wird und durch Drücken eine fortlaufende Zahl um den Wert eins erhöht. So haben Sie am Ende des Tages eine möglichst exakte Übersicht über die Anzahl der Besucher eines Messestands einer Karrieremesse.

Vorteile

Ein Counter ist sowohl in der Anschaffung günstig als auch wenig aufwendig im Unterhalt. In der Hand ist er sehr unauffällig und stört nicht. Einen Counter zu benutzen ist sehr einfach und dadurch nicht sehr störanfällig.

Nachteile

Man kann hier ausschließlich quantitative Aussagen über die Anzahl der Besucher eines Messestandes machen. Das Benutzen des Counters ist zwar einfach, aber bedingt volle Aufmerksamkeit. Wenn mehrere Mitarbeiter Counter nutzen, gibt es die Gefahr, der mehrfachen Zählung einer einzelnen Person.

9.6.1.4 Give-Away Verbrauch

Der Vollständigkeit halber gibt es auch die Möglichkeit, eine grobe Abschätzung über den Andrang einer Karrieremesse zu quantifizieren, in dem man die Anzahl der Give-Aways misst, die man im Rahmen dieser Veranstaltung verteilt hat. Dafür braucht man natürlich einen Überblick über die Anzahl der Give-Aways, um dann das Delta zwischen vor und nach der Messe berechnen zu können.

Vorteile

Im besten Fall kein zusätzlicher Aufwand, sofern der Lagerbestand der Give-Aways regelmäßig aktuell gehalten wird. Wenig fehleranfällig.

Nachteile

Diese Methode gibt nur eine grobe Aussage über das reine Volumen der Besucher des Messestands an, da nicht alle Besucher Give-Aways nehmen wollen. Man müsste theoretisch jedem Besucher ein Give-Away geben. Das wäre dann auch kostspielig.

9.6.1.5 Gewinnspiel

Vorteile

Ein Gewinnspiel bietet einen zusätzlichen Anreiz für Interessenten, Ihre Daten beim Unternehmen zu hinterlassen.

Nachteile

Dies gibt nur eine grobe Aussage über das reine Volumen der Besucher des Messestands an, da nicht alle Besucher an Gewinnspielen teilnehmen wollen.

9.6.2 Digitale Möglichkeiten

9.6.2.1 Landingpages

Zumindest eine aufwendige Variante ist es, für jede oder zumindest größere Veranstaltungen oder für jede Kooperations-Hochschule eine eigene Landingpage zu bauen. Eine Landingpage ist in dem Fall eine individualisierte Webseite als Startseite, die dann wieder zur normalen Karriereseite oder dem Bewerbermanagementsystem führt. Dadurch, dass jede Landingpage eine eigene URL hat, kann man im Nachgang über gängige Webanalyse-Tools genau messen, wie viele Besucher auf dieser Seite waren und später eine Bewerbung gestartet haben.

Vorteile

Genaues und automatisiertes Tracking. Im besten Fall – je nach technischen Möglichkeiten können Sie sogar sehen, wie viele Bewerber zu Interviews eingeladen wurden, Vertragsangebote bekommen haben und eingestellt wurden.

Nachteile

Ein hoher Aufwand für die Erstellung der Landingpages, welche zumindest ein rudimentäres technisches Verständnis erfordert. Alternativ kann dies auch ein Dienstleister komplett übernehmen, aber dann wären dies ein Kostenfaktor. Daneben muss dafür gesorgt werden, dass die Landingpage bei den Teilnehmern bekannt ist.

9.6.2.2 Newsletter-Anmeldung

Sofern man ein Notebook oder ein Tablet mit bei einer Veranstaltung hat, kann man die Teilnehmer auch motivieren, sich live für den eigenen Karriere-Newsletter zu registrieren. Diese Anzahl kann gemessen und gegebenenfalls auch die E-Mail-Adressen abgeglichen werden mit späteren Bewerbungen.

Vorteile

Wenn man bereits einen Karriere-Newsletter hat, dann ist der zusätzliche Aufwand sehr überschaubar. Man bekommt ein automatisiertes Tracking mit wenig manuellem Aufwand.

Nachteile

Man muss einen Karriere-Newsletter haben. Sie werden es nicht schaffen, alle Teilnehmer dazu zu motivieren, sich bei einem Newsletter anzumelden. Gleichzeitig kann man sich nicht zweimal anmelden – was also Personen ausschließen würde, die sich bereits in der Vergangenheit für den Karriere-Newsletter angemeldet hatten.

9.6.2.3 Live-Registrierung

Ähnlich wie beim Newsletter kann man auch andere Möglichkeiten nutzen, damit sich Teilnehmer einer Veranstaltung registrieren. Beispielsweise Job-Alerts oder auch die Möglichkeit, sich direkt im Bewerbermanagement zu registrieren.

Vorteile

Auch hier hat man automatisiert einen guten Überblick über die Teilnehmer und gegebenenfalls die Anzahl der dadurch resultierenden Bewerbungen.

Nachteile

Im Gegensatz zur Newsletter-Anmeldung ist der Mehrwert für die Teilnehmer nicht besonders hoch und dadurch sinkt die Wahrscheinlichkeit, dass sie sich registrieren.

9.6.2.4 Automatisierter Abgleich

Insbesondere bei geschlossenen Veranstaltungen, wie eigenen Workshops oder Recruiting-Events, bei denen man sich vorher anmelden muss, können Sie über E-Mail-Adresse und Namen relativ schnell abgleichen, wer sich später beworben hat. Dies kann man selbstverständlich manuell durchführen. Wenn man dies jedoch anonymisiert und damit datenschutzkonform machen möchte, sollte dies automatisiert durchgeführt werden.

Vorteile

Ein automatisierter Prozess, der jeden Teilnehmer abgleicht, der an dem ausgewählten Event teilgenommen hat.

Nachteile

Falls eine Person mit mehreren E-Mailadressen arbeitet, kann diese Person nicht eindeutig zugeordnet werden. Es kann weiterhin nicht hundertprozentig erkannt werden, ob ein späterer Bewerber wirklich auf die Veranstaltung zurückzuführen ist, sondern nur mit sehr großer Wahrscheinlichkeit. Es besteht die theoretische Möglichkeit, dass ein Bewerber auch auf einer Karrieremesse war, wo man selbst auch vertreten war – aber dort überhaupt nicht mit diesem Arbeitgeber in Kontakt kam, sondern sich später auf andere Wege beworben hat.

Zusammenfassung

Hochschulmarketing sollte in einem Recruiting-Mix für Praktikanten und Studenten bzw. Absolventen immer einen wichtigen Teil darstellen. Nicht erst durch die Veränderungen durch Covid-19 hat sich jedoch offenbart, dass es in diesem Bereich ein großes Defizit gibt in puncto Digitalisierung. Dies fängt an bei der Wahl von Events, wie digitalen Hiring Events, bis hin zu digitalen Methoden zur Erfolgsmessung des Hochschulmarketings.

Es ist kein Hexenwerk, ein erfolgreiches Hochschulmarketing zu etablieren und muss auch kein Vermögen kosten. Jedoch kann dabei auch sehr viel falsch gemacht werden, weswegen die hier genannten Hinweise und Anregungen sicherlich ein Anfang sein können, um neu über das eigene Hochschulmarketing nachzudenken.

Hochschulmarketing ist ein Handwerk – man muss hart arbeiten, um langfristige Erfolge zu sehen. Wenn man aber die Grundlagen beherrscht und einen langen Atem zeigt, dann kann man einen sehr erfolgreichen Recruiting Kanal aufbauen. ◀

Literatur

1. Jost, C. (2018). Recruiting-Events: Win-Win-Situation für junge Talente und Arbeitgeber, in Crosswater Job Guide. https://crosswater-job-guide.com/archives/67760/recruiting-events-win-win-situation-fuer-junge-talente-und-arbeitgeber/. Zugegriffen: 22. Sept. 2020.
2. Olesch, G. (2016). Was ein exzellentes HR-Management auszeichnet. In *Der Weg zum attraktiven Arbeitgeber* (2. Aufl.). München: Haufe Gruppe Freiburg.
3. Saatkorn Blog. (2018). Alles über die ACCENTURE AUDITIONS (Interview von Hesse, G. mit Kamali, S.). https://www.saatkorn.com/alles-ueber-die-accenture-auditions/. Zugegriffen: 27. Sept. 2020.
4. Scherhag, M. (2019). Candidate centricity. In T. Verhoeven (Hrsg.), *Digitalisierung im Recruiting*. Wiesbaden: Springer-Gabler.
5. Statista. (2020a). Statistisches Bundesamt, Anzahl der Hochschulen in Deutschland in den Wintersemestern 2015/2016 bis 2019/2020 nach Hochschulart. https://de.statista.com/statistik/daten/studie/247238/umfrage/hochschulen-in-deutschland-nach-hochschulart/. Zugegriffen: 3. Aug. 2020.
6. Statista. (2020b). Statistisches Bundesamt, Anzahl der Kurzarbeiter in Deutschland von 1991 bis 2019 (Jahresdurchschnittswerte) und in den Monaten von Mai bis August 2020. https://de.statista.com/statistik/daten/studie/2603/umfrage/entwicklung-des-bestands-an-kurzarbeitern/. Zugegriffen: 10. Sept. 2020.
7. Statista. (2020c). Bestand an gemeldeten offenen Arbeitsstellen* in Deutschland im Jahresdurchschnitt von 2010 bis 2020. https://de.statista.com/statistik/daten/studie/2903/umfrage/jahresdurchschnittswerte-des-bestands-an-offenen-arbeitsstellen/#professional. Zugegriffen: 8. Sept. 2020.
8. Ullah, R., & Witt, M. (2015). *Praxishandbuch Recruiting*. Stuttgart: Schäffer-Poeschel Verlag.
9. Verhoeven, T. (2016). *Candidate Experience – Ansätze für eine positiv erlebte Arbeitgebermarke im Bewerbungsprozess und darüber hinaus*. Wiesbaden: Springer-Gabler.
10. Verhoeven, T. (2019). Digitale candidate experience. In T. Verhoeven (Hrsg.), *Digitalisierung im Recruiting*. Wiesbaden: Springer-Gabler.
11. Verhoeven, T., & Goldmann, P. (2019). Digitalisierung im Recruiting: Der Status Quo. In T. Verhoeven (Hrsg.), *Digitalisierung im Recruiting*. Wiesbaden: Springer-Gabler.
12. Wollmilchsau. (2019). Online Recruiting Studie 2019. https://wollmilchsau.de/wp-content/uploads/2019/11/Wollmilchsau-Online-Recruiting-Studie-2019.pdf. Zugegriffen: 1. Juli 2020.

Tim Verhoeven ist zu digitalen Trendthemen wie Big Data, Recruiting Analytics, Robotics und Candidate Experience gefragter Experte, Fachbuchautor und Blogger. Er arbeitet als Recruitment Evangelist bei Indeed, leitete in seiner letzten Position das Recruiting einer internationalen Unternehmensberatung und war vorher bei anderen namhaften Unternehmen im Recruiting tätig. 2018 gewann er den HR-Excellence Award in der Kategorie Tech & Data.

Online-Assessment

10

Von Orientierung und Matching bis zu Auswahltests

Joachim Diercks

Inhaltsverzeichnis

10.1 Deutlich gestiegene Bedeutung des Themas Online-Assessment . . . 134
10.1.1 Gründe für den aktuellen Boom beim Online-Assessment . . . 135
10.2 Der wichtige Zusammenhang von Selbst- und Fremdselektion – und was das mit Online-Assessment zu tun hat . . . 136
10.3 Self-Assessment: Online-Assessment zur Verbesserung der Selbstauswahl in Form von Selbsttests und Matching-Tools . . . 138
10.3.1 (Unternehmens-)Kulturelle Passung oder auch „Cultural Fit“ . . . 138
10.3.2 Berufliche Orientierung . . . 139
10.3.3 Berufsorientierungsspiele („Recruiting Games“) . . . 141
10.4 Online-Assessment: Webbasierte Auswahltests als Instrument der Bewerbervorauswahl . . . 141
10.4.1 Was wird im Rahmen von Online-Tests gemessen? . . . 143
10.4.2 Nutzen von Online-Assessments – auf Unternehmens- und auf Kandidatenseite . . . 144
10.4.3 Online-Assessment im Recrutainment-Format . . . 146
10.5 Von Online-Assessment zu Recruiting Analytics, Data Driven Recruiting und People Analytics . . . 150
Literatur . . . 152

J. Diercks (✉)
CYQUEST GmbH, Hamburg, Deutschland
E-Mail: j.diercks@cyquest.net

M. Rütten und K. Bierer (Hrsg.), *Future Talents*,
https://doi.org/10.1007/978-3-658-33023-1_10

10.1 Deutlich gestiegene Bedeutung des Themas Online-Assessment

Online-Assessment hat sich über die letzten knapp zwanzig Jahre zu einem etablierten Bestandteil der Personalarbeit entwickelt, vor allem im Bereich der Personalgewinnung (Employer Branding, Personalmarketing und Recruiting), aber auch in der Organisations- und Personalentwicklung. Erstmals um die Jahrtausendwende, zu Zeiten der sog. „New Economy", wurde der Versuch unternommen, Eignungsdiagnostik ins Web zu verlagern. Anwendungen wie „Das Erfolg-Reich-Spiel" (später: „Karrierejagd durchs Netz") [9], oder „Challenge Unlimited" von Siemens kombinierten dabei spielerische Elemente mit verschiedenen Testverfahren und wurden unter dem Schlagwort „Recrutainment" nicht nur in der Presse intensiv diskutiert, sondern erreichten durchaus substantielle Teilnehmerzahlen. So nahmen etwa an mehreren Runden der „Karrierejagd" insgesamt weit über 100.000 Nutzer teil. Gleichwohl hatten diese frühen Formen des Online-Assessments noch etwas sehr Exotisches und es wurden zahlreiche Bedenken vorgetragen. Dies geschah insbesondere im Hinblick auf den spielerischen Kontext dieser Anwendungen und in Bezug auf die vermeintliche Manipulierbarkeit der Testergebnisse durch die unkontrollierte Durchführung der Tests über das Internet („Remote Assessment"). Große Leuchtturmprojekte wie etwa das Online-Assessment „unique.st", mit dessen Hilfe Unilever im Jahr 2003 begann, Führungsnachwuchskräfte und Trainees zu rekrutieren [12] oder auch der webbasierte Auswahltest für das Projekt „5000 × 5000", bei dem der VW-Konzern im Jahr 2003 5000 vor allem Langzeitarbeitslose einstellte, verhalfen dem Thema Online-Assessment dann zum Durchbruch.

Heute setzen zahlreiche Unternehmen Online-Assessments wie selbstverständlich ein. Dabei handelt es sich auch nicht mehr nur um Großkonzerne, sondern in zunehmendem Maße auch um mittelständische Unternehmen und – sehr einfachen und standardisierten Lösungen sei Dank – auch kleine Unternehmen, die teilweise nur einige wenige Bewerbungen bekommen. Und wie eingangs bereits angedeutet: Online-Assessments werden nicht nur im Recruiting eingesetzt, vielmehr findet sich inzwischen eine breite Variation an Einsatzformen auch in der Berufsorientierung, im Arbeitgebermarketing und Employer Branding sowie in der Unternehmens- und Personalentwicklung. Es überrascht daher wenig, dass das „Deutsche Assessment Barometer 2016" mit 36 % einen im Vergleich zu 2010 doppelt so hohen Verbreitungsgrad sog. „Online-Assessments" dokumentierte. Neben Kosteneinsparungen und Geschwindigkeitsgewinnen versprechen sich Unternehmen davon vor allem höhere Zuverlässigkeit, reduziertes Risiko und bessere Begründbarkeit ihrer Personalentscheidungen [4]. Das Diskussionspapier „Wie Future Skills die Personalarbeit verändern", das der Stifterverband gemeinsam mit McKinsey Ende 2018 herausgegeben hat, geht von einem Anstieg des Einsatzes von digitalen Auswahltests und Spielen bis 2023 von 82 % aus [20]. Diese Entwicklung lässt sich auf verschiedene aktuelle Entwicklungen zurückführen.

10.1.1 Gründe für den aktuellen Boom beim Online-Assessment

Die Gründe für den speziell in den letzten Jahren deutlichen Bedeutungszuwachs von Online-Assessments sind vielschichtig. Im Wesentlichen lassen sich hier vier Ursachen ausmachen:

- **Deutlich gestiegenes Wissen um wirtschaftspsychologische Zusammenhänge im Human Resources Management allgemein.** Es ist deutlich zu bemerken, dass in den letzten Jahren erheblich mehr Personen im Personalwesen tätig sind, die eine wirtschaftspsychologische Vorbildung mitbringen. Während früher „der typische Personaler" in aller Regel von Hause aus Wirtschaftswissenschaftler war (z. B. BWLer mit Schwerpunkt Personal) trifft man heute erheblich häufiger Absolventen und Absolventinnen wirtschaftspsychologischer Studiengänge an. Das ist auch wenig verwunderlich, bieten doch seit einigen Jahren auch und vor allem Fachhochschulen sowie private Hochschulen entsprechende Studiengänge an und sorgen so für erheblich größere entsprechende Absolventenzahlen. Ein insgesamt größeres Wissen etwa um Hintergründe der Testkonstruktion, wichtige Anforderungen wie Gütekriterien oder Zusammenhänge der Selektionsdiagnostik auf HR-Seite, sorgt wiederum dafür, dass entsprechende Lösungen auch verstärkt nachgefragt werden.
- **Sinkende Bedeutung vergangenheitsorientierter Bewerbermerkmale.** Da in vielen Berufsbildern heute nicht mehr verlässlich prognostiziert werden kann, welche Tätigkeiten diese morgen umfassen werden und infolgedessen, welche erlernten Fähigkeiten Mitarbeiter dafür mitbringen müssen, sinkt auch die Bedeutung der vergangenheitsorientierten Bewerbermerkmale, also fachlicher Skills und biografischer Entwicklungsschritte.
- **Gleichzeitig (deutlich) gestiegene und weiter steigende Bedeutung zukunftsgerichteter Bewerbermerkmale.** Hier stechen zwei Dinge besonders hervor: Einerseits das Bewerberpotenzial, also die „Fähigkeit, Dinge können zu können" bzw. die Fähigkeit eines Mitarbeiters, zukünftige Probleme lösen zu können, die heute noch nicht bekannt sind. Andererseits die „Passung" des Mitarbeiters zum Unternehmen, womit vor allem eine gewisse Übereinstimmung in weichen Werten wie Persönlichkeit und unternehmenskulturellen Vorstellungen zwischen Mitarbeiter und Unternehmen bzw. Unternehmensanforderungen gemeint ist. Speziell zur Ausleuchtung von Potenzial-, Persönlichkeits- und Kulturmerkmalen kann die Eignungsdiagnostik viele hilfreiche Antworten liefern.
- **Digitalisierung.** Zahlreiche Unternehmen betreiben gegenwärtig einen enormen Aufwand, ihre Prozesse und Abläufe zu digitalisieren. Diesem allgemeinen Trend können sich natürlich auch das Personalwesen im Allgemeinen und die Personalgewinnung im Speziellen nicht entziehen. Konkret auf Prozesse der Personalgewinnung bezogen bedeutet dies oft, dass Unternehmen versuchen, Schritt für Schritt durchgehend digitale Prozesse zu etablieren – von der Schaltung von Stellenanzeigen („Multiposting"), der Bereitstellung digitaler Orientierungsinstrumente, der

Online-Bewerbung und der Durchführung von Online-Tests bis hin zu webbasierten Videointerviews und digitaler Terminvereinbarung für abschließende Mensch-Mensch-Auswahlschritte wie Assessment Center und Face-to-Face-Interviews. Es ist unschwer erkennbar, dass speziell Online-Assessments eine wichtige Grundlage für datengetriebenes Recruiting darstellen können, weil sie strukturierte Daten zur Unterscheidung guter (oder passender) und nicht guter (bzw. nicht passender) Bewerber liefern. Online-Assessments können daher auch einen maßgeblichen Schritt in Richtung „Robo-Recruiting", also der algorithmischen bzw. perspektivisch KI-unterstützten Personalauswahl darstellen. Digitalisierung ist aber kein rein unternehmensspezifisches Thema. Selbstverständlich wollen und werden auch Jobinteressierte und Bewerber in zunehmendem Maße technische Hilfsmittel einsetzen, um den passenden Beruf, die passende Stelle und/oder den passenden Arbeitgeber zu finden. Ähnlich wie man sich bei der Suche nach der passenden Reise, dem passenden Auto, der besten Reiseroute oder sogar der Arzt- oder Lebenspartnerwahl von digitalen Hilfsmitteln unterstützen oder sogar gänzlich leiten lässt, gilt auch für die Berufs- und Arbeitgeberwahl immer häufiger: „Gibt es da nicht eine App für?" Online-Assessments, speziell im Sinne von Self-Assessments und Matching-Tools, können solche „Apps" sein.

Es ist wichtig zu verstehen, dass der Wunsch, zum richtigen Zeitpunkt mit der richtigen Tätigkeit zusammenzukommen für beide Seiten – Arbeitgeber und Bewerber – gilt.

10.2 Der wichtige Zusammenhang von Selbst- und Fremdselektion – und was das mit Online-Assessment zu tun hat

Personalauswahl hat sich in den letzten Jahren deutlich gewandelt. Früher waren, ein wenig überzeichnet gesagt, Unternehmen in der Position, sich aus einer hinreichend großen Bewerberzahl diejenigen aussuchen zu können, die am besten zu der ausgeschriebenen Stelle passten. Sie haben ihren Personalbedarf angezeigt (etwa mittels Stellenanzeige), Kandidaten haben sich daraufhin beim Unternehmen beworben und die Unternehmen haben unter den Kandidaten eine Auswahl getroffen. Sowohl Quantität als auch Qualität der eingehenden Bewerbungen reichten aus, um aus Unternehmenssicht zu einem zufriedenstellenden Ergebnis zu kommen. Diese Auswahlstrategie wird heute etwas salopp mit „Post and Pray" (Stelle ausschreiben und beten, dass sich schon die Richtigen bewerben werden) bezeichnet. Diese reaktive Haltung reicht in den heutigen Arbeitsmärkten meist nicht mehr aus, weil sich oft in den eingehenden Bewerbungen nicht mehr genügend passende Kandidaten finden.

Auswahl fängt früher an als mit dem Eingang der Bewerbung. Sie ist ein wechselseitiger Prozess, bei dem als erstes der potenzielle Kandidat eine Auswahlentscheidung trifft, nämlich ob er sich bewerben möchte und bei welchem Unternehmen. Erst nachgelagert kann die Auswahlentscheidung des Unternehmens folgen. Selektion ist somit deutlich mehr als die Auswahlinstrumente der Unternehmen (also etwa Auswahltests, Interviews oder Assessment Center). Denn Kandidaten, die sich schon vor der Bewerbung gegen ein Unternehmen entscheiden, können naturgemäß gar nicht mehr von diesem ausgewählt werden.

Ein gutes und vor allem langfristiges Verhältnis zwischen Arbeitnehmer und Arbeitgeber kann nur zustande kommen, wenn auf beiden Seiten die richtige Auswahl getroffen wird, d. h., wenn die Selbstauswahl (die Auswahl des potentiellen Arbeitnehmers) und die Fremdauswahl (die Auswahl des potentiellen Arbeitgebers) gut gelingen. Die Qualität der getroffenen Auswahlentscheidung hängt insgesamt davon ab, dass sich die „richtigen" Kandidaten in möglichst hoher Anzahl beim Unternehmen bewerben und dass das Unternehmen gute Auswahlinstrumente einsetzt, um diese dann auch treffsicher zu identifizieren. Und auch wenn es bei einem Praktikum per Definition in aller Regel noch nicht um die Begründung einer langfristigen Beziehung geht, sondern vielmehr das „Ausprobieren" auf beiden Seiten im Vordergrund steht, ist es doch auch hier für alle Beteiligten besser, wenn das Zueinanderfinden klappt. Auch ein praktikumstypischer Zeitraum von drei oder sechs Monaten kann für beide Seiten zu einem frustrierenden und in vielerlei Hinsicht „teuren" Erlebnis werden, wenn man nicht zusammenpasst.

Die Tragweite der Selbstauswahl verdeutlicht folgendes Gedankenspiel: Wenn ein Unternehmen es schafft, dass sich nur „passende" Kandidaten bewerben, braucht dieses Unternehmen im eigentlichen Sinne keinen Auswahlprozess mehr, da sogar bei einer Zufallsauswahl immer ein passender Kandidat ausgewählt wird. Leider gilt dies auch im umgekehrten Fall: Wenn keiner der Kandidaten zu dem Unternehmen passt, kann auch kein noch so valides und reliables Recruitinginstrument einen passenden Kandidaten auswählen. Dies bedeutet, dass das Recruiting leichter gelingt, wenn das Employer Branding und das Personalmarketing ihre Aufgaben gut erledigen – Selbst- und Fremdauswahl sind eng miteinander verknüpft. Dieser selektionsdiagnostische Zusammenhang zwischen Selbst- und Fremdauswahl ist wissenschaftlich dokumentiert und statistisch darstellbar [21]. Ein anschauliches Zahlenbeispiel für die Wirkung der verschiedenen Hebel auf die Auswahlqualität findet sich bei Diercks & Kupka [7].

Vor diesem Hintergrund verwundert es auch nicht, dass Online-Assessments inzwischen sowohl im Bereich der Selbstselektion (durch Selbsttests und Matching-Tools) als auch bei der Fremdselektion (in Form von Online-Auswahltests bzw. Online-Assessments im engeren Sinne) eine wichtige Rolle spielen. Ott, Ulfert und Kersting [16] schlagen daher auch durchaus berechtigt vor, den Begriff „Online-Assessment" als Oberbegriff zu nutzen, und definieren „Self-Assessments" als Unterkategorie dieses Oberbegriffs.

10.3 Self-Assessment: Online-Assessment zur Verbesserung der Selbstauswahl in Form von Selbsttests und Matching-Tools

Wir wenden uns daher zunächst einmal der Bewerberseite zu und schauen, welche Formen von Online-Assessment eingesetzt werden, um die Selbstselektion zu verbessern. Hier begegnen einem vor allem Selbsttests und Matching-Tools. Dieser Art Self-Assessments ist gemeinsam, dass sie im Prinzip wie „Tests" funktionieren, nur mit dem besonderen Merkmal, dass das „Testergebnis" nur der Nutzer sieht, nicht das Unternehmen. Dann wiederum kommt es auch darauf an, was der Selbsttest bzw. das Matching-Tool inhaltlich abbilden und welche Zielgruppe damit adressiert werden soll. Hier gibt es verschiedene Richtungen, die sich ganz grob wie folgt clustern lassen:

10.3.1 (Unternehmens-)Kulturelle Passung oder auch „Cultural Fit"

„Passe ich zum Unternehmen, zu den Werten, der Unternehmenskultur (oder den -kulturen)?" Diese Frage lässt sich beispielsweise durch Messverfahren wie den von CYQUEST entwickelten „Kulturmatcher" oder das von metaHR vertriebene Instrumente „CF Evalueator" beantworten. Der Kulturmatcher beispielsweise ist ein wissenschaftlich entwickeltes und validiertes Messverfahren, mit dessen Hilfe ein Nutzer (z. B. ein Besucher einer Karriereplattform wie „MeinPraktikum.de") erstens seine persönliche Wunschkultur quantifizieren und zweitens diese dann mit der Unternehmenskultur verschiedener auf der Plattform vertretener Unternehmen abgleichen kann [2]. Die Feststellung der im Unternehmen vorhandenen Kultur oder Kulturen kann wiederum ebenfalls mithilfe des Kulturmatchers – in diesem Fall im Unternehmen durch Mitarbeiter der Firma – gemessen werden (s. Abb. 10.1). Der Kulturmatcher beschreibt

Abb. 10.1 Kulturmatcher

Unternehmenskultur hierbei anhand individueller Ausprägungen auf insgesamt neun bipolaren Kulturdimensionen (etwa Autonomie vs. Hierarchie, Ich-Orientierung vs. Wir-Orientierung oder Professionelle Distanz vs. Familiäres Arbeitsumfeld).

Unternehmen, wie z. B. die Deutsche Telekom, OTTO oder die Lechwerke AG, bieten Interessenten die Ermittlung des Cultural Fit über den Kulturmatcher als Bestandteil ihrer jeweiligen Karriere-Websites als Orientierungshilfe an. Hierbei wird das individuelle Messergebnis des Nutzers dann jeweils nur mit der bzw. individuellen Unternehmenskultur(en) des Unternehmens verglichen.

Man kann sich der Frage nach der kulturellen Passung aber auch durch unternehmensindividuelle „Cultural Fit“ Tools nähern, also nicht über ein Standard-Messverfahren wie den "Kulturmatcher". Beispiele dafür wären etwa der METRO „Principles Matcher“, bei dem man über Situationsbeurteilungen herausfinden kann, ob und wie stark man die Guiding Principles des Unternehmens teilt.

10.3.2 Berufliche Orientierung

Speziell bei Schülern, zuweilen aber auch bei senioreren Zielgruppen wie Studierenden, Absolventen und Young Professionals geht es oft um die Frage der beruflichen Orientierung: „Studieren oder doch eine Ausbildung? Welcher Ausbildungsberuf passt zu mir? Passt das Traineeprogramm zu mir? Sollte ich ein Traineeprogramm absolvieren oder direkt einsteigen?“ Insbesondere bei Praktikantenprogrammen stehen die Orientierungsfunktion und das gegenseitige Ausloten der Passung für beide Seiten im Fokus. Es ist daher naheliegend, dass zur Beantwortung dieser Fragen häufig Selbsttests und Matching-Tools eingesetzt werden.

Ein paar Beispiele

Einstieg, der Veranstalter von Messen, die sich an Schüler richten und dort über Ausbildungs- und Studienmöglichkeiten und Praktikantenprogramme informieren, bietet auf seiner Website einen auf dem sog. „Holland-Modell“ beruhenden Berufs- bzw. Studieninteressentest an. Mit dessen Hilfe können Nutzer herausfinden, welche (beruflichen) Interessen bei ihnen wie stark ausgeprägt sind und welche Ausbildungsberufe, Studiengänge und Praktika diese Interessen auch bedienen. Zudem kann man mit diesem Ergebnis überprüfen, welche Aussteller auf der Einstieg-Messe diese Berufe ausbilden bzw. diese Studiengänge anbieten. Diese können somit sehr zielgerichtet auf der Messe angesteuert werden.

Die speziell an Studierende und Hochschulabsolventen gerichtete Seite ZEIT Campus bietet im Rahmen des Angebots „BOA“ (Berufsorientierung für Absolventen) einen berufsbezogenen Persönlichkeitstest, der zum einen Nutzern ein individuelles Persönlichkeitsprofil rückmeldet, zweitens zudem dazu dient, diesen Nutzern gezielt Stellen anzuzeigen, zu denen die individuelle Persönlichkeit gut passt.

In diesen beiden Fällen werden wirkliche Tests im eignungsdiagnostischen Sinne eingesetzt, d. h. es liegen entsprechende Gütekriterien, Kennwerte und Normen vor.

Demgegenüber hängen bei Matching-Tools die methodischen Anforderungen in aller Regel nicht so hoch. Hier geht es zumeist weniger um wirklich exakte Messungen, sondern darum, eine heuristische Entscheidungshilfe zu liefern. Damit das Ergebnis eines Matching-Tools allerdings hilfreich ist und den Nutzer nicht schlimmstenfalls sogar in eine falsche Richtung schickt, ist auch hier eine sorgfältige, vor allem dicht an den jeweiligen Anforderungen ausgerichtete Konstruktion wichtig.

Es gibt inzwischen etliche Beispiele für solche Matching-Applikationen: So können beispielsweise bei den Berliner Verkehrsbetrieben (BVG) Schüler über den „Ausbildungsmatcher" herausfinden, wie gut sie zu den insg. elf angebotenen Ausbildungsberufen passen, die das Unternehmen anbietet (Abb. 10.2). Insgesamt muss der Interessent dafür nur 25 sehr kurze Items bewerten (Daumen rauf oder runter). Diese Einschätzungen werden durch einen Algorithmus ausgewertet und zu einem Passungsscore zu den Ausbildungsberufen verdichtet. Das dauert insg. nur wenige Minuten, mutet sehr spielerisch an und ist auf allen Endgerätetypen (vor allem dem Smartphone) nutzbar. Das Matching-Tool wird auf Karrieremessen, Inhouse-Veranstaltungen, der Karriere-Website sowie über verschiedene Social-Media-Kanäle eingesetzt und erreicht pro Monat rund 300 Ausbildungsinteressierte. Bei rund 150 jährlich zu besetzenden Stellen liegt die Vermutung nahe, dass ein Großteil derjenigen, die sich

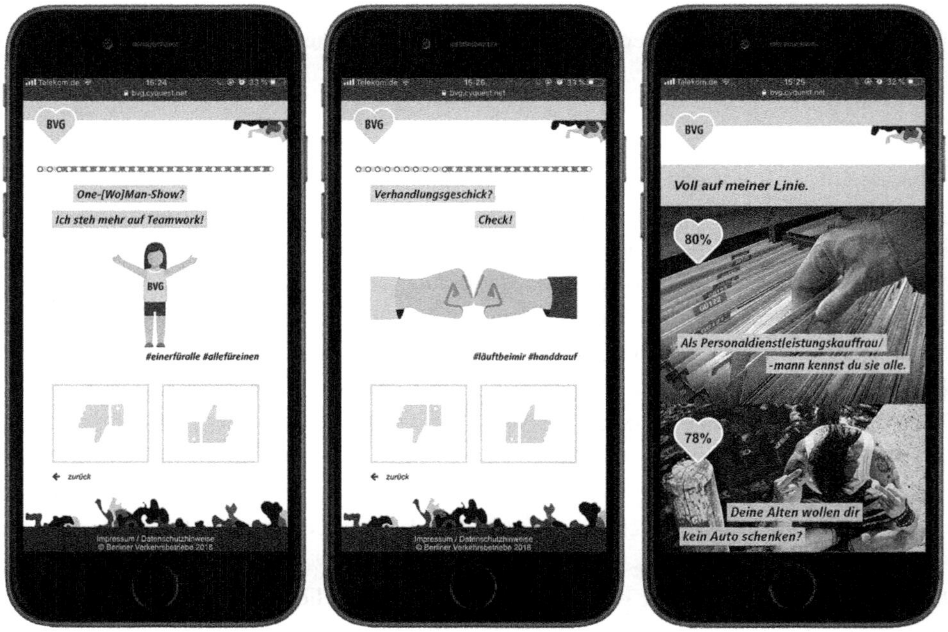

Abb. 10.2 BVG-Ausbildungsmatcher

später bei der BVG bewerben, vorher vom Ausbildungsmatcher Gebrauch gemacht haben.

Ähnliche Applikationen, die sich ebenfalls an Schüler richten, bieten z. B. auch der Bundesarbeitgeberverband der Chemischen Industrie, die Allianz oder die Postbank an. Bei Bertelsmann, PwC oder EDEKA findet man methodisch vergleichbare Matching-Tools, die sich an Studierende, Absolventen und Young Professionals richten und Orientierung über Praktika, Direkteinstiegsmöglichkeiten und Traineeprogramme bieten.

10.3.3 Berufsorientierungsspiele („Recruiting Games")

Eine weitere im doppelten Wortsinn Spielart von Self-Assessments sind sog. Berufsorientierungsspiele. Hierbei handelt es sich nicht um Spiele, bei denen vermeintlich aus im Spiel gezeigtem Verhalten auf Eigenschaften oder Merkmale des Nutzers geschlossen wird, sondern es geht vielmehr darum, berufs- und unternehmenstypische Inhalte ausprobieren zu können. Es sollen Einblicke gegeben werden im Sinne eines „Realistic Job Preview", um so Fragen zu beantworten wie „Ist das was für mich? Kann ich das? Will ich dahin? Sehe ich mich in der Rolle?" usw. Man kann diese Art der beruflichen Orientierung daher auch als „Kurz- oder virtuelles Praktikum" bezeichnen. Wer dabei feststellt, dass die so erlebten Inhalte nichts für ihn sind, der wird sich nicht bewerben. Wer jedoch merkt, dass die gezeigten und ausprobierten Tätigkeiten interessant sind und man diese auch vermutlich ganz gut kann, der wird sich mit höherer Wahrscheinlichkeit bewerben. Beides wirkt sich positiv auf den Anteil passender Bewerber aus (sog. „Grundquote") und verbessert die Qualität des Recruitings. Während Selbsttests und Matching-Tools im Prinzip schon ein Ergebnis liefern, geht es bei Recruiting Games vor allem um die Vermittlung eines Erlebnisses und die Anregung der Selbstreflektion.

Auch für solche „Recruiting Games" finden sich zahlreiche Beispiele: Bei der apoBank oder Commerzbank etwa kann man spielerisch das Berufsbild Bankkaufmann/-frau ausprobieren oder bei Peek & Cloppenburg den Kaufmann/die Kauffrau im Einzelhandel. Deloitte nennt die eigenen Berufsorientierungsspiele für Steuerfachangestellte und Wirtschaftsprüfer konsequenterweise gleich „Online-Praktika".

10.4 Online-Assessment: Webbasierte Auswahltests als Instrument der Bewerbervorauswahl

Nachdem wir nun zunächst die Bewerberseite und den Einsatz von Online-Assessments zur Verbesserung der Selbstselektion beleuchtet haben, wenden wir uns nun der Unternehmensseite zu. Häufig ist es auch diese Einsatzform, an die zunächst gedacht wird, wenn von Online-Assessment die Rede ist: Auswahltests, die über das Internet durchgeführt werden und als Teil des Auswahlprozesses der Unternehmen der Bewerberselektion dienen. Man könnte also von „Online-Assessments im engeren Sinne“ sprechen. Konradt & Sarges (2003) [10] definieren Online-Assessments als internetgestützte Instrumente zur Beurteilung und Vorhersage beruflich relevanter Variablen zur Abschätzung der Eignung.

Im Unterschied zu Self-Assessments sind solche Online-Tests in aller Regel nicht frei zugänglich, sondern Bewerber werden hierzu vom Unternehmen, bei dem sie sich beworben haben, eingeladen. Außerdem erhalten die Testteilnehmer hier zumeist im Gegensatz zu Self-Assessments und Matching-Tools keine oder nur sehr eingeschränkte Rückmeldung über das Testergebnis. Das Testergebnis dient in erster Linie dem Unternehmen zur Begründung oder zumindest Untermauerung seiner Auswahlentscheidung. Es handelt sich also um Instrumente der Fremdselektion.

Online-Assessments im Sinne von Online-Auswahltests sind in aller Regel Zusammenstellungen verschiedener Testmodule. Diese Zusammenstellung leitet sich dabei aus einer Anforderungsanalyse ab, bei der genau geprüft wird, welche Bewerberzielgruppen mithilfe des Instruments beurteilt werden sollen und welche Bewerbermerkmale und Merkmalsausprägungen bei diesen wichtig sind. Dabei kann es durchaus vorkommen, dass die jeweilige Testzusammenstellung sich von Bewerberzielgruppe zu Bewerberzielgruppe unterscheidet. Genauso kann es vorkommen, dass zwar möglicherweise mehrere Bewerberzielgruppen gleiche Testinhalte bearbeiten müssen, dabei aber jeweils andere Bewertungsmaßstäbe und Vergleichsnormen gelten.

Typische Online-Assessments sind zwischen 45 und 75 min lang und können über das Internet von jedem beliebigen Ort innerhalb eines vom Unternehmen festgelegten Zeitfensters (meist zwischen einer und vier Wochen) bearbeitet werden. Da es sich mittlerweile im Allgemeinen um Applikationen handelt, die in HTML5 realisiert sind, können diese im Prinzip von jedem internetfähigen Endgerät mit Browser bearbeitet werden. Aus eignungsdiagnostischen Gründen wird dabei aber in der Regel – zumindest für sog. „Leistungstests“ – von einer Bearbeitung am Smartphone abgeraten [3]. Zum einen eignet sich die Testsituation nicht für einen mobilen Nutzungskontext (externe Störeinflüsse, ggf. instabile Internetverbindung), zum anderen hat die kleinere Darstellgröße von Smartphonedisplays einen moderierenden Effekt, d. h. die Bearbeitung ist allein hierdurch für die meisten Nutzer schwieriger, als wenn ein inhaltlich an sich gleicher Test an einem Desktop- oder Laptop-Rechner oder an einem Tablet bearbeitet wird. Innerhalb des vorgesehenen Zeitfensters kann der Kandidat das Online-Assessment zu jedem beliebigen Zeitpunkt absolvieren. Dabei ist es möglich, dass Online-Assessment zwischendurch zu unterbrechen und zu einem späteren Zeitpunkt fortzusetzen oder zu vollenden. Gerade diese Selbstbestimmtheit in Bezug auf Zeit, Ort und Umfeld sorgt für ein hohes Maß an Akzeptanz von Online-Assessments auf Kandidatenseite.

10.4.1 Was wird im Rahmen von Online-Tests gemessen?

Zunächst einmal ist wichtig festzuhalten, dass Online-Assessments im Sinne von Auswahltests Instrumente der sog. „Negativselektion" sind. Das heißt, die primäre Zielsetzung ist hierbei nicht die Identifikation derjenigen Kandidaten, die eingestellt werden, sondern es geht zunächst darum, diejenigen Kandidaten zu identifizieren, die mit hoher Wahrscheinlichkeit im weiteren Auswahlprozess keine Chance haben. Die „Positivselektion" erfolgt in den nachgelagerten, in aller Regel durch Menschen durchgeführten Auswahlstufen. Auch wenn im Rahmen von Online-Assessments automatisierte Auswertungen durch Algorithmen vorgenommen werden, ist es normalerweise nicht so, dass das Online-Assessment selbst eine Auswahlentscheidung träfe. Ein solches Vorgehen wäre nicht nur aus Datenschutzgründen problematisch („automatisierte Einzelfallentscheidung"), sondern auch aus diagnostischen und ethischen Gründen nicht ratsam. Vielmehr nutzen die meisten Unternehmen die Ergebnisse des Online-Tests als zusätzliche Beurteilungsperspektive. Eine Entscheidung, ob ein Kandidat im Auswahlprozess verbleibt, wird dann ganzheitlich auf Basis aller bis dahin über ihn vorliegenden Informationen – inklusive der Testergebnisse – getroffen.

Der Schwerpunkt der im Rahmen von Online-Tests überprüften Merkmale liegt vornehmlich auf der sog. (berufsbezogenen) kognitiven Leistungsfähigkeit. Diese wiederum lässt sich unterteilen in zahlengebundene, sprachgebundene, figural-bildhafte (und räumliche) Inhaltsfacetten und kapazitäre Dimensionen wie Konzentrationsfähigkeit oder Bearbeitungsgeschwindigkeit (s. Abb. 10.3). Dass der Fokus oft auf der Messung dieser umgangssprachlich als Intelligenz bezeichneten Merkmale liegt, ist sinnvoll, da diese – wie man aus zahlreichen Meta-Analysen weiß [17, 18] – den für sich genommen größten Vorhersagebeitrag für Berufserfolg liefern.

Neben kognitiver Leistungsfähigkeit werden im Rahmen von Online-Assessments häufig auch ausgewählte Wissensaspekte überprüft – Mathematikkenntnisse, (mechanisch-)technisches Verständnis, Rechtschreibung und Grammatik, Englischkenntnisse oder fachspezifisches Wissen etwa aus den Bereichen Biologie, Physik oder Chemie. Dabei wird allerdings darauf geachtet, dass es sich nicht um simple Wissensabfragen handelt, die mithilfe des Internets einfach zu beantworten wären. Die Teilnehmer sitzen beim Online-Assessment ja per Definition vor dem Internet und da tatsächlich vorhandenes Wissen überprüft werden soll und nicht die Fähigkeit zu googeln, sind diese Wissenstests so konstruiert, dass die Frage nicht einfach mithilfe einer Suchmaschine beantwortet werden kann.

Sowohl bei Wissenstests als auch bei kognitiven Messverfahren handelt es sich um Leistungstests. Hierbei spielt die Bearbeitungszeit eine wichtige Rolle, d. h. diese Tests haben ein definiertes Zeitlimit und diese Tests haben auch einen „Besser-Schlechter"-Charakter, d. h. man kann darin unterschiedlich gut abschneiden. Demgegenüber stehen Tests zur Messung anderer Bewerbermerkmale, bei denen es diesen „Besser-Schlechter"-Charakter per se nicht gibt. Dazu zählen etwa berufsbezogene Persönlichkeitstests, Tests

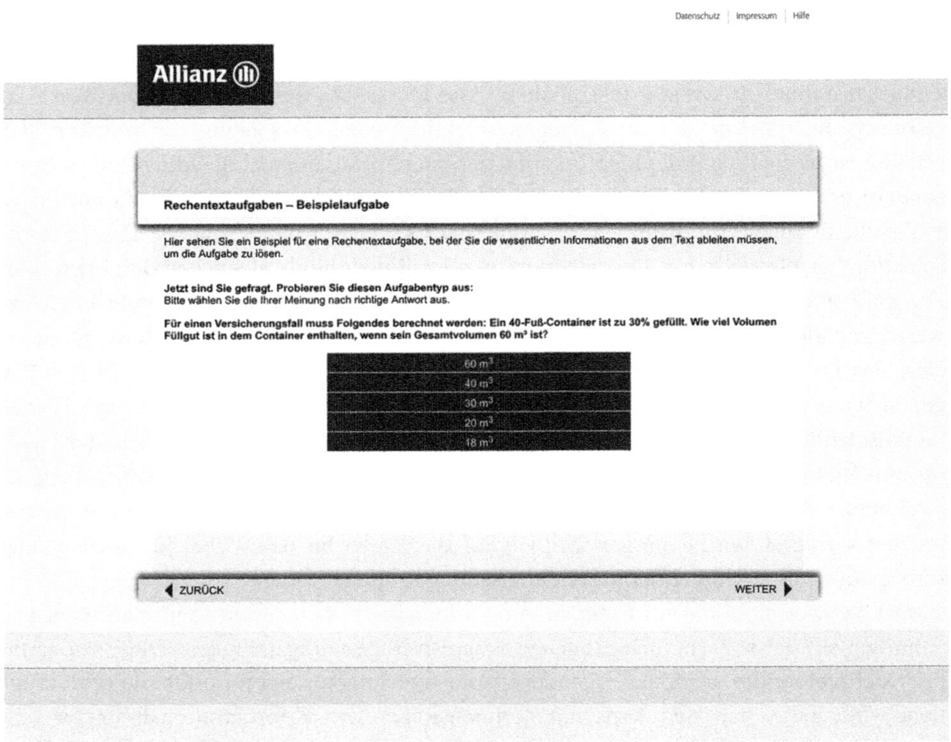

Abb. 10.3 Allianz Online Campus – Testitem

zur Messung von beruflichen Interessen oder Messverfahren zur Überprüfung unternehmenskultureller Passung („Cultural Fit"). Bei diesen Konstrukten kann man nicht besser oder schlechter abschneiden, sondern allenfalls bei dem jeweiligen Unternehmen besser oder schlechter *passen*.

10.4.2 Nutzen von Online-Assessments – auf Unternehmens- und auf Kandidatenseite

10.4.2.1 Verbesserung der Auswahlqualität

Das Hauptargument für den Einsatz von Online-Assessments ist die Verbesserung der Auswahlqualität. Unternehmen können im Rahmen der Personalauswahl im Prinzip zwei Arten von Fehlern begehen: Ungeeignete oder unpassende Kandidaten einstellen („false Positives") und geeignete bzw. passende Bewerber *nicht* einstellen („false Negatives"). Durch den Einsatz von Online-Tests zu einem in aller Regel sehr frühen Zeitpunkt im Auswahlverfahren erlangt das Unternehmen von einem großen Teil der Bewerber eine zusätzliche Beurteilungsperspektive, die deutlich über die anderen im Rahmen einer

Bewerbung übermittelten Informationen (Lebenslauf, Anschreiben, Zeugnisse) hinausgeht. Zudem sind die Befunde aus der Online-Testung über die Bewerber hinweg vergleichbar, weil im Prinzip alle mit „dem gleichen Instrument“ gemessen wurden. Die Schwierigkeit der Vergleichbarkeit etwa von Schulnoten kennen Online-Assessments nicht.

Diese beabsichtigte Verbesserung der Auswahlqualität ist inzwischen empirisch sehr umfangreich belegt. Kupka, Müller & Diercks [13] berichten etwa von einer Evaluationsstudie in einem multinationalen Handelskonzern. Hier wurde vor der Einführung eines Online-Assessments zur Bestimmung der kognitiven Leistungsfähigkeit überprüft, inwieweit dieses ggf. geeignete Berufseinstiegs-Kandidaten eines bestehenden, erfolgreichen Auswahlprozesses fälschlicherweise ablehnen würde. Das Online-Assessment durchliefen insgesamt 220 Personen unter realen Auswahlbedingungen. Für diese Personen wurde gemäß des Anforderungsprofils eine Einstufung gespeichert, ob sie das Online-Assessment bestanden hatten oder nicht. Diese Einschätzung wurde weder den Personalverantwortlichen noch den Kandidaten mitgeteilt und nicht im weiteren Auswahlprozess berücksichtigt. Von den 220 Teilnehmern durchliefen acht Personen den gesamten Auswahlprozess (biographisches Screening, Interview und Assessment Center) erfolgreich und erhielten am Ende Arbeitsverträge. Das Ergebnis war, dass alle acht erfolgreichen Kandidaten auch im Online-Test erfolgreich waren. Es zeigten sich somit keine fälschlicherweise abgelehnten Kandidaten.

In einer weiteren Studie in der Bankenbranche (1. Halbjahr 2007) wurde überprüft, inwieweit sich durch die zusätzliche Einführung eines Online-Assessments die Quote der Azubi-Bewerber, denen nach dem abschließenden Auswahltag ein Arbeitsvertrag vorgelegt wurde, verändert hatte. Von den 700 Teilnehmern des Online-Tests wurde etwa ein Viertel zum Auswahltag eingeladen. Dabei zeigte sich, dass durch Einführung des Auswahltests die Quote von ursprünglich etwa zwei angebotenen Ausbildungsverträgen (bei durchschnittlich zehn teilnehmenden Kandidaten) auf ca. vier pro Auswahltag anstieg. Dies stellt einen erheblichen Anstieg der Erfolgsquote aufgrund der Einführung zusätzlicher (Online-)Tests dar. Laumer, von Stetten, Eckhardt & Weitzel [14] kamen bei der Analyse eines Online-Assessments für Berufseinsteiger (Hochschulabsolventen) bei einem Medienkonzern zu einem ähnlichen Fazit: „The case study … shows that companies can generate more qualified applications and concurrently save time and money.“

10.4.2.2 Kosteneinsparungen und kürzere Dauer der Bewerbungsprozesse

Speziell letztgenanntes Zitat deutet auf zwei weitere wesentliche Nutzen von Online-Assessments aus Unternehmenssicht hin: Kosten- und Zeiteinsparungen im Recruitingprozess.

Bei der Analyse des Online-Assessments zur Vorauswahl von Auszubildenden, Dualstudierenden und Trainees in einem großen Einzelhandelskonzern konnte nachgewiesen werden, dass die Einführung dieses Instruments bereits im ersten Jahr des

Betriebs zu Kosteneinsparungen im Recruiting von 38 % geführt hat [1]. Ab Jahr zwei lagen die jährlichen Kosten um erstaunliche 62 % unter dem Wert vor Einführung des Tests. Die wesentlichen Treiber dieser Ersparnis waren der deutlich niedrigere erforderliche Umfang an zu führenden (Telefon-)Interviews sowie eine drastische Reduktion an Reisekosten (zum einen, weil keine Tests mehr vor Ort durchgeführt wurden und zum anderen, weil durch die bessere Vorauswahl erheblich weniger Kandidaten zu den finalen Auswahlrunden eingeladen werden mussten).

In einer Untersuchung des Online-Tests zur Azubi-Vorauswahl bei einem großen Filialisten aus dem Bereich Augenoptik zeigte sich, dass sich die Gesamtdauer des Recruitingprozesses von Eingang einer Bewerbung bis zum unterschriebenen Ausbildungsvertrag durch das Online-Assessment von knapp 90 auf rund 68 Tage, und damit um etwa 24 %, verkürzen ließ.

10.4.2.3 Komfort für Bewerber und Akzeptanz

Doch Online-Assessments führen nicht nur zu betriebswirtschaftlich relevanten Vorteilen auf Unternehmensseite. Auch Bewerber honorieren einerseits die Komfortmerkmale von Online-Tests (Durchführung von einem beliebigen Ort zu einem selbstgewählten Zeitpunkt, kein Reiseaufwand, keine Terminkoordination etc.) und andererseits die explizite Fairness des Auswahlinstruments. Kandidaten beispielsweise, die früher etwa oft aufgrund von schlechten Schulnoten sofort aussortiert worden wären, erhalten durch das Online-Assessment nun eine Chance, sich im Auswahlprozess zu zeigen und zu bewähren. Wenn also zum Beispiel die Fünf in Mathematik im Einzelfall andere Gründe hatte als tatsächlich schwache zahlengebundene Denkfähigkeit (z. B. familiäre Probleme, schlechte „Chemie" mit dem Mathelehrer o. ä.), dann startet ein solcher Bewerber im Online-Assessment mit den gleichen Chancen in den Test wie ein Kandidat mit einer Zwei in Mathematik.

Dass Online-Assessments aus Sicht der Bewerber eine erheblich niedrigere Barriere darstellen als Tests vor Ort, zeigte sich in einer Analyse bei dem bereits oben angeführten Augenoptik-Filialisten: Während die No-Show-Rate beim früher vor Ort durchgeführten Pen&Paper-Test bei über 50 % lag, betrug sie beim Online-Test gute 30 Prozentpunkte weniger – ein deutliches Indiz für eine hohe Bewerberakzeptanz [11]. Aus Unternehmenssicht bedeutet dies nicht nur positive Abstrahlungseffekte auf die Arbeitgebermarke, sondern auch sehr handfest, dass erheblich mehr Kandidaten an dieser Stelle im Prozess verbleiben, aus denen das Unternehmen überhaupt auswählen kann.

10.4.3 Online-Assessment im Recrutainment-Format

Immer häufiger begegnen einem Online-Assessments, die nicht als trockene Aneinanderreihung von Testmodulen daherkommen, sondern im Gegenteil sehr unternehmensindividuell gestaltet sind und neben den eigentlichen Testinhalten auch umfangreiche

Personalmarketing-Botschaften über das Unternehmen umfassen. Das Online-Assessment wird dabei, wenn man so will, zu einem gegenseitigen Kennenlerntermin. Das Unternehmen lernt den Kandidaten besser kennen, indem dieser verschiedene Testverfahren durchläuft und der Kandidat lernt dabei en passant auch das Unternehmen als Arbeitgeber kennen.

Es gibt eine Reihe von Unternehmen, die diesen Recrutainment-Gedanken in ihren Online-Assessments zum Teil sehr weit getrieben haben [8]. So sind die Testmodule etwa bei der TARGOBANK Tour, mit der das Unternehmen Auszubildende und Dualstudierende auswählt, in eine Rahmenhandlung eingebunden, in deren Verlauf die Teilnehmer verschiedene Standorte, Tätigkeiten und Mitarbeiter kennenlernen. Ähnlich geht die Allianz mit dem „Online Allianz Campus" vor. Hier umfasst das Online-Assessment zudem auch noch verschiedene kleine Infogames, mit denen sich der Nutzer Informationen über das Unternehmen „erspielen" kann (s. Abb. 10.4).

Wieder andere Unternehmen binden im Online-Assessment Arbeitgebervideos ein und nutzen so die Gelegenheit, den Testkandidaten während des Online-Assessments einen Blick hinter die Kulissen zu gewähren. Natürlich muss man dieses Recrutainment nicht so weit treiben wie in den genannten Fällen. Oft handelt es sich bei den enthaltenen

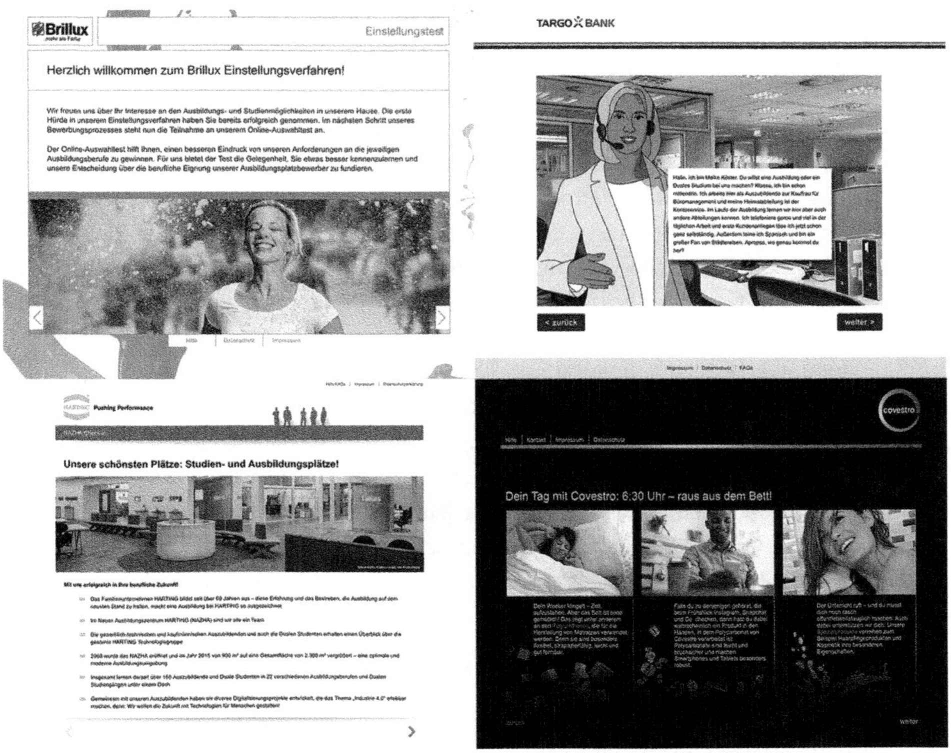

Abb. 10.4 Collage aus verschiedenen Online-Assessments

Personalmarketingbotschaften um Inhalte, die sich aus bestehenden und bereits vorliegenden Inhalten speisen, also etwa von der Karriere-Website oder aus vorhandenen Broschüren, und damit ohne großen Extraaufwand verfügbar sind. Aber der grundsätzliche Gedanke, dass auch das Online-Assessment ein wichtiger Berührungspunkt mit den Bewerbern ist und diese Gelegenheit genutzt werden sollte, sich auch als Unternehmen vorzustellen, wird darüber genauso transportiert. Etliche Beispiele größerer aber auch und vor allem mittelständischer Unternehmen aus unterschiedlichsten Branchen belegen diesen Trend (z. B. Airbus, Bearing Point, Brillux, Covestro, Douglas, Harting, Hensoldt, LBS, TenneT).

Wichtig ist jedoch, diese Form des Recrutainments nicht falsch zu interpretieren. Dass hierbei informative, simulative und zum Teil unterhaltsame und spielerische Elemente in das Online-Assessment integriert werden, bedeutet nicht, dass es sich dabei um ein Spiel handelt. Die enthaltenen eignungsdiagnostischen Messverfahren sind und bleiben Tests, für die die hohen, in der DIN 33430 formulierten Anforderungen gelten: Neben nachweisbarer Testgüte (in Bezug auf die Hauptgütekriterien Objektivität, Reliabilität und Validität), theoretischer Fundierung sowie hinterlegten zielgruppenspezifischen und aktuellen Normen sind dies auch Verfahrensakzeptanz (Angemessenheit) und vorhandener Anforderungsbezug. Dass diese eignungsdiagnostischen Verfahren dabei in eine unternehmensindividuelle äußere Erscheinung gebracht werden und von unternehmensspezifischen Informationen „umrahmt" werden, ändert nichts an der Tatsache, dass die Tests an sich keine Spiele sind.

10.4.3.1 Online-Assessments sind Tests, keine Spiele

Es gibt mittlerweile verschiedene Anbieter auf dem Markt, die eine Form von Assessment propagieren, bei denen allerdings sehr wohl Spiele an sich die Tests sein sollen bzw. bei denen aus dem in diesen Spielen gezeigten Verhalten auf Bewerbermerkmale geschlossen wird. Beispielsweise bietet die US-amerikanische Firma Pymetrics Inc. Testverfahren im Format eines Spieles an. Dabei sollen etwa virtuelle Ballons aufgepumpt werden, für die je nach Größe des Ballons ein Geldbetrag eingesammelt werden kann, den es zu maximieren gilt. Doch werden die Ballons zu sehr aufgepumpt, können sie platzen. Damit soll dann Risikoneigung gemessen werden. Für den Auswahlprozess durchlaufen Kandidaten mehrere solcher verhaltensbasierter Spiele, die deren kognitiven und persönlichkeitsbezogenen Merkmale messen. Auch die Knack.it Corporation bietet Spiele an, die für verschiedene Zwecke, wie beispielsweise Personalauswahl, Recruiting oder Teambuilding eingesetzt werden können. Diese können über eine App kostenlos heruntergeladen und gespielt werden. Werden die Spiele als Test im Rahmen von Personalauswahlverfahren von Bewerbern verwendet, kann über einen Code das Spielergebnis den Recruitern als Information veröffentlicht werden. Über die Spiele sollen Eigenschaften wie Beharrlichkeit, Problemlösefähigkeit oder Soziale Intelligenz gemessen werden. Die Spiele beinhalten das Bekämpfen von Feuer-Monstern mit Wasserbomben oder das Servieren passender Gerichte je nach emotionaler Stimmung der Gäste in einem virtuellen Restaurant.

Zu den erforderlichen Hauptgütekriterien finden sich bei diesen Anbietern vergleichsweise wenig Informationen, aber es ist zu hoffen, dass es hierzu Informationen gibt und dabei ist zumindest nicht ausgeschlossen, dass diese Verfahren auch zu akzeptablen Reliabilitäten und Validitäten kommen. Fragwürdig ist allerdings, ob ein Spiel überhaupt in der Lage sein kann, im Arbeitskontext relevantes Verhalten zu erfassen. Das Verhalten einer Person in einem spielerischen Kontext kann sehr inkonsistent sein, gerade aufgrund der Beschaffenheit als Spiel im Gegensatz zum Beruf, und von diesem beruflichen Verhalten abweichen, da sich hier ganz andere Anforderungen stellen. Hier ist ein eindeutiger Anforderungsbezug als Kriterium ausschlaggebend, der von Ott, Ulfert & Kersting [16] ebenso gefordert wird wie hohe Objektivität, Reliabilität und Validität. Da im beruflichen Kontext das Spielen als Teil der Stellenbeschreibung in nur sehr wenigen speziellen Branchen auffindbar ist, bleibt dieses Kriterium unerfüllt. Auch wenn dahinter postulierte Konstrukte, wie die Risikoneigung beim Aufpumpen von Luftballons, für bestimmte Berufe relevant sind, ist die Übertragung der erfassten Eigenschaften auf das berufliche Verhalten kritisch zu hinterfragen. Schließlich geht das Platzen lassen von Ballons in einem Spiel mit keinerlei Konsequenzen für den User einher. Auch die Akzeptanz von „Test-Spielen" seitens der User ist insofern fragwürdig, weil sich die Frage stellt, ob Kandidaten im Hinblick auf eine Auswahlentscheidung des Unternehmens tatsächlich ein Spiel zur Beurteilung ihrer Eignung vorziehen und sich fair behandelt und ernst genommen fühlen. Bei Spielen dürfte stark zweifelhaft sein, dass die Testkandidaten verstehen, was denn die zu bearbeitenden Aufgaben mit dem Beruf zu tun haben, für den sie sich bewerben und für den die „Tests" als Auswahlinstrument dienen.

Diese Sicht wird durch verschiedene Untersuchungen unterstützt, sowohl was die Unternehmens- als auch die Bewerberseite betrifft. So ergab eine Online-Umfrage des Testanbieters SHL unter mehr als 3000 HR-Experten im November 2017, dass eine große Mehrheit von 70 % Computerspiele nicht als Assessment-Technik einsetzt oder dies beabsichtigt (vgl. [19]). Die Studie Azubi-Recruiting Trends 2018 der Firma u-Form Testsysteme zeigte basierend auf der Befragung von mehr als 4000 Auszubildenden und Ausbildungsplatzbewerbern auf, dass sich nur 7,64 % Assessments als Videospiel wünschen. Demgegenüber ist es mit 50,33 % mehr als Hälfte dieser Zielgruppe wichtig, dass Auswahltests zusätzlich zu ihrer Testfunktion Wissen über den Ausbildungsbetrieb vermitteln – ein Beleg für die hohe Akzeptanz des oben beschriebenen Recrutainment-Ansatzes bei Online-Assessments [22].

10.4.3.2 Für welche Zielgruppen werden Online-Assessments eingesetzt? Und ist das nur etwas für große Unternehmen?

Die gegenwärtig größte Marktrelevanz haben Online-Tests als Bestandteil der Auswahlprozesse für Ausbildungsplatzbewerber, Bewerber für Duale Studiengänge, Praktikanten- und Traineeprogramme und Direkteinstiege für Hochschulabsolventen und Young Professionals. Der Grund hierfür dürfte darin liegen, dass in diesen Zielgruppen zumeist größere Bewerbungsvolumen zu bewegen sind und Online-Assessments daher sehr schnell ihre ökonomischen Vorteile entfalten können. Zudem sind diese Bewerberzielgruppen in sich oft noch vergleichsweise homogen. Das heißt, es konnten sich noch keine distinkten Erwerbsbiografien bilden, anhand derer passende und unpassende Kandidaten trennscharf unterschieden werden könnten. Die diagnostischen Messungen liefern also einen vergleichsweise hohen Aufklärungsbeitrag in Bezug auf die Bewerber. Drittens stoßen eignungsdiagnostische Testverfahren in senioreren Zielgruppen immer noch auf größere Akzeptanzvorbehalte als in jüngeren, speziell im deutschsprachigen Raum. Gleichwohl mehren sich die Anzeichen, dass Online-Messverfahren auch sukzessive bei älteren Zielgruppen und höheren Hierarchieleveln Einzug halten.

Während der Einsatz von Online-Tests über die vergangenen Jahre vor allem großen bis sehr großen Unternehmen vorbehalten war, steigt momentan die Nachfrage speziell bei kleinen und mittleren Unternehmen stark an. Infolgedessen gibt es inzwischen verschiedene marktgängige Online-Assessments, die sich speziell für kleine Unternehmen bzw. für Auswahlprozesse mit kleinen Bewerberfallzahlen eignen. Diese weisen zwar nicht den gleichen Grad an individueller Gestaltung und Testzusammenstellung auf wie die weiter oben beschriebenen Applikationen, sind dafür aber sehr schnell einsatzbereit und mit sehr wenig Setupaufwand und -kosten verbunden. Ein Beispiel etwa wären die von CYQUEST entwickelten „Out-of-the-Box"-Online-Assessments *QualiMatcherund PersonalityMatcher*.

10.5 Von Online-Assessment zu Recruiting Analytics, Data Driven Recruiting und People Analytics

In zunehmender Intensität wird in der Personalgewinnung über den Einsatz von Algorithmen und künstlicher Intelligenz diskutiert. Man ringt mit der Frage, ob Maschinen möglicherweise irgendwann in der Lage sein werden, die Identifikation und das Recruiting geeigneter Kandidaten vorzunehmen. Der Boulevard spricht daher auch von „Robo-Recruiting" [5].

Nun, diese Frage hier umfangreicher zu behandeln würde den Rahmen dieses Beitrags sprengen, aber es dürfte eines sehr klar sein: Jede Form der algorithmischen Unterstützung des Recruitings setzt zwingend voraus, dass eine fundierte Kenntnis darüber vorliegt, worin sich geeignete und passende Bewerber bzw. Mitarbeiter eigentlich von nicht-geeigneten oder unpassenden unterscheiden. Jeder Algorithmus, jedes maschinell-lernende System, jede künstliche Intelligenz braucht Daten, auf denen es aufbauen bzw. aus denen es lernen kann. Die Vorstellung, dass diese Systeme quasi aus dem Nichts heraus in der Lage wären, Zusammenhänge zu erkennen, zu bewerten und anzuwenden, ist nicht nur technisch falsch und inhaltlich naiv, sie kann auch gefährlich werden und zu gänzlich unerwünschten Resultaten führen. Und damit sind nicht nur falsche Auswahlentscheidungen der Unternehmen oder etwaige schwierige ethische Fragen gemeint. Der Einsatz methodisch unsauberer und nicht nachweisbar „erforderlicher" (im Sinne des § 26 BDSG-neu) Auswahlinstrumente kann auch zu großen juristischen Problemen und hohen Bußgeldern unter der EU-DSGVO führen [6].

Vor dem Einsatz automatisierter Formen des Recruitings muss also immer erst einmal die Gewinnung und das Verständnis von Daten, deren Aussagegehalt und deren korrelativen, vor allem aber kausalen Zusammenhänge stehen. Neben den oben genannten Vorteilen besteht ein ganz gewichtiges Argument für Online-Assessments daher darin, dass diese sehr interessante Einblicke und Daten liefern, die weit über herkömmliche Zielgruppenbeschreibungen hinausgehen.

Ein paar Beispiele
Im Rahmen eines Online-Assessments für eine große Parfümeriekette konnte beispielsweise durch das Online-Assessment belegt werden, dass erfolgreiche Parfümeriefachverkäufer/innen über ein erheblich höheres Maß an Einfühlungsvermögen und Kontaktfähigkeit verfügen als nicht erfolgreiche. Das ist zwar auch ein vermuteter Zusammenhang, aber es hat eine ganz andere Qualität, wenn dieser auch empirisch bewiesen ist. Diese Erkenntnis kann dann etwa in die gezielte Suche nach eben solchen Kandidaten mit hohem Einfühlungsvermögen und in die Gestaltung und Aussteuerung der entsprechenden Personalmarketingaktivitäten einfließen.

Bei der Analyse von mehr als einer halben Million Nutzer eines Studieninteressentests konnte etwa aufgezeigt werden, dass das technische Interesse von Studieninteressierten in Deutschland im Zeitraum von 2014 bis 2017 angestiegen ist. Gleichwohl ist es im Vergleich etwa zu künstlerisch-kreativen, sozialen oder wirtschaftlichen Interessen immer noch das am niedrigsten ausgeprägte Interesse. Die empirisch belegte Kenntnis der Studien- oder beruflichen Interessen eines Bewerbers kann von erheblichem Nutzen in der Personalgewinnung sein, etwa um letztlich wirklich passende Mitarbeiter einzustellen.

In einem anderen Fall wurde festgestellt, dass weibliche Bewerberinnen für einen Ausbildungs- bzw. Dualen Studienplatz in dem eingesetzten Online-Test im Schnitt signifikant schwächer abschnitten als die männlichen Bewerber. Dies lag jedoch nicht daran, dass Frauen in den eingesetzten Testmodulen allgemein schwächer abschneiden als Männer, denn dieser Geschlechterunterschied trat nur bei diesem Unternehmen auf. Vielmehr deuteten die Daten daraufhin, dass die Bewerberansprache und das Employer Branding des Unternehmens sich insgesamt stärker an Männer richtete. Unbewusst und unbeabsichtigt führte dies dazu, dass sich von den Leistungsstarken vor allem die Männer zu diesem Unternehmen hingezogen fühlten, während die leistungsstarken Frauen zu anderen Unternehmen strebten. Dieser – datengestützte – Befund führte im Nachgang dazu, dass die Arbeitgeberpositionierung überarbeitet wurde, um diesen ungewollten Genderbias in der Personalgewinnung zu beseitigen. Ob dies gelingt wird man dann auch wiederum an den Daten ablesen können.

Wie man erkennt, stecken in den Daten, die mit Hilfe von Online-Assessments im Auswahlprozess generiert werden, unheimlich viele wertvolle Informationen. Insofern kann die Eignungsdiagnostik, können Online-Assessments ein wertvoller Schritt in Richtung datengetriebenen Recruitings und nachgelagert sinnvoller People Analytics sein. Insbesondere dort, wo lernende Algorithmen um bewiesene Zusammenhänge herum aufgebaut werden (wie etwas das Beispiel „Parfümeriefachverkäufer" oben zeigt), können Algorithmen zu einer neuen Qualität in Personalmarketing, Sourcing, Recruiting und Personalentwicklung führen. Versucht man hingegen das Pferd vom falschen Ende aufzuzäumen und lässt die Maschinen „erstmal machen" – in der naiven Hoffnung, dass sie sinnvolle Zusammenhänge finden (und anwenden), wo es Menschen vorher nicht möglich war – läuft die Personalgewinnung Gefahr, sich Algorithmen auszuliefern, die mindestens genauso anfällig für „Unconsciuos Bias" sind wie menschliche Recruiter. Mit dem Unterschied, dass die Aufdeckung dieser Fehler ungleich schwerer fällt, weil diese sich sehr gut in komplexer Mathematik verstecken können. Dass ein so datengetriebenes Unternehmen wie Amazon den Einsatz eines Recruiting-Algorithmus' beenden musste [15], weil man es diesem partout nicht ausgetrieben bekam, weibliche Bewerberinnen systematisch zu benachteiligen, sollte uns allen eine deutliche Warnung sein…

Literatur

1. Adler, L. (2015). Online-Assessment – „Mal Butter bei die Fische!" Was bringt das an Einsparungen? https://blog.recrutainment.de/2015/08/13/online-assessment-mal-butter-bei-die-fische-was-bringt-das-an-einsparungen/. Zugegriffen: 30. Okt. 2018.
2. Adler, L., Kupka, K., & Diercks, J. (2019). *Kulturmatcher: Wie ein Test die Passung von Kandidaten und Unternehmen messen kann. In: Wirtschaftspsychologie aktuell 1/2019*. Berlin: Deutscher Psychologen Verlag.
3. Arthur, J., Doverspike, D., Muñoz, G. J., Taylor, J. E., & Carr, A. E. (2014). The use of mobile devices in high-stakes remotely delivered assessments and testing. *International Journal of Selection and Assessment, 4.*
4. Cut-e. (2016). *Online Assessment Barometer*. Hamburg: Cut-e Group.
5. Diercks, J. (2018). Recruiting 2030: Über Bots und Algorithmen zu einer „neuen Menschlichkeit"? In H. Fortmann & B. Kolocek (Hrsg.), *Arbeitswelt der Zukunft – Trends, Arbeitsraum, Menschen, Kompetenzen*. Wiesbaden: Springer Gabler.
6. Diercks, N. (2018). *Unter Beachtung von DSGVO und BDSG – Recruiting und Personalauswahl. Arbeit und Arbeitsrecht 12/2018*. Berlin: Huss.
7. Diercks, J., & Kupka, K. (2013). Webbasierte Assessmentverfahren zur Verbesserung von Selbst- und Fremdauswahl. In C. Athanas & N. Graf (Hrsg.), *Innovative Talentstrategien*. München: Haufe Lexware.
8. Diercks J, Kupka K (2014). Recrutainment – Bedeutung, Einflussfaktoren und Begriffsbestimmung. In: Diercks J, Kupka K (Hrsg.), Recrutainment. Spielerische Ansätze in Personalmarketing und -auswahl. Springer Gabler, Wiesbaden.
9. Diercks J, Jägeler T, Kupka K (2007). Das internetbasierte Self-Assessment-Verfahren „Die Karrierejagd durchs Netz". In: Erpenbeck J, von Rosenstiel L (Hrsg), Handbuch Kompetenzmessung. Schäffer-Poeschel Verlag, Stuttgart, S 685–706.
10. Konradt, U., & Sarges, W. (2003). *E-Recruitment und E-Assessment*. Göttingen: Hogrefe.
11. Kupka, K. (2014). Online-Assessments im Recrutainment-Format. Wie gefällt das eigentlich den Bewerbern in der echten Auswahlsituation? In J. Diercks & K. Kupka (Hrsg.), *Recrutainment. Spielerische Ansätze in Personalmarketing und -auswahl*. Wiesbaden: Springer Gabler.

12. Kupka, K., Diercks, J., & Kopping, N. (2004). Webbasierte Personalauswahl durch E-Assessment bei Unilever Deutschland. *Wirtschaftspsychologie aktuell, Q3.*
13. Kupka, K., Müller, V., & Diercks, J. (2010). Kombination von E-Assessment mit Web 2.0 Personalmarketing bei Media-Saturn. *Zeitschrift für e-learning, 1.*
14. Laumer, S., von Stetten, A., Eckhardt, A., & Weitzel, T. (2009). Online gaming to apply for jobs – The impact of self- and E-assessment on staff recruitment. In: Proceedings of the 42th Hawaiian International Conference on System Sciences (HICSS-42), Hilton Waikoloa Village, Big Island, Hawaii.
15. O'Neil, C. (2018). Amazon's gender-biased algorithm is not alone. https://www.bloomberg.com/opinion/articles/2018-10-16/amazon-s-gender-biased-algorithm-is-not-alone. Zugegriffen: 30. Okt. 2018.
16. Ott, M., Ulfert, A. S., & Kersting, M. (2017). „Online-Assessments" und „Self-Assessments" in der Eignungsdiagnostik. In D. Krause (Hrsg.), *Personalauswahl.* Wiesbaden: Springer Gabler.
17. Schmidt, F. L., & Hunter, J. E. (1998). The validity and utility of selection methods in personnel psychology: Practical and theoretical implications of 85 years of research findings. *Psychological Bulletin, 124*(2), 262–274.
18. Schmidt, F. L., Oh, I. S., & Shaffer, J. A. (2016). The validity and utility of selection methods in personnel psychology: Practical and theoretical implications of 100 years of research findings. Working paper, Tippie College of Business, University of Iowa.
19. SHL. (2017). Talentakquise: Arbeitswelt im Wandel. https://www.shl.com/de/assessments/trends/talent-acquisition-the-changing-nature-of-work/. Zugegriffen: 30. Okt. 2018.
20. Stifterverband für die Deutsche Wissenschaft e. V. (2018). Wie Future Skills die Personalarbeit verändern. https://www.future-skills.net/analysen/wie-future-skills-die-personalarbeit-veraendern/personalauswahl. Zugegriffen: 7. Nov. 2018.
21. Taylor, H. C., & Russell, J. T. (1939). The relationship of validity coefficients to the practical effectiveness of tests in selection. *Journal of Applied Psychology, 23,* 565–578.
22. u-form Testsysteme. (2018). Azubi-Recruiting Trends 2018. https://www.testsysteme.de/wp-content/uploads/2018/06/Datenauswertung-Azubi-Recruiting-Trends-2018.pdf. Zugegriffen: 30. Okt. 2018.

Joachim Diercks ist Geschäftsführer der CYQUEST GmbH mit Sitz in Hamburg. Dem Studium der Betriebswirtschaft mit den Schwerpunkten Marketing, Internationales Management, Personal und Wirtschaftsenglisch an den Universitäten Hamburg und Berkeley folgte 1998 der Berufseinstieg als Marketing Analyst für Bertelsmann in London. Anfang 2000 gründete er CYQUEST. CYQUEST ist unter dem Oberbegriff Recrutainment spezialisiert auf die unternehmens- und hochschulspezifische Erstellung von Lösungen aus den Bereichen Eignungsdiagnostik (Online-Assessment) sowie Berufs- und Studienorientierung. Diercks ist Gastdozent an verschiedenen Hochschulen, Herausgeber des Buchs „Recrutainment" (2014), Autor einer Reihe von Fachartikeln zu verschiedenen E-Recruiting- und Employer-Branding-Themen sowie regelmäßiger Referent bei HR-Fachkongressen. Mit dem Recrutainment Blog zeichnet er für einen der meistgelesenen deutschsprachigen HR-Blogs verantwortlich.

Talent wird überschätzt – worauf es stattdessen ankommt

11

Einblicke und Ansätze der Talententwicklung aus dem Leistungssport

Stefan Kermas

Inhaltsverzeichnis

11.1 Hintergrund . . . 155
11.2 Talent wird überschätzt . . . 156
11.2.1 Talente kommen und gehen . . . 157
11.2.2 Talent zeigt sich immer nur in der konkreten Herausforderung . . . 158
11.2.3 Talent ist zeitlos . . . 158
11.3 Talententwicklung im Deutschen Hockey-Bund . . . 159
11.3.1 Sichtung („Recruiting") . . . 159
11.3.2 Entwicklung und Entfaltung . . . 160
11.3.3 Der OSP Trainer als „begleitender Coach" . . . 160
11.4 Ableitungen für eine wirksame Personalentwicklung . . . 161
11.4.1 Wieviel denkt HR im Heute, Morgen und Übermorgen? . . . 161
11.4.2 Werden theoretisches Trainingswissen oder praktische Skills gefördert? . . . 162
Literatur . . . 163

11.1 Hintergrund

Einen „Beitrag über Talente aus einer anderen Perspektive" also…gerne doch! Dann versuche ich mal mein Bestes und nehme Sie mit auf einen kurzen Ausflug in die Welt des Leistungssports, genauer genommen des Feldhockeys.

Ich, Stefan Kermas, verbrachte mein berufliches Leben bisher zur Hälfte in Büros auf deutschem Boden, während mich die andere Hälfte über Hockeyfelder rund um den Globus führte. Was ich als ursprünglich gelernter Jurist in diesen beiden „Welten" lernte,

S. Kermas (✉)
München, Deutschland
E-Mail: s.kermas@trainyourbusiness.de

M. Rütten und K. Bierer (Hrsg.), *Future Talents*,
https://doi.org/10.1007/978-3-658-33023-1_11

war großartig und es erweiterte meine Sichtweise auf Themen wie Teams, Personal und eben Talententwicklung um so einiges. Nach einem einführenden Standpunkt, was ich persönlich unter dem großen Begriff Nachwuchs-„Talent“ verstehe, zeige ich Ihnen konkret und exemplarisch auf, welcher klaren Vision der Deutsche Hockey-Bund folgt, wenn es um die Findung und Entwicklung unserer Olympiasieger/-innen von morgen geht. Jegliche Gedanken gelten hierbei für männliche wie weibliche Talentbeispiele gleichermaßen, auch wenn die Schreibweise variieren sollte. Abschließend übertrage ich ausgewählte Thesen und Sichtweisen in die Sphäre der Personalverantwortlichen und hoffe, ein paar inspirierende Gedanken passend zu adressieren. Doch nun lassen Sie uns gemeinsam starten.

11.2 Talent wird überschätzt

„Ein Genie besteht zu 1 % aus Talent und 99 % harter Arbeit“. Dieser Satz stammt nicht von einem Boxtrainer oder Militär-Kommandanten „alter Schule“. Nein, er wird Albert Einstein nachgesagt, den wir historisch betrachtet, ob seiner wissenschaftlichen Beiträge für die Menschheit, durchaus ungefragt in die Ecke eines Genies und damit wohl Talents einordnen würden.

Bei außergewöhnlichen Fähigkeiten von Menschen landen wir schnell bei der Einschätzung, sie oder er seien „einfach talentiert“ in diesem oder jenem. Keine Frage, jeder von uns geht mit ganz individuellen Neigungen, Interessen und Begabungen ins Leben. Dem einen fällt es leichter vor einem Publikum zu sprechen, dafür ist die andere unter Stress womöglich eine ganz hervorragende Problemlöserin mit stets kühlem Kopf. Die Bedeutung dieser Begabungen wird jedoch überschätzt. Ich habe viele Spieler/-innen gesehen, denen es leichtfiel, Dinge sofort umzusetzen, ohne sie vorher zu üben. Das war beachtlich, oft hilfreich und verortete sie automatisch in der Rubrik „Talent“. Aus leistungssportlicher Sicht mit dem Ziel, Top-Leistungen zu einem ganz bestimmten Zeitpunkt gegen starke Konkurrenz zu erbringen, ist es jedoch weniger wichtig, wie gut jemand in etwas ist, ohne es zu üben. Natürlich bedarf es auch immer wieder den Mut, ungeübte Dinge einfach zu machen, wenn es die Situation von einem verlangt. Grundsätzlich aber wichtiger erscheint mir, welche Qualität erreicht wird, nachdem konsequent an gewissen Fähigkeiten gearbeitet wurde. Mir fallen unzählige „Genies“ ein, denen wir etwas Außergewöhnliches zuordnen, natürlich weil sie im Endergebnis großartiges erreicht haben. Bei genauerem Hinsehen waren beispielsweise W.A. Mozart, der Apple Gründer Steve Jobs oder der Golfer Tiger Woods am Ende konsequent harte „Arbeiter“, denen es gelang, oben erwähnte Neigungen und Interessen zu ihrem vollen Potenzial zu nutzen. Aus Aufzeichnungen über Mozart geht hervor, dass er schlicht mehr Zeit mit Musik verbrachte als andere Künstler zu seiner Zeit. Auch ihm fielen keine Gedanken einfach so aus dem Kopf in die Schreibfeder. Geoff Colvin zeigt in seinem Buch „Talent is overrated“ [1] spannende Zusammenhänge auf und ordnet hierbei das Antlitz großer Persönlichkeiten in Bezug auf den dahinterstehenden Arbeitsaufwand realistisch ein. So ist gleichermaßen übermittelt, dass Tiger Woods seinen ersten Golfschläger im Alter von sieben Monaten erhielt und mit seinem Vater über den Golfplatz wackelte, bevor er zwei

Jahre als war. Steve Jobs wird nachgesagt, dass er für jede Minute seiner weltberühmten Präsentationen etwa eine Stunde Vorbereitung investierte. Eine Stunde Training für eine Minute Praxis! Zweifelsohne war Jobs ein herausragender Wissenschaftler und Visionär, doch auch er benötigte „hartes Training", um wirklich einer der besten in seinem Terrain zu werden. Der Wissenschaftler Malcolm Gladwell [2] fügt diesen Beobachtungen teils konträr, teils erweiternd hinzu, dass noch viel wichtiger als der Fleiß bereits im Vorfeld der Faktor sei, aus welchen Verhältnissen man wann genau in die jeweilige Zeit hineingeboren wurde. Weitere Ausführungen dazu würden den hiesigen Rahmen sprengen. Sich darüber Gedanken zu machen, lohnt allemal.

Jedenfalls sehen wir, und das deckt sich 1:1 mit meinen gemachten Erfahrungen und Beobachtungen, dass „Talent" im ersten Schritt lediglich eine Zuschreibung an Personen ist, wie leicht ihnen gewisse Dinge ohne Übung fallen. Dies ist hilfreich und unbedingt zu nutzen, wie ich im weiteren Text noch aufzeigen werde. Mit einer langfristigen Zuweisung an eine bestimmte verlässliche Qualität, die am Ende gar den Unterschied bei Projekten, Sales-Pitches oder auf dem Sportfeld ausmacht, hat diese Ersteinschätzung zunächst jedoch nichts zu tun.

11.2.1 Talente kommen und gehen

Ich habe in meiner Hockeyzeit viele Spieler/-innen gesehen, denen bereits im frühen Alter ein großes Talent nachgesagt wurde. Interessanterweise waren es in obiger Tiger Woods Manier häufig Kinder und Jugendliche, die bereits im Alter von zwei bis drei Jahren mit auf den Hockeyplatz genommen wurden, um dort dem großen Bruder, der Mama oder sonst wem zuzuschauen. Ausgestattet mit Ball, Schläger und wetterfester Kleidung wurden ganze Tage auf Clubanlagen und Spielfeldern verbracht. Die These, dass sich infolge eines früheren Kontakts mit einer bestimmten Tätigkeit somit auch früher eine Begeisterung oder zumindest frühere Fertigkeit einstellt, ist also nicht sonderlich gewagt. Die beobachteten Spieler/-innen waren später in der Mehrzahl technisch mit dem Ball bereits geschickter als andere, teilweise war ihre Auffassungsgabe für das komplexe Mannschaftsspiel Hockey einfach schneller als die anderer Gleichaltriger.

Eine Gleichung, frühes Top-Talent = späterer Nationalspieler würde jedoch einer willkürlichen Wette gleichkommen. Angelegt an obige These setzten sich am Ende einzig und allein die Spieler-/innen bis in die Olympiakader durch, denen es gelang über Jahre ihre Stärken konsequent weiter einzusetzen und zu verbessern. Hierfür war in jedem Einzelfall hartes Training notwendig, völlig gleichgültig wie gut das Anfangsniveau im Alter von drei, zwölf oder 17 Jahren war. Es war spannend zu beobachten, dass viele Top-Talente aus der Jugend, die dort mit ihren Qualitäten zahlreiche Jugendmeisterschaften gewannen und über Jahre wirklich die Besten waren, mit der Zeit und ansteigendem Anforderungsniveau an ihre Grenzen stießen. Sie hatten schlicht nicht gelernt (und es aufgrund ihrer frühen Erfolge ja auch nicht „nötig") hart für ihre Erfolge zu arbeiten. Vieles fiel ihnen in jungen Jahren einfach in den Schoß. Einige Karrieren endeten nun an dieser Stelle und Schwelle, andere erkannten die Notwendigkeit einer Trainingssteigerung und sie begannen sich noch einmal völlig neu in ihrem Alltag aus Beruf und Sport auszurichten. In jedem Einzelfall, weil sie es wirklich wollten, weil es ihnen wichtig war, Nationalspieler/-in zu werden und sie Motivation für gemeinsame Teamerfolge in sich trugen.

11.2.2 Talent zeigt sich immer nur in der konkreten Herausforderung

Ich habe daher, hart formuliert, den Begriff des Talents für mich persönlich etwas angepasst. Mit welchem grundsätzlichen Wissen und Erfahrungsschatz jemand ausgestattet ist, mag für eine erste Einschätzung im Berufsleben wichtig sein. Ob und wie er oder sie diese Fähigkeiten dann auch zu nutzen weiß, ist jedoch die für mich viel entscheidendere Frage. Talent zeigt sich also immer erst in Situationen, in denen es Entscheidungen zu fällen gibt und es um wirklich vergleichbare Leistungen geht. Alles davor hat etwas Romantisches und Vielversprechendes. Das ist auch schön, weil es nichts motivierenderes (für mich) gibt, als junge Menschen auf ihrem Weg ihrer Weiterentwicklung zu begleiten. Die gleichzeitig hohen Erwartungen an Talente habe ich jedoch etwas Beiseite gelegt und spreche lieber von Stärken und Ausprägungen. Welche Stärken gilt es weiter zu stärken? Welche Ausprägungen sollte sie oder er dringend in das Team einbringen, um das Gesamtkonstrukt womöglich erfolgreicher zu machen?

11.2.3 Talent ist zeitlos

Talent hat daher für mich etwas Zeitloses. Talent hat jemand, der in Dingen gut und besser ist als andere. Man könnte sie oder ihn auch als Experten oder Könner bezeichnen. Die Frage für mich als Trainer lautete daher über viele Jahre immer und immer wieder: Wer ist der beste Experte für diese oder jene (Spiel-)Situation? Da im komplexen Teamsport alle paar Sekunden neue Situationen entstehen, die es exakt so (vielleicht ähnlich, aber nicht identisch) noch nicht gab, benötigt man im Team fortlaufend Experten, um genau diese neue Situation individuell zu lösen. Die Frage sollte also stets lauten: Wer ist die beste Problemlöserin, der beste Moderator oder beste Sales-Pitcher in meinem Team? Somit verändert sich der Talentbegriff von einer Zukunftsantizipation hin zu einer Qualitätsbeschreibung für eine bestimmte Situation. Das Potenzial von Menschen vorher zu sagen, ist verführerisch und schwierig zugleich, da die externen Einflussfaktoren auf die Entwicklung eine so entscheidende Rolle spielen. Wie wir Entwicklungen unterstützen können folgt sogleich. Die Stärken und das „Momentum" von Menschen im Hier und Jetzt positiv zu nutzen, kann daher auch etwas sehr entspannendes haben.

11.3 Talententwicklung im Deutschen Hockey-Bund

„Schneller Weltspitze: Halbierung der Anzahl notwendiger Länderspiele zum Erreichen der Weltspitze von aktuell 50 auf 25." So lautet die vom Junioren-Bundestrainer Valentin Altenburg 2016 entwickelte Vision für die Talentausbildung des Verbandes. Alles ist darauf ausgerichtet, dass die beiden Erwachsenenmannschaften Herren und Damen bei Olympischen Spielen und Weltmeisterschaften erfolgreich sind. Jegliche Strukturen und Personalentscheidungen sollen auf die Erfolge dieser beiden Mannschaften einzahlen. Schließlich hängen an diesen wichtige staatliche Fördergelder für den gesamten Hockey-Verband.

Die beiden sogenannten „A-Kader", plastisch gesprochen, regelmäßig mit neuen Top-Spielern zu versorgen, ist die Hauptaufgabe der Jugendnationalmannschaften bzw. deren Trainer wie Altenburg. Ansatz der Vision ist, Jugendspieler in ihrer Ausbildungszeit bereits so zu fördern und entwickeln, dass sie bei einem Eintreten in die A-Mannschaft nur noch eine kurze Zeit der Akklimatisierung benötigen und zügig höchstes Wettkampfniveau erreichen. Bisher lag eine beobachtete, wenn auch geschätzte, Zeit der Eingewöhnung in das Weltklasse-Niveau der Erwachsenen bei ungefähr 50 Länderspielen, was einem Zeitraum von zwei Jahren entspricht. Diese Zeit nun auf möglichst nur ein Jahr und 25 Länderspiele zu reduzieren bis Spieler/-innen „ready" für das höchste Niveau sind, lautet die klare Vision. Anders formuliert: Den Weg „vom Talent zum Titel" durch bestmögliche Begleitung zu ermöglichen und gleichzeitig zu verkürzen.

11.3.1 Sichtung („Recruiting")

Anders als wahrscheinlich viele Unternehmen ist der Hockey-Verband in der komfortablen Situation, über ein breit gefächertes Sichtungssystem die für sich spannendsten und vielversprechendsten Jugendlichen zu erkennen und all diejenigen einzuladen, die echtes Interesse an langfristigem Leistungssport mitbringen. Zwar konkurrieren wir natürlich mit vielen anderen Sportarten um die Gunst junger Bewegungstalente, doch wer sich einmal auf den Weg zum ambitionierten Hockeyspieler gemacht hat, kann den suchenden Augen unserer Sichter nur schwer entkommen. Ohne hier zu weit aufs Detail zu schauen, gehen uns keine Talente durch die Maschen. Wenn Jugendliche im Alter zwischen 14 und 18 sich das Ziel setzen, in der Nationalmannschaft zu spielen, ergeben sich zahlreiche Möglichkeiten in das Sichtungssystem des Verbandes zu gelangen. Gewisse Stärken und eine passende Physiologie werden natürlich vorausgesetzt. Hier werden die Spieler über das Jahr verteilt bei zentralen oder dezentralen Maßnahmen beobachtet und von kompetenten Trainern in den Regionen begleitet. Der Verband und die Vereine, welche die Spieler/-innen ausbilden, arbeiten hier gut zusammen, um den jungen Athleten die bestmögliche Förderung in frühen Jahren zu ermöglichen.

11.3.2 Entwicklung und Entfaltung

Wir glauben an den Grundsatz, dass sich gewisse Fähigkeiten primär über Training entwickeln lassen, welche dann in Situationen der Entfaltung (dem Wettkampf) zum Tragen kommen. Der Trainingsansatz sieht vor, bereits hier möglichst wettkampfnah zu trainieren. Das bedeutet, dass wir Anforderungen „der realen Welt", sprich dem nächsten Spiel oder Turnier, frühzeitig antizipieren und diese in unsere Trainingsansätze verpacken. Dies betrifft technische Fertigkeiten genauso wie taktisches Wissen oder athletische Voraussetzungen. Insgesamt sehen wir vier wettkampferhebliche Komponenten, auf welche die Trainingsreize entsprechend auszurichten sind:

- Technik: Wie gut werden Skills mit Ball und Schläger beherrscht?
- Athletik: Wie ganzheitlich fit und gesund ist die körperliche Verfassung für Spitzenansprüche?
- Durchblick: Wie schnell werden neue Spielsituationen erkannt, verstanden und optimal gelöst?
- Persönlichkeit: Wie selbständig, diszipliniert und zielorientiert wird an den jeweiligen Themen gearbeitet und wie mannschaftskompatibel ist das soziale Verhalten?

Wir versuchen die Spieler/-innen in Trainingseinheiten bewusst kognitiv zu überfordern, um sie immer wieder vor neue Aufgaben zu stellen und Lerneffekte auf verschiedenen Wegen entstehen zu lassen. Sie also immer an ihrer Leistungsgrenze und bewusst ein Stück darüber hinaus zu fordern, lautet die große Herausforderung in der Trainingssteuerung. Szenarien-Training unter Zeit- und Gegnereinfluss ist hier ein wichtiges und variabel einsetzbares Tool, welches realen Anforderungen als Reizsetzung am nächsten kommt.

Insgesamt arbeiten wir mit ganz individuellen Entwicklungsprofilen der Spieler/-innen und schauen, in welchen Handlungsfeldern das einzelne Talent mehr oder weniger und vor allem welche konkrete Unterstützung benötigt.

11.3.3 Der OSP Trainer als „begleitender Coach"

Ein für den Hockey-Verband am sogenannten Olympiastützpunkt tätiger Trainer („Bundes- oder Olympiastützpunkt-Trainer") fungiert als begleitender Organisator und Coach für den jeweiligen Athleten in der Region. Der Athlet steht bei allen Überlegungen der Begleitung im Mittelpunkt. Er fungiert quasi als Umfeld-Optimierer, um den jungen Talenten die bestmöglichen Rahmenbedingungen für eine intrinsisch gesteuerte Entwicklung zu ermöglichen. Wir wissen zu keinem Zeitpunkt der Begleitung, ob und wie viele der geförderten Talente es später zu absoluten Leistungsträgern im Erwachsenenbereich schaffen. Jedes Talent wird jedoch so behandelt, als könne es später Olympischer Medaillengewinner werden. In ihnen „etwas zu sehen" ist ein wichtiger Indikator für gegenwärtige und zukünftige Förderung geworden. Talenten daher ein rundum breites Angebot für Training, Karriereberatung, medizinische Betreuung etc. zu liefern ist unsere Verpflichtung als Verband, wollen wir im harten Konkurrenzkampf an der Weltspitze auch weiterhin mit Top-Personal vertreten sein und Erfolge feiern.

11.4 Ableitungen für eine wirksame Personalentwicklung

Zwei Kerngedanken möchte ich an dieser Stelle noch mit Ihnen teilen, welche auch für Personalverantwortliche von Bedeutung sein könnten.

11.4.1 Wieviel denkt HR im Heute, Morgen und Übermorgen?

Bei allen Personalfragen und sportfachlichen Entscheidungen haben wir uns angewöhnt, im Modell des „Heute, Morgen und Übermorgen" zu denken und zu handeln.

Das Heute betrifft dabei alle relevanten Fragen, die kurzfristig gelöst werden müssen, weil eine gewisse Dringlichkeit gegeben ist. Hierunter fallen kurzfristige Erfolge und Impulse, ohne dass Konsequenzen für die Zukunft besonders wichtig sind. Es geht vielmehr um den konkreten nächsten Schritt oder die nächste Aktion, welche vollständig in meinem Einflussbereich liegt.

Das Morgen und Übermorgen hingegen betrifft alle Themen, die mit unseren Zielen und Visionen zusammenhängen. Nur wer weiß wo er langfristig hin will, kann im Heute gute Entscheidungen für das Morgen und Übermorgen treffen. So sollte es sich auch mit Personalfragen verhalten. Natürlich kann ich auf Spieler-/innen bzw. Mitarbeitende setzen, die mir kurzfristig Leistung bringen und dem System guttun. Doch erfüllen diese Personen auch Idealbilder für die Zukunft? Bringen sie gleichermaßen Fertigkeiten ein, die auch zukünftig in der Organisation gebraucht werden? Oder sind sie womöglich heute noch gar nicht fertig ausgebildet, aber zeigen schon jetzt vereinzelte Stärken, die zu meiner zukünftigen Ausrichtung als Mannschaft oder Organisation passen? Dies alles sind Fragen, die sich eine wirksame HR-Abteilung stellen muss, denn natürlich hat jede Entscheidung im Heute Auswirkungen auf Leistung und Zusammenarbeit im Morgen.

Meine Erfahrungen zeigen, dass es vielerorts besser ist auf kurzfristige Erfolge zu verzichten, wenn damit das große Ganze konterkariert werden kann. Zumindest sollte auf den genauen Zeitpunkt der Fragestellung geachtet werden. Manchmal sichern „Quick Wins" den nächsten Schritt im Heute und sind deshalb wichtig und richtig. Die eigentlichen Probleme lösen sie oft nicht, sondern behandeln lediglich Symptome an der Oberfläche. Letztere sind lediglich mit Ideen und Entscheidungen zu beheben, wenn die Entscheidung ein langfristiges Ziel verfolgt.

11.4.2 Werden theoretisches Trainingswissen oder praktische Skills gefördert?

Des Weiteren lohnt es sich einen Blick auf die Fortbildungs- und Entwicklungsangebote von HR-Abteilungen zu werfen. Nach obigen Ausführungen unter Abschn. 11.3 geht es bei jungen Talenten immer um die Entwicklung von Skills und deren Entfaltung in der Praxis gleichermaßen. Als großer Freund eines kreativen und möglichst realitätsnahem Trainings müssen wir trotzdem festhalten, dass Training immer Training und damit eine Art Generalprobe vor echtem Bühnenbild bleibt. Ob jemand ein wirklich guter Theaterschauspieler ist, zeigt sich immer nur im konkreten Auftritt am Abend vor Zuschauern. Wie also kann ich meine Spieler/-innen und Mitarbeitenden wirklich weiterbringen und in die Entfaltung ihrer Fähigkeiten und vor allem Stärken kommen lassen? Ich lasse sie in den Wettkampf! Ja, so banal ist es. Wenn ich wirkliches Talent (=Expertentum) beurteilen möchte, brauche ich echte Herausforderungen und keine nachgestellten Trainings. Nun bleibt die Frage wie ich junge Praktikanten/-innen in „echte" Herausforderungen bringe. Ich denke dafür gibt es mehr Situationen als wir zunächst glauben. Vorausgesetzt wir trauen uns zu Dinge abzugeben und von anderen erledigen zu lassen. Natürlich kann ich meine Mitarbeiter/-innen zu Schulungen und Softskill-Trainings schicken, genau wie ich mit meinen Spielern/-rinnen lange Taktikbesprechungen abhalten kann. Ob in der jeweiligen (Spiel-) Situation dann aber die richtige Entscheidung getroffen wird („Durchblick"), steht auf einem anderen Blatt Papier. Ob der Mitarbeitende nach einer Schulung ein geändertes (Kommunikations-) Verhalten zeigt, bleibt abzuwarten.

Bei Programmen und Angeboten, die pures Wissen verlangen, sind Schulungen und Trainings sinnvoll und der Lernweg Nr. 1. Ob Änderungen in der DSGVO oder neue Produkte auf der Dopingliste – hier kann ich durch Fleiß meinen Horizont erweitern und treffe in der nächsten Situation, angereichert durch erlerntes Wissen, mit hoher Wahrscheinlichkeit eine gute Entscheidung. Echte Talente/Experten dagegen zeigen sich hingegen nur in der konkreten Situation mit echten Herausforderungen. Nicht umsonst spricht der Sport gerne von Trainingsweltmeistern oder Theorie-Wundern. Menschen, die theoretisch viel wissen, gibt es einige. Menschen, die in anspruchsvollen Situationen zu Höchstleistung auflaufen, gibt es wenige. Letztere werden es aber häufig zuvor geübt und dabei auch mal Lehrgeld bezahlt haben. Wirksame Entwicklung findet daher nur in einem Mix aus der Vermittlung von Basiswissen und dem Lösen von Problemen im Entfaltungsmodus statt. Der Kontext ist hier maßgeblicher Treiber, denn nach ihm richtet sich mehrheitlich unser Verhalten aus. Simulation vs. Situation – diese Frage gilt es jeweils zu beantworten.

Literatur

1. Colvin, G. (2008). *Talent is overrated. What really separates world class performers from everybody else*. Nicholas Brealey Publishing.
2. Gladwell, M. (2016). *Überflieger* (7. Aufl.). Piper Verlag GmbH.

Stefan Kermas ist selbständiger Organisationsentwickler und Performance-Coach. Seit seinem 17. Lebensjahr schon hat er mit Teams und der Integration junger Talente in bestehende Mannschaftsstrukturen zu tun. Als Assistenz- und später Chef-Bundestrainer der Deutschen Herren Hockey-Nationalmannschaft war er ab 2007 mitverantwortlich für die Ausbildung, Entwicklung und Zusammenarbeit von Spielern über verschiedene Jahrgangskonstellationen verteilt. Hauptberuflich ging der gelernte Jurist bisher Tätigkeiten auf Geschäftsführungsebene nach, was seinen Blick für die Vergleichbarkeit von Sport- und „klassischen" HR-Prinzipien schärfte.

Gesellschaftliche Veränderungen und was es für die Arbeit mit der Gen Z bedeutet

12

Kristina Bierer

Inhaltsverzeichnis

12.1 Die Arbeitswelt verändert sich . . . 165
12.2 Rückblick über die Generationen . . . 166
12.3 Klischees über die Gen Z und was an ihnen dran ist . . . 168
12.4 Leadership – The Road to Success . . . 169
Literatur . . . 170

12.1 Die Arbeitswelt verändert sich

Die Arbeitswelt verändert sich stetig. Megatrends wie Digitalisierung, Industrie 4.0 oder Internet der Dinge verändern die Art, wie wir zusammenarbeiten und auch bereits, wie wir zusammenleben. Geschäftsmodelle und ganze Märkte wurden noch nie so schnell in einer derart kurzen Zeit auf den Kopf gestellt. Neue Märkte entstehen und bieten neue Chance, gleichzeitig stehen Unternehmen vor der Herausforderung, mit diesen Veränderungen Schritt zu halten. Die Volatilität der Märkte bringt eine Vielzahl an möglichen Disruptoren mit sich und kann Wettbewerbsvorteile innerhalb kürzester Zeit nehmen. Unternehmen müssen innovativ und anpassbar sein, um mit den Entwicklungen Schritt zu halten.

Treiber dieser Veränderungen sind oft die Studierenden und Absolvent:innen in den Gründungszentren dieser Welt, die Veränderungen von existierenden Märkten durch neue Unternehmenskonzepte, Produkte und Dienstleistungen forcieren. Künstliche

K. Bierer (✉)
CLEVIS GmbH, München, Deutschland
E-Mail: k.bierer@clevis.de

M. Rütten und K. Bierer (Hrsg.), *Future Talents*,
https://doi.org/10.1007/978-3-658-33023-1_12

Intelligenz, Blockchain und Machine Learning treiben die Transformationsprozesse von Produkten und Dienstleistungen weiter voran, ein Ende ist nicht in Sicht. Und wenn man glaubt, man ist nun in der Lage als Unternehmen mitzuhalten und Schritt für Schritt das Produkt- und Dienstleistungsportfolio weiterzuentwickeln, ökologisch und innovativ zu sein, teilweise vielleicht sogar den Wettbewerb für sich zu entscheiden, treten unplanbare Faktoren wie eine Pandemie auf. Sie verändern den Fokus, die Zusammenarbeit und die Konjunktur nachhaltig und doch nicht absehbar.

Um erfolgreich diesen Herausforderungen zu begegnen, spielen die Future Talents, also die Generation Y und die Generation Z, eine große Rolle. Sie haben die wichtigen Kompetenzen, die es braucht. Sie sind mit digitalen Kommunikationswegen aufgewachsen, bringen die Affinität mit, die es braucht, um mit und an Technologien zu arbeiten. Sie gehen selbstverständlicher mit der Digitalisierung um. Gleichzeitig haben sie einen gewissen Idealismus, für den sie einstehen und für den sie kämpfen. Sie verändern mit ihrem Engagement, mit ihrem Kampfgeist und Willen nicht nur Märkte, sondern bringen auch Politiker:innen in Erklärungsnot und setzen sich für den Klimaschutz ein.

Die Energie und Überzeugung, die Future Talents in der Politik, als Gründer:innen und Erfinder:innen an den Tag legen, vermissen viele Führungskräfte im Arbeitsalltag. Sie bemängeln, dass Future Talents faul, anspruchsvoll und nur an sich selbst interessiert sind. Sie werfen ihnen vor, benefitsgeil zu sein und Selbsterfüllung als oberste Priorität zu haben. Ist das aber nicht eigentlich ein vermeidbarer Generationenkonflikt, der, wenn er richtig gelöst wird, ein einzigartiges Potenzial entfesseln kann?

12.2 Rückblick über die Generationen

Generationenkonflikte gibt es seit jeher. Anders als die eigenen Eltern sein wollen – verbunden mit veränderten Rahmenbedingungen, Ereignisse, die einen Nachdruck hinterlassen und Megatrends, die jede Generation prägen – führt dazu, dass wir uns abheben wollen. Wir wollen die Grenzen und Freiheiten austesten, uns als Rebellen gegenüber unseren Vorgängern sehen und den nachfolgenden Generationen überlegen sein. Die derzeit im Arbeitsumfeld aktiven Generationen lassen sich in fünf Gruppen einteilen, die sicherlich nicht ganz trennscharf sind, aber ihre Eigenheiten haben (s. Tab. 12.1).

Jede Generation hat sich ihren Vorgängern entgegengesetzt, gegen den Lebensstil, die Werte rebelliert, während die Eltern und Großeltern auf die Moral und die Vernunft beharrt haben und „ihre" Welt erhalten wollten. Diese Rebellion zeigt sich in vielen Dimensionen – Mode, Musik, Lebensmodelle, aber eben auch in der Arbeitswelt. Waren die Baby Boomer noch starre Hierarchien gewohnt, wurden diese von der nachfolgenden Gen X langsam aufgeweicht. Von der dadurch entstandenen Flexibilität hat vor allem die Gen Y profitiert. Für sie spielen Home-Office und Work-Life-Balance eine deutlich größere Rolle. Mehr als 50 % der Arbeitnehmer:innen sind mittlerweile den Gen Y zuzuordnen. Die Gen Z ist gerade am Ende des Studiums, im Praktikum, steht vor dem Berufseinstieg oder hat diesen gerade hinter sich.

Tab. 12.1 Die Generationen seit den 1920er Jahren

Generation	Great/Silent Generation	Baby Boomers	Gen X	Gen Y	Gen Z/Future Talents
Jahrgang	1923–1945	1946–1964	1965–1979	1980–1994	1995–2012
Alter in 2020	75–97	56–74	41–55	26–40	8–25
Prägende Ereignisse	Erster & zweiter Weltkrieg, Große Depression, elektrische Haushaltsgeräte	Kalter Krieg, Mondlandung, Erfindung des Transistors	Ende des Kalten Krieges, Live Aid, erster eigener Computer	09/11 Anschläge, Irak Krieg, Aufkommen von Social Media	Post Große Rezession, Arabischer Frühling, Erfindung künstlicher Intelligenz
Kommunikationsmittel	Briefe	Telefon	E-Mail/SMS	Messenger	Emojis
Technologie	Auto	Fernseher	PC und Internet	Smartphone	Virtuelle Realität
Bezug zur Digitalisierung	Pre-Digitals	Digital Immigrants	Early Digital Adopters	Digital Natives	Digital Innates
Soziale Netzwerke	The Rotary Club	Match.com	LinkedIn	Facebook	Snapchat
Aktuelle Position	Pensionist:in, Gründer:in	CEO, Beirat	Manager:in, Projektleitung	Berufseinsteiger:in, Angestellte:r	Praktikant:in, Berufseinsteiger:in
Arbeit im Wandel	Patriarchische Führung, Arbeiterbewegungen, Landwirtschaft, Handwerk und Industriesektor	Starre Hierarchien, Emanzipation, stärkere Arbeitnehmerrechte	Flachere Hierarchien, Karrieregetriebene, Globalisierung, Dienstleistungs-, Forschungs- und Entwicklungssektor	Flexibilität, Home-Office, Selbstverwirklichung, Work-Life-Balance	Autonom, ungebunden, digitalisiert, kollaborativ

Die Spannungsfelder zwischen Technologie, Kommunikation und Zusammenarbeit tragen Konfliktpotenzial in sich, das sich vor allem im Arbeitsalltag entlädt, beispielsweise durch Unverständnis für das Gegenüber. Dies ist aber nicht nur zwischen Boomern und Gen Z der Fall, sondern auch zwischen Gen Z und Gen Y – ebenso wie Gen Y und Gen X. Mindestens zwei Generationen, wenn nicht sogar noch mehr, treffen aufeinander und verstehen sich nicht, haben negative Vorteile und oftmals sehen sie diese auch durch persönliche Erlebnisse bestätigt.

12.3 Klischees über die Gen Z und was an ihnen dran ist

Es wird viel über die Generation Z gesprochen – oder geschimpft, je nachdem, wie man es sieht.

Die gängigen Klischees oder Vorurteile lassen sich zusammenfassen:

1. **Die Gen Z ist arbeitsfaul – und wenn dann steht die Work-Life-Balance im Vordergrund**
   Laut einer Studie vom IAB [1] will die Generation Z immer weniger arbeiten, Frauen bis 25 Jahre im Schnitt 28 Stunden, Männer im gleichen Alter 33 Stunden pro Woche. Aber weniger Arbeitszeit muss nicht gleich weniger Leistung bedeuten. Die richtige Work-Life-Balance kann die Performance deutlich steigern, unterstützen doch auch regelmäßig Studien, dass eine vier-Tage-Woche eine deutlich höhere Produktivität der Arbeitnehmer:innen zur Folge hat. Sie konnten bei Eltern und älteren Geschwistern sehen, wie u. a. durch digitale Medien und Kommunikationsmittel Arbeit und Privatleben immer fließender ineinander übergegangen sind. Sie wollen sinnvolle und faire Arbeitszeitregelungen. Die individuelle Work-Life-Balance ist für sie deutlich wichtiger als die Chance, Karriere zu machen.
   Des Weiteren ist eine reduzierte Wochenstundenzahl mit Blick auf Familienplanung und Kinderbetreuung ein möglicher Schritt in die Richtung eines modernen Familienbilds, in dem beide Elternteile für die Kinderbetreuung gleichberechtigt und verpflichtet, aber weiterhin aktiv im Beruf sind.
   Arbeitszeitmodelle sind das eine, die Flexibilisierung des Arbeitsplatzes das andere. Die Möglichkeit im Home-Office zu arbeiten, ist für die Gen Z ein wichtiger Faktor, wenn es um die Arbeitgeberattraktivität geht. Sowohl die Zufriedenheit, als auch die Wahrscheinlichkeit sich erneut beim Unternehmen zu bewerben wird von der Möglichkeit Home-Office zu machen, positiv beeinflusst.
2. **Die Gen Z kann nicht geführt werden**
   In der Führungskraft-Future Talent-Beziehung treffen zwei Seiten aufeinander, die unterschiedliche Prioritäten und Werte haben. Dies mindert das gegenseitige Verständnis füreinander. Future Talents wollen das große Ganze verstehen. Wenn sie den Sinn ihrer Tätigkeit, ihrer Aufgaben, ihrer Rolle in der Organisation sehen, wird ihr Potenzial, Großes zu leiten, welches in jedem Future Talent steckt, geweckt. Wert-

schätzung und Kommunikation auf Augenhöhe sind dabei ebenso wichtig wie eine gesunde Fehlerkultur und Feedback. „Purpose" ist nicht nur ein HR-Trendwort, sondern das geeignete Führungsinstrument für junge Menschen. Die gemeinsame Mission muss zum Führungsinstrument werden.

3. **Selbsterfüllung ist alles**
Für die Future Talents ist Selbsterfüllung tatsächlich äußerst wichtig im Privat- und Berufsleben. Besonders hohen Stellenwert haben soziologische und ökologische Themen. Unternehmen müssen sich darauf einstellen, dass der soziale und ökologische Impact ausschlaggebend für die Arbeitgeberattraktivität ist. Das bestätigt auch der Future Talents Report 2020 [2]. Die Bewertung des Umwelt- und Sozialbewusstseins und die allgemeine Zufriedenheit mit dem Praktikum weisen einen eindeutigen Zusammenhang auf. Je höher das Umwelt- und Sozialbewusstsein eingeschätzt wird, desto zufriedener sind die Future Talents insgesamt. Der Zusammenhang lässt darauf schließen, dass sie Teil eines Systems sein wollen, das sich für ihre Werte einsetzt. Folglich macht die Generation Z häufiger als die Generation Y ein Praktikum in einem Unternehmen, dem sie ein moralisches Bewusstsein zuspricht. Die jungen Arbeitnehmer:innen haben also gar nicht nur ihre eigenen Benefits im Fokus, sondern werden durchaus durch viel relevantere Aspekte angetrieben. Viele Arbeitgeber stellt es auf den ersten Blick vor eine große Herausforderung, den Mehrwert der eigenen Arbeit unter dem Aspekt der sozialen und ökologischen Nachhaltigkeit zu vermitteln. Besonders für Unternehmen, die auf den ersten Blick kein sozialer oder grüner Arbeitgeber sind, ist es schwer, attraktiv für die Future Talents zu sein. Aber vergleichsweise kleine Maßnahmen, wie weniger Plastik- und Einwegprodukte in der Kantine, umweltfreundliche Firmenwagen, Zuzahlungen zum öffentlichen Nahverkehr etc., können die richtigen Stellschrauben sein.

12.4 Leadership – The Road to Success

Das Potenzial, Großes zu leisten, steckt in jedem Future Talent und wartet nur darauf, genutzt zu werden. Genau deswegen sind sie so eine enorm wichtige Ressource für Unternehmen. Sie entwickeln völlig neue Ansätze und setzen sich mit Elan an deren Umsetzung. Zu diesen neuen Ansätzen gehört auch die Integration neuer Technologien. Die Digital Natives kennen eine Welt ohne Internet nicht und sind von klein auf an den täglichen Umgang mit Computern gewohnt. Daher gehen sie viel selbstverständlicher mit der rasant voranschreitenden Digitalisierung um. Die Energie der Future Talents, gepaart mit ihrem technologischen Wissen, ist eine große Chance für Unternehmen, die nicht ungenutzt bleiben sollte.

Inwiefern bringt uns aber nun das Wissen weiter, dass wir mit einer Generation zusammenarbeiten, für die nicht mehr die Flexibilisierung der Arbeitszeit, sondern feste Arbeitszeitmodelle wichtig sind? Die verstehen wollen, wofür sie arbeiten – immer unter dem Aspekt des sozialen und ökologischen Impacts? Die sich mit dem Sinn der

Arbeit und des Arbeitgebers identifizieren wollen? Wie entfesselt man das Potenzial der Generation Z, die in ihrem Praktikum oder ihrer Werkstudententätigkeit die ersten Arbeitserfahrungen sammelt oder gerade die erste feste Anstellung beginnt?

▶ Die Führungskraft ist der Schlüssel zum Erfolg. Führung ist ein Invest, der sich rentiert.

▶ **Tipp**

- Fördern & Fordern: Es ist an der Führungskraft den Future Talents inhaltliches und methodisches Basiswissen bereitzustellen und sie zur Selbstständigkeit zu befähigen. Auf Basis dieser Förderung kann entsprechend gefordert und Verantwortung übergeben werden. Ein Vertrauensvorschuss ist ebenso wichtig wie eine gesunde Fehlerkultur.
- Individuelle Kommunikation & Führung: Für die Generation Z sind Kommunikation und Feedback die Kernfähigkeiten der Führungskraft. Wertschätzende Kommunikation schließt kritisches, aber konstruktives Feedback nicht aus. Trotz der Digitalisierung sollte sich auch Zeit für Face-to-Face Kommunikation genommen werden.
- Zuhören: Kommunikation ist aber nicht einseitig von Führungskraft zu Mitarbeiter:innen. Führungskräfte müssen zuhören und den Ideen und Vorschlägen der Future Talents Gehör geben und diese ernstnehmen.

Literatur

1. Weber, E., & Zimmermann, F. (2018). Arbeitszeiten zwischen Wunsch und Wirklichkeit: Wie Diskrepanzen entstehen und wie man sie auflöst. IAB-Kurzbericht Nr. 13/2018. Nürnberg. https://doku.iab.de/kurzber/2018/kb1318.pdf.
2. CLEVIS. (2020). *Future talents report 2020. A period of change*. München.

Kristina Bierer ist seit 2010 bei der CLEVIS GmbH tätig und vom ersten Tag an für das Thema Future Talents zuständig. In den vergangenen zehn Jahren hat sie den Future Talents Report zur größten, regelmäßigen Befragung zu allen Themen rund um die Nachwuchskräfte der nächsten Generationen aufgebaut und kennt wie wenig andere die Zielgruppe, die sie als Game Changer im Fokus der Digitalisierung beschreibt. Als Projektleiterin und Partnerin bei der CLEVIS GmbH leitet sie außerdem erfolgreich Projekte rund um die Digitalisierung und Transformation von zukunftsfähigen HR-Prozessen und betreut Kunden verschiedenster Branchen und Größen von der Konzeption bis zur Umsetzung.

FutureCamp – Nachwuchskräfte gestalten die Zukunft Münchens

13

Stefan Döring

Inhaltsverzeichnis

13.1 Wem gehört die Zukunft? 172
13.2 Keine Tagesordnung, ein Thema, unzählige Ideen 173
13.3 Die Challenge. 174
13.3.1 Digitalisierung der Verwaltung 174
13.3.2 New Work im öffentlichen Dienst 175
13.3.3 Arbeitgeberattraktivität 177
13.4 Wir! 177
13.4.1 Von Nachwuchskräften, für Nachwuchskräfte. 178
13.4.2 New Work erleben 178
13.4.3 Vernetzen, Binden, Machen lassen 179
13.5 Organisationskultur auf dem Prüfstand 179
13.5.1 Ja, wir meinen das Ernst!. 180
13.5.2 Wenn Personalmarketing auf Realität trifft 180
13.5.3 New Work ja, aber! 181
13.5.4 Verantwortung übernehmen! 182
13.5.5 Was uns besonders wichtig ist 182
13.6 Die Ergebnisse zum Leben erwecken 184
13.6.1 Präsentation im Stadtrat. 184
13.6.2 WILLI – die digitale Austauschplattform für Nachwuchskräfte 184
13.6.3 Laptops statt PC. 185
13.7 Fazit – Wie es weiter geht 185
Literatur. 186

S. Döring (✉)
Vaterstetten, Deutschland
E-Mail: stefan.doering@mail.de

M. Rütten und K. Bierer (Hrsg.), *Future Talents*,
https://doi.org/10.1007/978-3-658-33023-1_13

13.1 Wem gehört die Zukunft?

Mit über 40.000 Beschäftigten hat die Landeshauptstadt München nicht nur Konzerncharakter, sondern ist die größte kommunale Arbeitgeberin Deutschlands. Mit München als einen hoch attraktiven Standort, in einer der bei Studierenden begehrtesten Branchen [1] und ausgestattet mit im höchsten Maße sinnvollen Aufgaben – dem Arbeiten für die Menschen dieser Stadt – ist Nachwuchs und Personalgewinnung scheinbar kein Problem.

Ist es doch! Denn der öffentliche Dienst hat flächendeckend Fachkräftemangel [2]. Schön, dass dennoch laufend 1323 Auszubildende und Studierende in über 30 Studiengängen und Ausbildungsberufen bei der Stadtverwaltung beschäftigt sind (Zahlen von 2018).

Bis 2015 habe ich das Personalmarketing der Stadt München geleitet, habe Vorlesungen an unseren Partnerunis gegeben und bilde bis heute Azubis und dual Studierende in der Praxis aus. Für mich ist es immer spannend, von den oft jungen Menschen zu erfahren:

- Wie seht ihr die Zukunft im gewählten Beruf?
- Passen eure Vorstellungen und Erwartungen bei der Bewerbung zur erlebten Realität?
- Was wünscht ihr euch an Veränderungen im Alltag?
- Welche Zukunftsvision habt ihr für die öffentliche Verwaltung?

Die Antworten sind nicht selten ernüchternd. Aber Resignation ist nicht das einzige Feedback. Ich erlebe in den Antworten auch hohes Engagement, den Willen etwas zu verändern und immer wieder die Begeisterung, etwas Sinnvolles zu tun.

Heute arbeite ich im IT-Referat der Stadt München. Ich bin zuständig für die Kommunikation digitaler Themen. Das umfasst, die digitale Transformation in die Organisation der Stadtverwaltung zu tragen aber auch Bürger und Verwaltungsmitarbeiter zusammenzubringen. Dafür organisiere ich mehrere Veranstaltungen im Jahr, administriere und blogge auf dem Portal https://www.muenchen.digital.

Dennoch: Einmal Personaler, immer Personaler. Zumindest ließen mich meine Erfahrungen auch in Bereich der Digitalisierung nicht los. Irgendwann realisierte ich:

> ▶ Die, die heute über die digitale Transformation und modernen Arbeitsformen in Organisationen entscheiden, sind in der Regel mit Fax, Schreibmaschine, Telefon mit Wählscheibe und fest zementierten Arbeitszeiten ins Berufsleben gestartet.

Warum ist es in den aller meisten Organisationen so, dass Personen, die deutlich näher am Ende als am Anfang ihres Berufslebens stehen, über die Zukunft der Organisation entscheiden? Sollten nicht lieber die gefragt werden, deren berufliche Zukunft noch vor ihnen liegt? Für die Messenger-Dienste Alltag sind, die E-Mails oft erstmals im Berufsleben versenden und die Social Media ganz selbstverständlich nutzen? Kurz:

▶ Wir sollten unsere Nachwuchskräfte fragen, welche Ideen sie für eine digitale und attraktive Zukunft unserer Organisationen haben!

Mehr noch: Ich wollte die Stimmen der Nachwuchskräfte zu Gehör bringen – ganz „oben" bei den Entscheidern. Der Gedanke für das erste FutureCamp der Stadt München war geboren.

13.2 Keine Tagesordnung, ein Thema, unzählige Ideen

Die Idee reifte und bekam neuen Schwung durch den Wunsch, einmal ein BarCamp im Verwaltungsumfeld zu veranstalten. Als regelmäßiger und früher Teilnehmer am HR BarCamp habe ich die Methode schätzen gelernt [3].

Ein nicht ganz zufälliger Stadtratsantrag unterstütze das Vorhaben: Die IT bekam den Auftrag, ein BarCamp mit den Münchner Bürgern zu veranstalten [4]. Das daraus entstandene MucGov17 wurde ein voller Erfolg [5]. Damit stand die Methode fest: Ein BarCamp mit den Nachwuchskräften zur Zukunft der Stadtverwaltung.

Ein BarCamp ist ein offenes Veranstaltungsformat. Natürlich setzt man ein Thema wie eine Art Überschrift und macht sich auch Gedanken über eine Zeitplanung. Aber darüber hinaus gibt es keinerlei Tagesordnung, Fragestellungen oder Stichpunkte.

Das bedeutet, dass sowohl eigentlicher Inhalt, diskutierte Themen und damit der Ablauf flexibel sind. Was die Veranstaltungsorganisation normalerweise nervös macht, ist hier ein großer Vorteil: Die Teilnehmenden selbst kreieren ihr BarCamp:

▶ Wer als Teilnehmer am Ende mit einem BarCamp unzufrieden ist, ist selbst schuld!

Der Satz bringt es auf den Punkt: Ein BarCamp „gehört" den Teilnehmern. Sie sind verantwortlich für die Themen, Moderation und Dokumentation der Ergebnisse. Mitmachkonferenz oder auch Unkonferenz sind deshalb gängige Bezeichnungen.

Unter dem gesetzten Oberthema können Fragen gestellt, Ideen geteilt oder Vorschläge gemacht werden. Ein BarCamp dient vor allem dem Austausch und der Diskussion.

„Geplant ungeplant" ist einer der Leitgedanken eines BarCamps. Dennoch gibt es einige Regeln, die sich etabliert haben:

- **Es gibt keine Zuschauer!**
  Jeder Teilnehmer ist integraler Bestandteil des BarCamps, diskutiert mit und bringt sich ein. Passives Zuschauen und Zuhören ist nicht Sinn und Zweck.
- **Wer das erste Mal auf einem BarCamp ist, muss pitchen**
  Der Pitch ist die Vorstellung einer Idee, einer Frage oder eines Diskussionsthemas zu Beginn des BarCamps. Den sogenannten Sessiongebern stehen nur wenige Sekunden zur Verfügung, um bei den BarCamp-Teilnehmern Interesse zu wecken und für das

eigene Thema zu begeistern. Gelingt dies nicht, findet die Session – gerade dann, wenn es mehr Pitches als zur Verfügung stehende Zeit gibt – nicht statt. Denn die Teilnehmer voten für die gepitchten Sessions, die sie am meisten interessieren. Die Regel, dass Neulinge pitchen müssen, ist in der Realität nicht ganz ernst gemeint, verdeutlicht aber den Charakter eines BarCamps.

- **Keine Folien!**
  In den 45 bis 90 min Sessions soll gemeinsam diskutiert werden. Werbung oder Folienvorträge sind daher verpönt. Der Sessiongeber sorgt mit seiner Moderation dafür, dass Jeder zu Wort kommt. Wer sich nicht an diese Regel hält, verliert unter Umständen „seine" Sessionteilnehmer. Denn der Wechsel in eine andere der parallel laufende Sessions ist ausdrücklich erlaubt.
- **Wir sagen „Du"**
  Das Duzen hat das Ziel, Augenhöhe herzustellen. Titel, Funktion, Alter oder Berufserfahrung spielen keine Rolle. Jede Meinung ist gleich viel wert.
- **Dokumentation ist Pflicht!**
  Die Sessiongeber tragen die Verantwortung dafür, die Ergebnisse ihrer Session zu dokumentieren. Dies auch, um Teilnehmern paralleler Sessions die Möglichkeit zu geben, die Diskussion nachzuvollziehen. Diese Aufgabe kann der Sessiongeber auch delegieren.
- **Geplant ungeplant**
  Die Organisatoren eines BarCamps haben keine Tagesordnung mitgebracht. Die Teilnehmenden organisieren den Tag mit ihren Sessionvorschlägen selbst und moderieren in Eigenregie die Diskussionen.

13.3 Die Challenge

Nachdem die Methode feststand, musste eine Antwort auf die Frage gefunden werden, wie die IT-Abteilung alle Auszubildenden und Studierenden der Stadt München erreicht und wie eine Teilnahme in der Arbeitszeit organisiert wird.

Wie so oft: Es geht nicht allein und muss es auch nicht! Mit der Ausbildungsabteilung der Stadt München war ein starker Partner gefunden, der sich um diese offenen Fragen kümmerte. Hier war man Feuer und Flamme.

13.3.1 Digitalisierung der Verwaltung

Natürlich sollte das Hauptthema die digitale Transformation der Verwaltung sein. Wie viele traditionelle Organisationen tut sich auch die öffentliche Verwaltung schwer, diesen Weg zu gehen [6]. Im Bereich der Online-Services (auch E-Government genannt) gibt es zwar weit über 100 Dienste in München, die über das Internet genutzt werden können. Aber davon weiß kaum jemand. Außerdem sind sie zum Teil noch wenig nutzerzentriert.

Dass dann noch bei einigen Prozessen der digitale Antrag in der Verwaltung ausgedruckt wird, ist leider in vielen Behörden keine Seltenheit.

Dabei sind auch hier die Auswirkungen der Digitalisierung massiv: Big Data zur Verkehrsplanung, Chat und Chatbots in der Bürgerkommunikation, Smart Cities, E-Payment und E-Akte, Online-ID und Bürgerkonten, Stadtplanung per Virtual Reality und vieles mehr fordern ein Umdenken vorhandener Prozesse aber auch neue Kompetenzen und neues Arbeiten.

Es galt also, die Ideen der Nachwuchskräfte für die Digitalisierung der Stadt München nach Innen und Außen zu erfragen.

13.3.2 New Work im öffentlichen Dienst

Eine Reaktion auf den digitalen Wandel ist der Versuch, die traditionellen Arbeitsformen und -systeme zu erneuern. Zum einen, um auf aktuelle und neue Trends schneller reagieren zu können. Zum anderen, um attraktive Arbeitsbedingungen in der öffentlichen Verwaltung zu schaffen.

New Work ist in diesem Zusammenhang ein Trendbegriff, der heute kaum von der Digitalisierung zu trennen ist. Der Zusammenhang besteht darin, dass heute erstmals die Chance besteht, Arbeit wirklich neu zu denken. Technik wie Smartphones, WLAN, Cloud-Lösungen und schnelles Internet ermöglichen diese neue Arbeitsformen.

Das ursprüngliche Konzept „New Work" ist dabei eher philosophischer Natur [7]. Im Rahmen der Digitalisierung wurde der Begriff New Work allerdings nur sehr verkürzt etabliert für Veränderung der Arbeitswelt im Sinne:

- der Demokratisierung und des Hierarchieabbaus in Organisationen,
- der Flexibilisierung von Arbeitssystemen,
- der Schnelligkeit, Ideen und Innovationen umzusetzen und auf Trends agil zu reagieren,
- der Individualität mit Bezug auf den einzelnen Menschen im Unternehmen, was Herausforderungen an Führungs- und Personalentwicklungssysteme stellt.

Eine gute Quelle, was New Work im Arbeitsleben bedeuten kann, bietet die New Work Carta, deren Erstunterzeichner ich bin: https://humanfy.de/new-work-charta/.

Dahingehend sind die Strukturen in vielen, traditionellen Organisationen noch eher starr. Zwar wird den Mitarbeitern sowie Nachwuchskräften in Organisationen heute viel zugetraut: Sie dürfen demokratisch wählen, Kinder erziehen, Häuser bauen. Aber in vielen Organisationen haben sich Führungssysteme aus dem Taylorismus erhalten. Es scheint akzeptiert, dass Mitarbeitern gesagt wird, was sie wann, wie, als nächstes tun sollen.

Dieser Widerspruch erscheint unter New Work Aspekten nicht mehr zeitgemäß. Bezüglich Führung ist grundsätzlich ein neues Denken erforderlich. Als sozialer

Prozess kann gute Führung nicht einseitig durch Erlernen von Verhaltensweisen oder Instrumenten „erreicht“ werden. Gerade diese Anforderung überfordert Führungskräfte aber regelmäßig. Stattdessen müssen Mitarbeiter befähigt werden, zu erkennen, dass sie eine wesentliche Verantwortung am Gelingen von Führung haben. Führung darf keine Pflicht für den Karriere-Aufstieg sein, sondern sollte doch Spaß machen. Unter dem Gesichtspunkt von New Work sind die Werte auch ganz andere, als die Kontrolle durch den klassischen „Obersachbearbeiter“ Mehr dazu findet sich auf https://werte-kommission.de/.

Hierarchische Organisationen sind nur sehr eingeschränkt in der Lage, innovativ zu sein. Ideen werden in den Hierarchien vielleicht nicht gleich verstanden, aus Gründen der „Komfortzone“ abgelehnt oder aufgrund von Silodenken geheim gehalten. Langwierige Prozesse verhindern eine schnelle Umsetzung. Es bedarf flexibler, agiler Netzwerkstrukturen, um schnell auf Trends und Innovationen zu reagieren. Ziel ist es dann, durch Prototyping schneller Lösungen zu entwickeln und zu testen. Erst dann wird über deren dauerhaften Einsatz entschieden. Dies bedingt auch die Akzeptanz schnellen Scheiterns und das Lernen aus Fehlern. Beides ist in den Organisationskulturen des Public Sectors aber noch unüblich.

Die Digitalisierung und Individualisierung erforderten zudem eine Flexibilisierung der Arbeit. Oft wird hier auch das Stichwort Work-Life-Balance genutzt, wenn dieses auch deutlich weniger weit geht. Arbeit und Privatleben verschwimmen immer stärker. Dies geschieht gerade dann, wenn Arbeit Spaß macht und der Mensch sich darin verwirklicht. Eine Trennung ist daher nicht mehr zeitgemäß. Die Digitalisierung ermöglicht eine Flexibilisierung in Bezug auf:

- **Arbeitsort**
  Das Büro wird immer unwichtiger. Es kann auch von zu Hause, mobil von unterwegs oder im Urlaub gearbeitet werden.
- **Arbeitszeit**
  New Work bedeutet, dann zu arbeiten, wann man will. Ob nachts, sehr früh oder abends, spielt keine Rolle. Zeiterfassungssysteme oder festgeschriebene Urlaubstage werden obsolet. Zumindest in der Theorie, da das Arbeitsrecht hier enge Grenzen setzt [8].
- **Struktur**
  Teams stellen sich selber zusammen und legen demokratisch fest, wer Führungsaufgaben übernimmt. Führung kann jederzeit auch wieder abgegeben werden. Mit welchen Methoden die Teams arbeiten, bleibt ihnen überlassen. Eine Steuerung erscheint nicht erforderlich.

Ich bin fasziniert von diesen Arbeitsbedingungen und nutze sie gleichzeitig selber in meinem Alltag. Dennoch möchte ich explizit auch auf mögliche damit verbundene Gefahren hinweisen. Persönliche Entgrenzung, Burnout und digitale Sucht sind nur einige Stichpunkte.

Natürlich bedarf es einer Antwort der Personalabteilungen auf diese Themen – ob nun in München, in anderen Behörden oder in vergleichbaren Organisationen. Dazu ist es von höchstem Interesse, was die Studierenden und Auszubildenden sich wünschen.

13.3.3 Arbeitgeberattraktivität

Seit vielen Jahren unterstütze ich als Speaker, Blogger und Berater Arbeitgeber des Public Sectors bei Personalgewinnung und Employer Branding [14]. Zwei Dinge lassen sich behördenübergreifend feststellen:

- Die Vorteile des öffentlichen Dienstes im Wettbewerb um die Besten werden überschätzt.

Sicherheit ist bei jungen Menschen ein hohes Gut bei der Berufswahl, eng gefolgt von Sinnhaftigkeit der Arbeit [1]. Angebote für mobiles Arbeiten, Innovationsfähigkeit, moderne Konzepte für die persönliche Weiterentwicklung in den Jahren nach Abschluss des dualen Studiums, moderne Instrumente zur Führung oder zum Personalerhalt findet sich aber noch zu wenig in den meisten Ämtern.

- Die Versprechen des Personalmarketings werden in der Realität nicht eingehalten.

Grund dafür ist aus meiner Erfahrung, dass die Personalabteilungen und ihre Anwerbungsversprechen recht weit weg von der Realität sind: Angebote und Erfolge, die nur die Wenigsten in Anspruch nehmen können, werden im Marketing besonders betont. Die Masse erlebt dann anderes.

Dennoch: Das Engagement vieler ist hoch. Sie wollen diese Situation durchbrechen und etwas zum Positiven verändern. Und sei es „nur“ für die Ausbildungs- und Studiengänge, die nach ihnen kommen.

Daher ist es notwendig und zielführend, diese „Gruppe der Willigen“ zu fragen: Was macht für euch einen attraktiven Arbeitgeber aus? Was muss sich bei der Stadt München dahingehend ändern?

13.4 Wir!

Auf diese drei Themen – Digitalisierung, New Work und Arbeitgeberattraktivität – eine ehrliche Antwort von Nachwuchskräften zu bekommen, ist eine Herausforderung. Selbst gestandene Führungskräfte trauen sich in meinen Workshops oft nicht, ihre Meinung zu sagen. Ängste galt es zu nehmen, Mut war zu fördern.

13.4.1 Von Nachwuchskräften, für Nachwuchskräfte

Diese Herausforderung löste ich zunächst durch das Herstellen von Augenhöhe. Nicht eine Abteilung in den Tiefen der Hierarchie organisiert das FutureCamp, sondern es galt das Motto:

- Von Nachwuchskräften – Für Nachwuchskräfte: Es ist Euer FutureCamp!

Mit Lisa Zech (Studiengang Public Management) und Alina Völkl (Studiengang Bachelor of Law) übernahmen zwei Nachwuchskräfte die Organisation des FutureCamps – von A wie Anmeldung, über L wie Lose für die HoloLens-Sessions bis Z wie Zeitplanung. Die beiden Kolleginnen kümmerten sich mit höchstem Engagement um die komplette Organisation dieser Großveranstaltung.

Noch war Skepsis bei vielen Auszubildenden und dual Studierenden hör- und erlebbar. Aber das Signal kam an. Die Begeisterung der beiden Organisatorinnen übertrug sich auf ihre Kommilitonen. Der „Flurfunk" tat sein Übriges. Schon sickerte eine Art Aufbruchstimmung in die Jahrgänge.

Bis hin zu Neid derer, die nicht teilnehmen durften: Nur wenige Wochen nach der Ankündigung riefen Kollegen aus allen Bereichen der Stadt an und wollten dabei sein. Aber der Kreis war klar definiert: Hier sprechen Nachwuchskräfte unter sich!

13.4.2 New Work erleben

Gemeinsam gingen wir auf die Suche nach externen Partnern. Mir war es wichtig, auch örtlich aus der Organisation auszubrechen und das FutureCamp auf neutralen Boden zu verlegen. Die Anforderungen waren: Keine Behörde, kein städtisches Gebäude, Kapazitäten für mehrere hundert Teilnehmer, ausreichend Räumlichkeiten, um zeitgleich mehrere Sessions abzuhalten und eine Organisation, die bei der Digitalisierung deutlich weiter ist.

Mit Microsoft Deutschland fanden wir diesen Partner in München, der zudem einen einmaligen Einblick in Arbeitsweisen und Bürokonzepte unter dem Stichwort New Work geben konnte. Dort war man schnell bereit, uns zu unterstützen. Nach einigem, einer Behörde nicht unähnlichem, Mailverkehr quer durch die Organisation, fanden sich schnell feste Ansprechpartner. Auch seitens Microsofts unterstützten dual Studierende das Organisations-Team und erklärten sich zudem bereit, Führungen durch die Büros anzubieten, um New Work für die Teilnehmenden des FutureCamps erlebbar zu machen.

Das Bürogebäude von Microsoft war als Location ideal und erfüllte alle Anforderungen: ein großer Saal, der mindestens 200 Personen Platz bietet, mindestens sechs weitere Sessionräume, Gelegenheit für Catering, digitale Präsentations- und Dokumentationsmöglichkeiten.

Mit der gefundenen Lokation konnte nun der Termin für das erste FutureCamp fixiert werden: der 7. Juli 2018.

13.4.3 Vernetzen, Binden, Machen lassen

Ziel war es, möglichst viele verschiedene Jahr-, Studien- und Ausbildungsgänge zusammenbringen. Daher wurden über 1000 Nachwuchskräfte zum ersten FutureCamp der Stadtverwaltung München eingeladen. Erstmals kamen so ganz unterschiedliche Fachlichkeiten und damit auch Erfahrungen zusammen. Neben dem fachlichen Input zu den Themen Digitalisierung, New Work und Arbeitgeberattraktivität, sollte der Event selbst bereits auf die Arbeitgebermarke einzahlen und den Nachwuchskräften das Signal vermitteln, dass sie ein wichtiger, unverzichtbarer Teil der Zukunft ihrer Stadt sind.

Natürlich sollten die Ergebnisse eines solchen FutureCamps adressiert werden – egal, welche es sein werden. Auch galt es, den Teilnehmern zu zeigen, dass wir es ernst meinen. Die Teilnahme des obersten Personalchefs der Stadtverwaltung, Dr. Alexander Dietrich, sowie des Chief Digital Officers (CDO), Thomas Bönig, sahen wir daher als notwendig an, diesen Gedanken zu vermitteln. Beide waren sofort bereit, ihren Beitrag dazu zu leisten. Weitere hochrangige Führungskräfte aus HR und IT meldeten sich ebenfalls.

Was ein toller Effekt ist, bringt auch Nachteile: Die Nachwuchskräfte sollten doch unter sich, frei von Hemmungen und vielleicht sogar Angst diskutieren! Es galt Hierarchien abzubauen. Hilfreich ist da das auf BarCamps übliche „Du". Zumindest für einen Tag konnten wir durchsetzen, dass auch die beiden Top-Führungskräfte der Stadtverwaltung sich duzen ließen und somit Titel und Position keine Rolle spielten. Ein absoluter Kulturbruch bei der Stadtverwaltung München.

Die Anmeldung und Werbung erfolgte über die Webseite https://barcamptools.eu/lhmfuturecamp18/. Ein von der Bundesregierung gefördertes Projekt. Mit Videos und Beispielen wurden die Methode BarCamp erläutert und aufgerufen, sich zu beteiligen. Erste Sessionvorschläge wurden als „Door-Opener" vorbereitet und dort veröffentlicht.

13.5 Organisationskultur auf dem Prüfstand

Die Anmeldungen nahmen rasch zu. Nicht ganz so schnell, wie von mir erwartet, aber das Interesse war erkennbar.

Auf der Webseite konnten bereits Sessionvorschläge gemacht werden. Damit hielten sich die Nachwuchskräfte aber stark zurück. Meine Fragen an das Organisations-Team, warum, gaben diese an ihre Kommilitonen weiter. Ergebnis: Es herrschte Zurückhaltung, weil man nicht glaubt, dass wir das alles ernst meinen. Es herrschte Skepsis, dass wir nicht ernsthaft an den Meinungen und Ideen der Nachwuchskräfte interessiert sind und tatsächlich etwas verändern wollen.

13.5.1 Ja, wir meinen das Ernst!

Woher kommt dieses Misstrauen? Meine Erkenntnis ist, dass die Nachwuchskräfte schlicht „städtisch" sozialisiert waren. Sie hatten gelernt, dass sie oft nur wenig eigenverantwortlich arbeiten dürfen, man ihnen nicht immer zuhört und vertraut. „Haben wir immer schon so gemacht", ist leider eine Antwort auf ihre Ideen. Zudem gab es bereits in der Vergangenheit Formate, in denen man Nachwuchskräfte im Vorfeld viel versprochen hatte – insbesondere, dass sie etwas verändern können. Leider hat es dann sehr lange gedauert. Anlass und Ergebnis wurden dann nicht mehr in Beziehung gesetzt. Skepsis statt Engagement sind das Ergebnis.

Um dagegen anzugehen, starteten wir eine umfangreiche Kampagne. Lisa Zech und Alina Völkl sprachen in den Kursen, wir trafen uns mit allen Kurssprechern und Mentoren, um sie als Botschafter zu aktivieren. Letztlich versprach ich, unterstützt durch entsprechende Aussagen des CDO und Head of HR, dass das FutureCamp „anders" ist. Beide nahmen zudem am BarCamp teil, um deutlich zu zeigen, dass sie das Feedback und die Ideen aus erster Hand abholen wollen.

Dann war es soweit: Das FutureCamp startete. Nach einer kurzen Begrüßung übernahmen Lisa und Alina den Staffelstab. Sie pitchten ihre Sessions. Einige ihrer Freunde in den Studiengängen zogen direkt nach. Aber das war nur der Anfang und sollte die Initiative der anderen 200 Teilnehmenden entzünden.

Tat es aber nicht. Während der Einführung war es beinah spürbar: Nur langsam sickerte die Erkenntnis in die Köpfe der Teilnehmende:

> „Die meinen das ernst, die haben tatsächlich nichts vorbereitet. Wenn wir jetzt nicht loslegen, wird heute nichts passieren. Und dann brauchen wir uns auch nie wieder beschweren."

Es dauerte, aber dann kamen tolle Sessionvorschläge. Von „Digitalisierung im Onboarding-Prozess" über „E-Mail – nein, danke!" bis „Kill a stupid rule" war alles dabei, was digitales Arbeiten und Attraktivität einer Organisation ausmacht. Alle Beteiligten waren schwer begeistert über die inhaltliche Tiefe und den Mut der Sessiongeber.

13.5.2 Wenn Personalmarketing auf Realität trifft

Eine Vorstellungsrunde sollte jedes BarCamp haben. Aber wie stellen sich 200 Teilnehmer vor, wenn man nur 10 min dafür geplant hat?

Die Lösung hatten Lisa und Alina: Sie bereiteten zehn Fragen vor, die eine Positionierung der Nachwuchskräfte per Handzeichen verlangte. Beispielhaft seien genannt:

- Wessen Ausbilder hat ein dienstliches Smartphone?
- Wer hat schon einmal etwas programmiert?
- Wer hat bereits eigene Artikel öffentlich ins Internet gestellt?

Und tatsächlich: Die Stimmung löste sich, da die Fragen witzig, eng am Thema und teilweise durchaus kritisch waren.

Wir wollten durch die Fragen nicht nur auflockern und aktivieren, sondern nochmals deutlich machen, dass heute jede Kritik und jede Idee erlaubt ist. Um niemanden in Schwierigkeiten zu bringen, übernahm ich die kritischste der Fragen:

> „Wer von euch, mit dem Wissen von heute, würde sein Studium oder seine Ausbildung nochmals wählen?"

Da ich jahrelang im Personalmarketing, im Recruiting und als Ausbilder bei der Stadt München gearbeitet und gute Kontakte zu (ehemaligen) Nachwuchskräften hatte, ahnte ich die Antwort. Dass sie dann so deutlich ausfiel, überraschte mich aber: Nur 10 % gaben per Handzeichen an, dass sie nochmals diesen beruflichen Weg einschlagen würden.

Natürlich konnte diese eine Frage nicht die genauen Ursachen ermitteln, zeigte aber, dass einiges im Argen liegt. Eine Steilvorlage war das Feedback allemal:

> Dann ändert was! Jetzt und hier auf dem FutureCamp habt ihr die Möglichkeiten dazu!

Wenn dies euch persönlich vielleicht nicht mehr weiterhilft, dann tut es für eure Nachfolger. In diesem Sinne gab es viele Sessionvorschläge zum Thema attraktive Ausbildung, Studien- und Arbeitsbedingungen.

13.5.3 New Work ja, aber!

Man hätte vermuten können, dass die vergleichsweise jungen Teilnehmer des FutureCamps Arbeitsbedingungen im Sinne von „New Work" in ihren Sessions vehement fordern. Das taten sie, aber durchaus kontrovers. Flexibilität im Arbeitsleben aber auch erlebtes Team- und Gemeinschaftsgefühl wurden als eine Art Kontrapunkt diskutiert. Folgende Fragen beschäftigten die Diskutierenden beim Thema moderne und vor allem digitale Arbeitsbedingungen:

- Wie bleibe ich Teil des Teams, wenn ich von zu Hause arbeite?
- Kriege ich alle Informationen mit – gerade die, die inoffiziell über den „Flurfunk" kommen?
- Wie ist der Schutz vor Überarbeitung im flexiblen Arbeiten?

- Wie sieht meine Führungskraft meine Leistung, wenn ich nicht im Büro bin?
- Wie kann ich selber als zukünftige Führungskraft mein Team zusammenhalten?
- Wie werden meine Überstunden erfasst?

Letztere Frage finde ich besonders erwähnenswert: Der deutlich überwiegende Teil der Nachwuchskräfte wünscht sich flexible und vor allem Vertrauensarbeitszeiten. Spannend ist dieser Punkt nicht erst im Zuge des EU-Urteils zur Erfassung von Arbeitszeiten [8]. Vielmehr wird die Möglichkeit der Stadt, sich Gleittage „anzusparen" sehr geschätzt. Man belohnt sich selber durch einen oder mehrere freie Tage durch vorangegangene Mehrarbeit, verlängert Urlaub oder Feiertage. Dies würde bei Vertrauensarbeitszeit wegfallen. Etwas, was mindestens 40 % der Nachwuchskräfte auf meine Frage hin als nachteilig erachten würden.

Eine Lösung für diese Ambivalenzen haben wir in der Session nicht gefunden. Aber die Diskussion macht deutlich, dass die vermeintlichen „Digital Natives" nicht zwingend voll und unreflektiert Arbeitsbedingungen im Sinne New Work verlangen. Es bedarf in den Organisationen deutlich individuellerer Angebote nach dem Motto:

▶ Arbeite doch, wie du es willst!

13.5.4 Verantwortung übernehmen!

Das Engagement in den Diskussionen und die Begeisterung, ihren Themen selber zu bestimmen, war auf dem FutureCamp deutlich spürbar. Die Sessiongeber pitchten nicht nur ihre Idee, sondern moderierten ihre Sessions und sorgten für die Dokumentation der Ergebnisse. Etwas, das selbst gestandene Manager und Dozenten in Workshops nicht immer hinkriegen.

Kurzum, die Azubis und Studies übernahmen Verantwortung für sich, ihre Kommilitonen und für die gesamte Organisation Stadt München. Viele sagten in den Pausengesprächen, dass dies beinah das erste Mal in ihrer Studien- und Ausbildungszeit bei der Stadt war, dass sie dazu die Möglichkeit hatten.

13.5.5 Was uns besonders wichtig ist

Nach dem Gruppenfoto Abb. 13.1 als Erinnerung durften die Teilnehmenden am Ende des BarCamps entscheiden, welche Session, die für sie wichtigste war. Mit Klebepunkten votierten sie für:

- **Robotic Process Automation (RPA)**
  Die duale Studentin Public Management, Nidan Turan, stellte die Vorteile der Robotic Process Automation (RPA) vor. RPA hat zum Ziel, starre, wiederkehrende und

Abb. 13.1 Teilnehmende auf dem FutureCamp 2018

anspruchslose Arbeitsabläufe möglichst vollständig von Software durchführen zu lassen. Beispielsweise können die Daten aus einer Krankmeldung so automatisch in elektronische Personalmanagementsysteme eingelesen werden. Durch RPA werden Mitarbeiter entlastet und haben mehr Zeit für komplexere Sachverhalte.

- **Laptops statt PC**
  Martina Auer setzte mit ihrer Idee bei den in den Behörden weit verbreiteten stationären PCs an. Diese binden die Mitarbeiter der Landeshauptstadt München an den Arbeitsplatz, was von vielen als ineffizient wahrgenommen wird. Durch mobile Endgeräte und der dazu gehörenden zeitgemäßen und funktionellen IT werden flexible Workspaces geschaffen. Mobiles Arbeiten wird erleichtert und Meetings werden effizienter.
- **E-Akte und papierloses Büro**
  Ziel dieses Vorschlags von Laura Drexler sind beschleunigte Prozesse und signifikante Zeit- und Kosteneinsparungen durch die Einführung der E-Akte. Denkbar wären dann elektronische Personalakten mit Self Service, Online Plattformen für Anträge und ganzheitliche Schulungen für Mitarbeiter.

Diese drei Sessions sollten im Stadtrat vorgestellt werden. Natürlich nicht von uns, sondern den Sessiongebern selbst. Ein paar Hemmungen waren da fühlbar. Aber wir unterstützten mit einem Check der Foliensätze, einleitenden Worten von mir und Übungen im geschützten Rahmen. Das Selbstbewusstsein stieg und die Freude auf diese Präsentation vor den politischen Entscheidungsträgern war geweckt.

13.6 Die Ergebnisse zum Leben erwecken

Wichtig war mir von Anfang an, die Ergebnisse des BarCamps nicht einfach verpuffen zu lassen. Zudem galt es, das Format BarCamp innerhalb der Organisation zu etablieren.

Dazu haben wir zunächst einen Eventfilm gedreht [9]. Dieser ist nicht nur eine schöne Erinnerung für alle Teilnehmer, sondern auch ein gutes Mittel, um bei anderen Beschäftigten ein wenig Neid zu erzeugen, damit sie sich bei Wiederholungen möglichst zahlreich anmelden. Viele Fotos runden die Dokumentation ab. Da wir deutlich mehr Material hatten, als wir abbilden konnten, haben wir einen Downloadlink eingerichtet, über den sich die Teilnehmer „ihre" Fotos herunterladen konnten.

Natürlich haben wir über den Event berichtet. Zunächst auf unserem Corporate Blog [10]. Die Sessionergebnisse wurden auf den dort verlinkten Etherpads dokumentiert. Hier konnte jeder ergänzen oder Kommentare einfügen.

Intern wurde im Social Intranet „WILMA" (Plattform Coyo) im Blog-Format mit Video und Bildern berichtet. Wir haben zudem einen Arbeitsraum eingerichtet, in dem die Sessions dokumentiert wurden. Alle Beschäftigten hatten die Möglichkeiten, hier zu dokumentieren oder Frage zu stellen. Auch neue Ideen durften bereits gepostet werden.

13.6.1 Präsentation im Stadtrat

Wie angekündigt, präsentierten die Sessiongeber am 26. September 2018 die drei Themen vor den Münchner Stadträten im IT-Ausschuss.

Die Präsentation war ein voller Erfolg. Nicht nur, dass viele Nachfragen gestellt wurden und die Stadträte sich vielfach bei den Nachwuchskräften bedankten. Sie boten zudem im persönlichen Gespräch im Nachgang ihre Unterstützung an.

Am meisten freute alle Beteiligten, dass der Stadtrat die gesamten Ergebnisse des FutureCamps zum Anlass für mehrere Stadtratsanträge nahm. Auch innerhalb der Organisation bewegte sich also einiges. Zwei Erfolge seien exemplarisch herausgegriffen:

13.6.2 WILLI – die digitale Austauschplattform für Nachwuchskräfte

Eine Session aus dem FutureCamp griff das IT-Referat selbst auf. Dem gesamtstädtischen Webmanagement wurde der Auftrag gegeben, gemeinsam mit der Jugend- und Auszubildendenvertretung und den Sessiongebern eine „Facebook Lite" im Intranet abzubilden. Hier können Azubis und dual Studierende sich im geschützten Rahmen über Praktikumsplätze und Studieninhalte austauschen. 2019 ist die Plattform online gegangen [11].

13.6.3 Laptops statt PC

Das Ergebnis der von Martina Auer moderierten Session war der Vorschlag, Laptops für alle Studierenden zu beschaffen. Diese können nicht nur im Studium, sondern an jeder Praktikumsstelle genutzt werden. Die wiederkehrende Anmeldeproblematiken in der Organisation würden entfallen. Im Juli 2019 hat der Stadtrat dem entsprechenden Vorschlag des Personal- und Organisationsreferates der Stadt München zugestimmt. Bereits die im Herbst 2019 startenden Azubis und Studierenden wurden mit mobilen Geräten ausgestattet [12].

13.7 Fazit – Wie es weiter geht

Der Erfolg des FutureCamps, die Begeisterung der Teilnehmer, den Aufbruch in eine neue Kommunikationskultur in der Organisation, mehr Verantwortung für Nachwuchskräfte sowie die Ideen und umgesetzten Vorschläge für eine digitale und attraktive Stadtverwaltung München schreien förmlich nach einer Wiederholung.

Im Juli 2019 startete daher das 2. FutureCamp. Mit dem ADAC München wurde ein neuer Partner gefunden, der nicht nur Räumlichkeiten zur Verfügung stellte, sondern seine Azubis selber mitmachen ließ. Die Challenge bleibt die gleiche, allerdings wuchs das 2. BarCamp zur Zukunft der Stadtverwaltung auf 300 Teilnehmende. Zudem luden wir Bewerber eingeladen, die bereits ihre Zusage für eine Ausbildung oder ein Studium bei der Stadtverwaltung hatten, aber erst im September 2019 starten würden. So würden sie gleich Teil des Teams, lernten sich untereinander kennen und konnten vom ersten Tag an ihre Arbeitgeberin Stadt München mitgestalten [13]. Zudem ließen wir im begrenzten Umfang erfahrene Kollegen als Teilnehmer zu. Das Feedback des dadurch entstandenen Austausches von Idee und Erfahrung war sehr gut.

Situationsbedingt wurde die dritte Auflage des Futurecamps im Oktober 2020 rein virtuell abgehalten. Erneut eine Herausforderung für das Orgateam, ein Bar Camp digital zu managen. Die Teilnehmenden beweisen aber auch so Flexibilität und erneut viel Engagement.!

Natürlich sind die so schnell umgesetzten Vorschläge der Sessions ein bis dahin einmaliger Erfolg. So etwas gab es noch nie: Ohne lange, auf jeder Hierarchiebene erneut durchzuführende Diskussionen und Prüfungen sowie massenhaft Papier, das in einer Stadtratsvorlage mündet, gelang es Nachwuchskräften schnell und unbürokratisch, etwas zum Besseren zu verändern. Nicht von Ungefähr, dass mich städtische Kollegen ansprechen, warum nicht sie auch ihre Ideen dem Stadtrat direkt vorschlagen können.

Für mich wichtig ist die Erkenntnis:

> ▶ Wenn man Studierenden und Azubis Verantwortung gibt, ihnen zuhört und sie machen lässt, blühen sie auf, übernehmen Verantwortungen und haben die Macht, die gesamte Organisation ein Stück weit zu verändern.

Genau darauf kommt es an: Wir stecken viel Energie in Personalmarketing, Rekrutierung und Ausbildung. „Unsere Nachwuchskräfte sind die Zukunft", heißt es immer. Dann hören wir ihnen doch zu und lasst sie machen! Sie können es. Das hat das FutureCamp eindrucksvoll bewiesen.

Was ist die Alternative? Angepasste Duckmäuser heranzüchten? Glaubt jemand ernsthaft, dass diese so in zehn oder zwanzig Jahren als Entscheider und Führungskraft etwas verändern? Eben. Also, findet Formate wie das FutureCamp und lasst Euren Nachwuchs die Organisation rocken!

▶ Es ist ihre Zukunft. Wenn nicht Nachwuchskräfte, wer dann?

Abschließend einen herzlichen Dank an Alina Völkl, die aktuell ihr Studium Bachelor of Law erfolgreich beendet hat und nun in der Stadtverwaltung München arbeitet. Ein besonderer Dank geht an Lisa Zech, die nach ihrem Bachelor of Arts nun meine Kollegin ist und wir gemeinsam als Team jeden Tag unser Bestes geben, um die Stadt München ein wenig digitaler und besser zu machen.

Literatur

1. EY. (Hrsg.). (2018). Studentenstudie 2018, Studenten in Deutschland: Werte, Ziele, Perspektiven.
2. PricewaterhouseCoopers GmbH Wirtschaftsprüfungsgesellschaft. (Hrsg.). (2018). Fachkräftemangel im öffentlichen Dienst.
3. Forum für innovative Personalarbeit e. V. (FIP). (2019). HR BarCamp. https://hrbarcamp.eu/berlin/. Zugegriffen: 6. Aug. 2019.
4. Landeshauptstadt München, Stadtratsantrag. (2016). Die Daten sollen laufen, nicht die Menschen 4: BarCamp zu E-Government in München organisieren. https://www.muenchen-transparent.de/antraege/4249933. Zugegriffen: 6. Aug. 2019.
5. Landeshauptstadt München, IT-Referat. (2017). MEDIENBILDUNG, APPS UND KULTURWANDEL – IDEEN FÜR DIE DIGITALE VERWALTUNG AUF DEM BARCAMP #MUCGOV17. https://muenchen.digital/blog/ideen-fuer-die-digitale-verwaltung-auf-dem-barcamp-mucgov17/. Zugegriffen: 6. Aug. 2019.
6. Sopra Steria SE, F.A.Z.-Institut für Management-, Markt- und Medieninformationen GmbH. (Hrsg.). (2018). Branchen Kompass, Public Services.
7. Bergmann, F. (2017). *Neue Arbeit, neue Kultur* (6. Aufl.). Arbor, Freiburg im Breisgau.
8. Zeit Online. (Hrsg.). (2019). Kommt jetzt die Stechuhr? https://www.zeit.de/wirtschaft/2019-05/eugh-urteil-arbeitszeiterfassung-arbeitgeber-ueberstunden. Zugegriffen: 6. Aug. 2019.
9. Landeshauptstadt München, IT-Referat. (2018). Future Camp 18 – Die Zukunft der Stadtverwaltung, Link zum Video auf Youtube. https://youtu.be/dJ7jIIe26Lc. Zugegriffen: 6. Aug. 2019.
10. Landeshauptstadt München, IT-Referat. (2018). FUTURECAMP 2018 – Digital. Gemeinsam. Attraktiv. https://muenchen.digital/blog/futurecamp-2018-digital-gemeinsam-attraktiv/. Zugegriffen: 6. Aug. 2019.

11. Landeshauptstadt München, IT-Referat. (2019). WILLI: DIE AUSTAUSCHPLATTFORM VON NACHWUCHSKRÄFTEN FÜR NACHWUCHSKRÄFTE. https://muenchen.digital/blog/willi-die-austauschplattform-von-nachwuchskraeften-fuer-nachwuchskraefte/. Zugegriffen: 6. Aug. 2019.
12. Landeshauptstadt München, Personal- und Organisationsreferat. (2019). Stadt München stärkt digitale Ausbildung. https://www.muenchen.de/rathaus/Stadtverwaltung/Personal-und-Organisationsreferat/Presseservice/2019/Digitale-Ausbildung.html. Zugegriffen: 6. Aug. 2019.
13. Landeshauptstadt München, IT-Referat. (2019). TACHELES REDEN BEIM FUTURECAMP 2019. https://muenchen.digital/blog/tacheles-reden-beim-futurecamp-2019/. Zugegriffen: 6. Aug. 2019.
14. Dr. Stefan Döring, Leading HR. https://stefandoering.net/. Zugegriffen: 6. Aug. 2019.

Stefan Döring baute früh das Personalmarketing Münchens zum Best Practice auf. Seitdem hat er zahlreiche Organisationen erfolgreich im Employer Branding und bei allen Themen rund um die Personalgewinnung unterstützt. Als gefragter Speaker setzt er maßgebliche Impulse für ein besseres Personalmanagement. In den letzten Jahren engagiert sich Dr. Stefan Döring in der Digitalisierung der öffentlichen Verwaltung und ist Experte für neue Arbeitsformen unter dem Stichwort New Work. 2018 wurde er für den New Work Award nominiert und 2019 stand er auf der Shortlist des HR Excellence Awards. Regelmäßig veröffentlicht er Blog-Beiträge unter https://stefandoering.net.

Future Talents – Gewinnung und Bindung von Praktikanten bei Dr. Oetker

14

Niklas Rohde und Mareen Lange

Inhaltsverzeichnis

14.1 Das Unternehmen . . . 190
14.2 Was macht die Arbeit bei Dr. Oetker besonders? – Werte und Kultur . . . 191
14.3 Das Praktikantenprogramm bei Dr. Oetker Deutschland[1] . . . 192
14.4 Die Candidate Journey . . . 194
  14.4.1 Employer Branding . . . 194
  14.4.2 Hochschulmarketing . . . 195
  14.4.3 Social Media Kanäle . . . 196
14.5 Der Rekrutierungsprozess . . . 196
  14.5.1 Online-Bewerbung . . . 196
  14.5.2 Vorstellungsgespräch . . . 196
14.6 Die Zeit im Unternehmen . . . 197
  14.6.1 Onboarding . . . 197
  14.6.2 Eigenverantwortlichkeit von Praktikanten stärken . . . 198
  14.6.3 Feedbackkultur . . . 199
  14.6.4 Benefits . . . 199
  14.6.5 Events . . . 200
  14.6.6 Offboarding und künftige Möglichkeiten der Zusammenarbeit . . . 200
14.7 Die Oetker-Gruppe . . . 201

N. Rohde (✉)
Dr. August Oetker Nahrungsmittel KG, Bielefeld, Deutschland
E-Mail: niklas.rohde@oetker.com

M. Lange
Lüdinghausen, Deutschland
E-Mail: mareen.lange@mtp.org

M. Rütten und K. Bierer (Hrsg.), *Future Talents*,
https://doi.org/10.1007/978-3-658-33023-1_14

14.1 Das Unternehmen

Key Facts zu Dr. Oetker:
Familienunternehmen

- über 125 Jahre Unternehmensgeschichte
- im Geschäftsbereich Nahrungsmittel der Oetker-Gruppe verankert
- International über 16.000 Mitarbeiter, national rund 7.000 Mitarbeiter
- Weltweit in über 40 Ländern tätig
- Standorte in Deutschland
- Hauptsitz in Bielefeld
- Ca. 1000 Produkte in Deutschland und ungefähr 4000 Produkte weltweit
- Jährlich über 100 Praktikanten in Deutschland

Als Familienunternehmen mit über 125-jähriger Geschichte steht Dr. Oetker für eine sozial verantwortliche, nachhaltige Personalpolitik sowie eine mitarbeiter- und leistungsorientierte Unternehmenskultur. Der Nachwuchsförderung kommt dabei eine besondere Bedeutung zu, gemäß dem Motto „Mit Qualität Zukunft gestalten". In den vergangenen Jahren wurde Dr. Oetker immer wieder als einer der besten Arbeitgeber im „Future Talents Report" von CLEVIS ausgezeichnet.

Junge Talente können das Unternehmen schon während der Schul- oder Studienzeit über ein studentisches oder Schülerpraktikum kennen lernen und später über eine Ausbildung, ein duales Studium oder spezielle Einstiegs- und Förderprogramme, wie das internationale Trainee-Programm, die Praxis kennenlernen und Erfahrungen sammeln.

Im Rahmen der Nachwuchsförderung nehmen die Praktikanten im Unternehmen eine besondere Rolle ein, da sie zum einen aktuelles Wissen, v. a. aus dem Studium, in das Unternehmen einbringen und zum anderen potenzielle zukünftige Mitarbeiter sind.

> „Praktikanten sind immer eine großartige Bereicherung für uns und bringen neue Perspektiven ein."
> (Tamara Neumann, Abteilungsleiterin Personal Dr. Oetker Tiefkühlprodukte KG, Wittlich)

Im Zusammenhang mit der digitalen Transformation gibt es auch viele Veränderungsprozesse im Unternehmen, in welche die Digital Natives involviert werden, um den Horizont innerhalb des jeweiligen Teams zu erweitern und neue Impulse zu geben.

Um sich beruflich bestmöglich zu orientieren, sollen Praktikanten einen umfassenden Einblick in das Unternehmen und die Praxis erhalten. Deshalb bietet Dr. Oetker in den einzelnen Fachbereichen national und international ausgerichtete Praktika an, sodass Studenten diverser Fachrichtungen gelernte Theorien direkt anwenden können. In diesem Beitrag wird allerdings ausschließlich das Praktikumsprogramm an den deutschen Standorten thematisiert.

Alessandra Ali arbeitet als IT Specialist Consultant bei Dr. Oetker und hat während des Studiums selbst ein Praktikum im Unternehmen gemacht. Aus ihrer Sicht seien

Praktika wichtig, um sich weiterzuentwickeln und zu orientieren. Zusätzlich lasse sich in einem Praktikum feststellen, wie Unternehmen „ticken“, ob sie zu einem passen und wie einem die durchgeführten Aufgaben liegen. Neben der fachlichen, spiele also auch die persönliche Weiterentwicklung eine große Rolle. Nur durch die tagtäglichen Erfahrungen im Job konnte sie wirklich feststellen, welchen Beruf sie in der Zukunft ausüben wollte.

14.2 Was macht die Arbeit bei Dr. Oetker besonders? – Werte und Kultur

Als innovatives Familienunternehmen mit über 125-jähriger Geschichte steht Dr. Oetker für eine sozial verantwortliche, nachhaltige Personalpolitik sowie eine mitarbeiter- und leistungsorientierte Unternehmenskultur. Sicherheit, Kontinuität, gegenseitiger Respekt, Kollegialität und die hohe Wertschätzung jedes Einzelnen sind dafür wichtige Eckpfeiler.

Dabei stellen die Chancengleichheit sowie eine langfristige Qualifizierung der Mitarbeiter elementare Voraussetzungen dar, damit die Mitarbeiter ihre Leistung in einem vertrauensvollen Klima entfalten und weiterentwickeln können – und so die Zukunft des Unternehmens mitgestalten. Gezielte Aus- und Weiterbildungsmaßnahmen, attraktive Vergütungen und Sozialleistungen, Vereinbarkeit von Familie und Beruf sowie ehrenamtliches Engagement unterstützen dies.

Trotz der Größe und Internationalität des Unternehmens ist noch immer die besondere Atmosphäre eines Familienunternehmens vorhanden. Diese vermittelt ein starkes Wir-Gefühl, welches sich nicht nur im respektvollen Miteinander zeigt, sondern auch durch die herzliche Integration von Praktikanten in das jeweilige Team.

Die familiäre Atmosphäre wird zum Beispiel auch bei besonderen Anlässen wie Geburtstagen spürbar. Oft findet man dann am Arbeitsplatz Konfetti, Luftschlangen, eine persönliche Grußkarte des Teams und es gibt ein kleines Geschenk. Das Geburtstagskind bringt häufig Kuchen oder andere Leckereien mit. Das gilt natürlich auch für Praktikanten.

Freundlichkeit und eine hohe Hilfsbereitschaft bestimmen den Alltag und das Miteinander bei Dr. Oetker, sodass Praktikanten immer einen Ansprechpartner haben, der ihnen mit Rat und Tat zur Seite steht.

Aber auch Familienunternehmen mit einer stark ausgeprägten Wertekultur dürfen sich nicht allein auf bisherigen Methoden und Bewährtem ausruhen, sondern müssen am Puls der Zeit bleiben. In einer Arbeitswelt, die sich durch den technologischen und gesellschaftlichen Wandel stetig verändert, sind sie gefordert, auch aktiv an der Unternehmenskultur zu arbeiten und sie in Richtung Zukunft weiterzuentwickeln. So hat sich auch der Personalbereich neu aufgestellt und in „People and Culture“ umbenannt. Der neue Name verdeutlicht: Gemeinsam mit allen Akteuren möchte das Team Lösungen erarbeiten, in die sich hierarchieübergreifend jeder aktiv und kreativ einbringen kann und so die Unternehmenskultur geprägt wird.

Damit die kulturelle Weiterentwicklung im Unternehmen gut und zielführend umgesetzt wird, sorgt das #move-Team bei Dr. Oetker, bestehend aus vier Agile

Coaches, dafür, dass Abteilungen/Bereiche und Projektgruppen die neuen Arbeitsansätze für sich entdecken, spezifische Methoden und Tools erlernen und sie dadurch letztendlich ihre Zusammenarbeit optimieren. Ziel des #move-Teams ist es also, Arbeitsabläufe effizienter zu gestalten und die Voraussetzungen für Veränderungen in der Arbeitswelt zu schaffen. Dazu gehört neben der persönlichen Begleitung der Fachbereiche auch die Etablierung geeigneter agiler Arbeitsmethoden und New Work-Formate, wie z. B. der Einsatz eines Kanban-Boards, das Einführen sinnvoller Team-Rituale oder regelmäßige Retrospektiven.

Die Praktikanten lernen im Rahmen ihres Praktikums die Tätigkeiten des #move-Teams kennen und werden selbstverständlich in ihren jeweiligen Bereichen in die Prozesse und in neue Methoden eingebunden.

Nicola Stickling, Teil des #move-Teams bei Dr. Oetker, fasst zusammen, was die Unternehmenskultur genau ausmacht:

> „Die Unternehmenskultur bei Dr. Oetker ist für mich wie in einer großen Familie: herzlich und offen, gleichzeitig umsichtig im Umgang miteinander und immer darauf bedacht, das Unternehmen weiter zu entwickeln und zu erhalten."

14.3 Das Praktikantenprogramm bei Dr. Oetker Deutschland[1]

In Deutschland hat Dr. Oetker insgesamt fünf Standorte (s. Abb. 14.1). Am Hauptsitz in Bielefeld sowie in Oerlinghausen befinden sich die Werke, in denen alles rund ums Backen und Einmachen, sowie das Vitalis Müsli produziert wird. Zudem hat Dr. Oetker zwei Pizzawerke in Wittlich und Wittenburg sowie einen Produktionsstandort für Großverbraucherprodukte in Ettlingen.

Grundsätzlich bietet Dr. Oetker Praktika entlang der gesamten Wertschöpfungskette – vom Einkauf über die Produktion bis zum Verkauf – sowie in allen unterstützenden Bereichen wie Personal, Nachhaltigkeit, Forschung und Entwicklung, IT etc. an. Damit können diese in nahezu allen Fachbereichen absolviert werden. Das Angebot richtet sich allerdings nach dem jeweiligen Bedarf, sodass es keine festen Einstiegstermine gibt und im Jahresverlauf variiert.

---

[1]Die aktuelle Corona-Situation hat zu Anpassungen in unserem Praktikantenprogramm geführt. Die im Text beschriebenen Inhalte gehören nach wie vor zu unserem Angebot, werden allerdings verstärkt digital angeboten. Nach den virtuellen Vorstellungsgesprächen binden wir die Praktikanten wie bisher in die Aufgaben und Themen der jeweiligen Fachbereiche ein. Unter Berücksichtigung der Hygienekonzepte arbeiten sie – sofern es ihre Tätigkeiten zulassen – im Wechsel mobil und im Büro. Die dafür notwendige Hard- und Software stellt das Unternehmen zur Verfügung. Außerdem stellen wir sicher, dass alle Praktikanten ein umfassendes Onboarding und ausreichende Präsenzzeiten in den Büros erhalten. Um auch bei einem Praktikum „auf Distanz" ausreichend Kontakt zu den Kollegen und anderen Praktikanten knüpfen zu können, bieten wir digitale Feedback- und Infogespräche, digitale Mittagessen sowie virtuelle Spieleabende und Teamevents an.

Abb. 14.1 Die Standorte von Dr. Oetker

Während am Standort Bielefeld viele Praktika in den kaufmännischen Bereichen oder der Forschung und Entwicklung angeboten werden, besteht an den Produktionsstandorten des Öfteren die Möglichkeit, Praktika mit technischem Schwerpunkt zu absolvieren. In Abstimmung mit dem Fachbereich und der jeweiligen Hochschule kann sich im Einzelfall auch eine Werkstudententätigkeit oder eine Abschlussarbeit an das Praktikum anschließen.

Aufgrund des vielfältigen Angebots sind auch die gesuchten Studiengänge ebenfalls breit aufgestellt, dazu gehören u. a. Betriebswirtschaft, Wirtschaftswissenschaften, Kommunikationswissenschaften, Wirtschaftsinformatik und Ingenieurwissenschaften, Lebensmitteltechnologie und Ökotrophologie. Aber auch Studierende anderer Studiengänge haben mit ihrer Bewerbung gute Chancen, wenn die ausgeschriebene Stelle auf ihr Profil passt.

Die Praktikumsdauer liegt zwischen drei und sechs Monaten und die Voraussetzung ist ein andauerndes Studium. Ein besonderes Angebot ermöglicht Dr. Oetker in Kooperation mit der Oetker-Gruppe den Studierenden, die bereits den Bachelorabschluss in der Tasche haben und sich nun vor ihrem Masterstudium befinden. Im Rahmen des sogenannten Gap Year Programms haben diese die Möglichkeit, innerhalb eines Jahres zwei Praktika innerhalb der Oetker-Gruppe in einem ausgewählten Schwerpunktbereich zu absolvieren und dabei auch verschiedene Gruppenunternehmen kennen zu lernen. Nähere Informationen dazu folgen im Kapitel zur Oetker-Gruppe (Abschn. 14.7).

Die Kombination aus qualitativer Betreuung, angemessenen Anforderungen und ständigen Lernimpulsen sind wichtige Bestandteile des Praktikantenprogramms. Deshalb hat jeder Praktikant einen festen Ansprechpartner im Personal- sowie im jeweiligen Fachbereich. Diese Aufteilung ist bewusst gewählt, sodass bei fachbereichsbezogenen Problematiken ein direkter Ansprechpartner im Fachbereich vorhanden ist. Der Praktikantenbeauftragte im Personalbereich ist in der Recruiting-Phase der Hauptansprechpartner für den Praktikanten und koordiniert deren Einsatz im Unternehmen. Bei allen nicht fachbereichsbezogenen Fragen unterstützt er die Fachbetreuer vor Ort und hat immer ein offenes Ohr für Fragen und Probleme der Studierenden.

Die Praktikantenbetreuer nehmen sich viel Zeit, um ihre jeweiligen Fachbereiche sowie die dortigen Arbeitsabläufe und aktuelle Projekte zu erklären, sodass der Praktikant frühzeitig eigene Aufgaben übernehmen kann.

Die berufliche Orientierung und das Lernen sind primäre Lernziele eines Praktikanten. Als „Fair Company" gewährleistet Dr. Oetker, dass Praktikanten keine Vollzeitstellen im Unternehmen ersetzen, sondern den Fachbereich sowohl im Tagesgeschäft als auch in relevanten Projekten unterstützen. Dabei wird darauf geachtet, dass Praktikanten durchaus verantwortungsvolle Aufgaben übernehmen, die sie fordern, gleichzeitig aber nicht überfordern.

> „Für uns ist es wichtig, unseren Praktikanten vom ersten Tag an das Gefühl zu geben, dass sie zum Team dazugehören und wertschätzend betreut werden. Durch die enge Verzahnung unserer Bereiche können die Praktikanten über das eigentliche Fachthema hinaus auch in andere Bereiche ‚reinschnuppern' und somit ein besseres Verständnis für die Zusammenhänge im gesamten Werk erhalten."
>
> (Sabine Kruse, Personalreferentin Dr. Oetker Tiefkühlprodukte KG, Wittenburg)

14.4 Die Candidate Journey

14.4.1 Employer Branding

Das Praktikantenprogramm von Dr. Oetker in Deutschland ist eingebunden in die internationale Employer Branding Strategie, aus der hervorgeht, wofür wir stehen und welche Nachwuchstalente wir suchen.

Die Grundlage dafür bildet die im Rahmen einer Projektgruppe entwickelte internationale Employer Brand, welche die Werte von Dr. Oetker widerspiegelt und den Rahmen für eine einheitliche, weltweite Kommunikation als Arbeitgeber bildet.

Was bietet Dr. Oetker Studierenden? Wie im klassischen Produktmarketing ist es auch im Hochschulmarketing wichtig zu wissen, was die jeweilige Zielgruppe interessiert, welche Informationen sie benötigt, um den Berufseinstieg gut planen zu können. Dafür nutzt das Employer Branding Team verschiedene Marktforschungsformate wie Umfragen, Studien oder Events, um anschließend die Werte und Benefits des Unternehmens mit den Werten und Wünschen der Zielgruppe zu verbinden. Im Rahmen des Hochschulmarketings wird dieses dann auf den entsprechenden Kanälen und Medien kommuniziert.

14.4.2 Hochschulmarketing

Das Hochschulmarketing spricht konkret die Zielgruppe der Studierenden an und richtet sich sowohl an zukünftige Praktikanten als auch an Absolventen unterschiedlicher Fachbereiche. Daher gibt es nicht nur eine Hochschulmarketingstrategie, sondern jeweils zielgruppenbezogene Maßnahmen. Dabei wird auch die Mediennutzung der Studierenden berücksichtigt, was zu einem Mix aus persönlichen Kontakten, Onlineangeboten und Printkommunikation führt.

Online-affine Studierende spricht Dr. Oetker über diverse – auf konkrete Hochschulen und Studiengänge bezogene – Marketingmaßnahmen wie Werbung auf Online-Karteikarten oder in Lernvideos sowie Bannern auf Studierendenportalen direkt in ihrem Lernumfeld an. Häufig sind diese Maßnahmen auch mit einem Social Media Retargeting verbunden, um die Zielgruppe auf den relevanten Kanälen verstärkt zu erreichen. Unternehmensprofile auf verschiedenen zielgruppenrelevanten Portalen wie meinpraktikum.de oder die Veröffentlichung von Anzeigen und Interviews in Print- und Onlinemedien ergänzen die konkreten Maßnahmen. Hierbei geben Praktikanten oder Trainees persönliche Einblicke in das jeweilige Programm sowie in den Rekrutierungsprozess und das People and Culture-Team stellt Einstiegsmöglichkeiten aus Unternehmenssicht dar. Redaktionelle Beiträge in zielgruppenrelevanten Medien und Magazinen über das Unternehmen und die Rolle als Arbeitgeber runden die Ansprache in Print- und Online-Medien ab.

Das Familienunternehmen setzt allerdings nach wie vor auf den persönlichen Kontakt mit den Studierenden. Es bestehen Kooperationen mit Hochschulen und Studierendeninitiativen in Form von Fachvorträgen oder die Vergabe von Case Studies, eigene Veranstaltungen wie die Talent Days der Oetker-Gruppe (Abschn. 14.7) oder Besuche von Studierenden in der Dr. Oetker Welt in Bielefeld. Auch die Teilnahme an regionalen oder überregionalen Hochschulmessen ermöglicht es den Studierenden, sich mit Mitarbeitern und aktuellen Praktikanten auszutauschen und konkrete Einblicke in das Unternehmen zu erhalten.

Zum Hochschulmarketing bei Dr. Oetker gehört aber auch die Übernahme gesellschaftlicher Verantwortung. Daher unterstützt Dr. Oetker universitäre Förderprogramme und vergibt Stipendien im Rahmen des Deutschlandstipendiums.

Die wichtigste Grundlage für die Information der Zielgruppen bildet die Website www.oetker.de/karriere. Hier können sich Studierende und Absolventen über das Praktikantenprogramm, Werkstudententätigkeiten sowie Einstiegs- und Entwicklungsmöglichkeiten informieren, erhalten News zu den aktuellen Messe- und Eventterminen und zur Employer Brand Dr. Oetker.

14.4.3 Social Media Kanäle

Beiträge, Geschichten, Erfahrungsberichte und News auf den Karriere-Kanälen im Bereich Social Media wie Facebook, Instagram, XING, LinkedIn und Twitter ergänzen die kontinuierlich bestehenden und allgemeinen Informationen auf der Homepage. Sie geben einen aktuellen Einblick in die Welt von Dr. Oetker und unterstützen die Zielgruppenansprache und den Dialog. Diese interne Darstellung wird für die Studierenden durch externe Bewertungsplattformen wie kununu ergänzt und sorgt für Transparenz bei den Studierenden. Die Bewertungen auf den Portalen werden vom Social Media Team regelmäßig gesichtet und kommentiert.

14.5 Der Rekrutierungsprozess

14.5.1 Online-Bewerbung

Studierende, deren Interesse an einem Praktikum bei Dr. Oetker geweckt ist, können sich auf der firmeneigenen Homepage über aktuelle Praktikumsstellen informieren. Die Bewerbung erfolgt dann online über ein Bewerbungsportal. Sollte aktuell keine passende Praktikumsstelle ausgeschrieben sein, kann sich der Bewerber in der internationalen Stellenbörse registrieren und sich einen Job Alert einrichten. Er wird daraufhin per E-Mail informiert, sobald ein Praktikum in seinem Wunschbereich ausgeschrieben ist.

Um die am besten geeigneten Bewerber zu finden, präferiert Dr. Oetker ein mehrstufiges Bewerbungsverfahren. Nach einer ersten Vorauswahl durch den People and Culture-Bereich anhand der Bewerbung, werden die Unterlagen der zur Auswahl stehenden Bewerber über ein Bewerbungssystem an die für Praktikanten verantwortliche Führungskraft des zuständigen Fachbereichs weitergeleitet.

14.5.2 Vorstellungsgespräch

Nach einer positiven Rückmeldung aus dem Fachbereich findet ein zeitnahes, in der Regel persönliches Vorstellungsgespräch vor Ort statt. Die Reisekosten werden vom Unternehmen getragen. Ziel dieses persönlichen Gesprächs ist das gegenseitige Kennenlernen. Zudem wird dem Bewerber ein erster Eindruck von Dr. Oetker vermittelt. Da sich viele Bewerber in Auslandssemestern befinden, werden auch Vorstellungsgespräche per Videotelefonie angeboten.

Jeder Bewerber erhält am Ende des Vorstellungsgesprächs ein Produkt von Dr. Oetker, eine Informationsbroschüre sowie Informationen des jeweiligen Fachbereichs. Die allgemeine Infobroschüre beantwortet die wichtigsten Fragen rund um das Praktikum, wie zum Beispiel die Vergütung, den Urlaubsanspruch aber auch weitere

Angebote für Praktikanten. Wenn ein Bewerber eine Zusage erhält, bekommt dieser auf Wunsch einen Tag Bedenkzeit für die Annahme oder Absage des Praktikumsplatzes.

> „Bei Dr. Oetker habe ich am Tag nach meiner Bewerbung bereits einen Anruf des zuständigen Ansprechpartners der Personalabteilung bekommen. Der gesamte Auswahlprozess lief strukturiert und transparent ab."
> (Maximilian Kornmann, ehemaliger Masterand in der Abteilung Logistik Planung)

Nach der Zusage eines Bewerbers wird der Praktikumsvertrag versendet. Sobald der unterschriebene Vertrag angekommen ist, erhält der Bewerber darüber eine Bestätigung.

Vergütung

- Freiwillige Praktika bis drei Monate sowie Pflichtpraktika werden mit 850 EUR vergütet.
- Freiwillige Praktika über drei Monate und Einsätze im Rahmen des Gap Year Programms werden mit dem Mindestlohn vergütet.

Urlaub

- Der Urlaubsanspruch richtet sich nach dem Manteltarifvertrag und liegt bei 2,5 Tagen pro vollem Einsatzmonat.

Gleitzeit

- Praktikanten können die Arbeit im kaufmännischen Bereich, nach Absprache mit ihrer Abteilung, zwischen 06.00 und 09.00 Uhr beginnen und zwischen 15.00 und 20.00 Uhr beenden.
- Die Zeiterfassung erfolgt digital und kann über ein System jederzeit vom Praktikanten eingesehen werden.

14.6 Die Zeit im Unternehmen

14.6.1 Onboarding

Für Praktikanten ist der erste Tag im Unternehmen besonders spannend. Deshalb werden schon vor dem Beginn des Praktikums Vorbereitungen getroffen, um den Einstieg gut zu gestalten. Dafür erhält jeder Fachbereich vor dem Start eines neuen Praktikanten Hinweise zu den anstehenden Aufgaben. Hierzu gehört beispielsweise die Information der Kollegen über den Start des neuen Praktikanten sowie eine Checkliste, was noch alles organisiert bzw. beachtet werden muss.

Der erste Tag des Praktikanten dient allein dem Kennenlernen und der Einführung ins Praktikum. Der Praktikant wird von seinem Betreuer im Fachbereich persönlich in Empfang genommen. In einem anschließenden Einführungsgespräch werden die

Erwartungen zwischen dem Praktikanten und der Abteilung abgestimmt. Zusätzlich erhält der Praktikant eine E-Mail aus der Personalabteilung mit Informationen zu den sogenannten Praktikanten-Stammtischen mittags im Mitarbeiterrestaurant, der Mitarbeiter-App, der Zeiterfassung im Unternehmen, dem Beurteilungs- und Praktikantenfeedbackbogen sowie eine Einladung zur Willkommens-Veranstaltung.

Bei der Willkommens-Veranstaltung lernen sich alle neuen Praktikanten kennen und erhalten interessante Informationen zum Unternehmen wie zum Beispiel die Geschäftsbereiche von Dr. Oetker und der Oetker-Gruppe sowie die Historie. Das primäre Ziel der Veranstaltung ist das Knüpfen erster Kontakte im Unternehmen.

14.6.2 Eigenverantwortlichkeit von Praktikanten stärken

Praktikanten sind bei Dr. Oetker voll integriert in das Team: Sie können an fachbereichsbezogenen Veranstaltungen, Terminen und Meetings teilnehmen. Dabei werden die Praktikanten nicht nur gefördert, sondern auch gefordert. Im Laufe des Praktikums wird der Anspruch und die Komplexität der Aufgaben an die individuelle Entwicklung und Qualifikation des Praktikanten angepasst. Dabei ist es auch erlaubt, den Praktikanten mal „ins kalte Wasser zu werfen“ und Teilprojekte zu übertragen, ohne ihn damit zu überfordern. Dr. Oetker möchte faire Einstiegsbedingungen, spannende Perspektiven, und Aufgaben anbieten und achtet genau auf diese Balance. Daher haben sie sich der Initiative „Fair Company“ angeschlossen.

Alessandra Ali erinnert sich an die ersten Tage im Praktikum folgendermaßen zurück:

> „Die Einarbeitung war gut vorbereitet und strukturiert. Ich konnte schnell produktiv mitarbeiten und bekam von meinem Vorgesetzten auch entsprechend Verantwortung für meine Aufgaben übertragen.“

Eigenverantwortliches Arbeiten muss gelernt werden. Daher ist es zwingend notwendig, flankierende Maßnahmen für die Übertragung von Aufgaben zu schaffen. Als erstes werden die Projektziele mit dem Praktikanten besprochen. Konkrete Zielformulierungen sind zur Vermeidung von Missverständnissen hilfreich. Während der Aufgabenverteilung ist es notwendig zu erklären, welche weiteren Informationen der Praktikant benötigt, denn oftmals fehlen einem Praktikanten für die Aufgabenbearbeitung wichtige Hintergrundinformationen über das Unternehmen. Daher sollte bereits vor der Aufgabenvergabe die Perspektive des Praktikanten eingenommen werden, um im Vorhinein relevante Informationen zusammenzustellen.

Je länger man sich für die Einarbeitung eines Praktikanten Zeit nimmt, desto höher ist später der Lerneffekt des Praktikanten. Bereits nach wenigen Tagen oder Wochen kann er Routineaufgaben und auch Teilprojekte eigenständig übernehmen. Hier sehen wir einen sehr wichtigen Schritt in der persönlichen Weiterentwicklung des Studierenden: die frühzeitige Verantwortungsübernahme.

14.6.3 Feedbackkultur

Feedback ist keine Einbahnstraße, sondern funktioniert cross-funktional, hierarchieübergreifend und in alle Richtungen.

> „Im Rahmen seines Praktikums soll sich der Praktikant persönlich und fachlich weiterentwickeln und am Ende nicht nur einen Einblick in die Praxis bekommen haben, sondern auch ein Teil des Teams geworden sein. Daher lege ich in meiner Rolle als Praktikantenbetreuer großen Wert auf ein regelmäßiges Feedback."
> (Niklas Rohde, Professional Process and Recruiting in Bielefeld)

Für jeden Einzelnen sorgen Feedbackgespräche für Orientierung, Reflektion und Sicherheit. Daher sind alle Fachbereichsbetreuer im Unternehmer angehalten, alle vier bis sechs Wochen ein strukturiertes Feedback zu geben und auch von den Praktikanten eine Rückmeldung einzufordern. Dadurch wird die Praktikumsqualität stetig verbessert und auch an die aktuellen Bedürfnisse des Unternehmens und der Praktikanten angepasst. Die Praktikanten lernen zudem mithilfe von Selbstreflektion neue Fähigkeiten zu erlernen.

Zudem findet nach der Hälfte der Praktikumszeit ein Zwischengespräch statt, in dem der Praktikant nicht nur ein mündliches Feedback, sondern auch eine erste strukturierte Beurteilung erhält. Diese beinhaltet Rückmeldungen zu seinen bisher gezeigten Stärken und möglichen Entwicklungspotenzialen sowie den Ausblick auf den weiteren Praktikumsverlauf. Die Rückmeldungen und Wünsche des Praktikanten werden ebenfalls erfragt und – soweit umsetzbar – zukünftig berücksichtigt. Zum Ende des Praktikums erfolgt dann das Abschlussgespräch mit ausführlicher Abschlussbeurteilung, die sich dann im Zeugnis widerspiegelt.

14.6.4 Benefits

Praktikanten erhalten ebenfalls Benefits. Hierzu gehören die Nutzung des Mitarbeiterrestaurants, sowie Einkaufsmöglichkeiten im Dr. Oetker Mitarbeitershop.

In Absprache mit dem Fachbereichsbetreuer können die Praktikanten ebenfalls an den Angeboten der firmeneigenen eCademy teilnehmen. Zudem ist für die individuelle Weiterentwicklung eine Teilnahme an New Work-Formaten und Veranstaltungen wie den „Espresso Sessions" möglich. Hierbei handelt es sich um ein Weiterbildungsformat, bei dem mit kurzen, inhaltsstarken Vorträgen Wissen für den täglichen Gebrauch im Berufsleben oder für die Weiterentwicklung der eigenen Sichtweise und Persönlichkeit vermittelt wird.

Zusätzlich erhalten Praktikanten Einblicke für die berufliche Orientierung über den eigenen Aufgabenbereich hinaus. Sie haben zum einen die Möglichkeit, Informationsgespräche mit Kollegen innerhalb ihres eigenen Fachbereichs zu führen, zum anderen ergeben sich durch das persönliche Netzwerk mit anderen Praktikanten auch Chancen, an fachbereichsübergreifenden Infogesprächen teilzunehmen. Maximilian Kornmann beschreibt seine Zeit als Praktikant im Unternehmen:

> „Bei Dr. Oetker war ich in der Hauptabteilung Logistik für das Sortiment Tiefkühlkost tätig. Zu Beginn des Praktikums habe ich jedoch im Rahmen eines Rundlaufs die Chance bekommen, auch die anderen Sortimente kennen zu lernen und sogar zwei Produktionsstandorte zu besichtigen“.

Ein weiteres Highlight des Praktikantenprogramms ist die Führung durch die Dr. Oetker Welt.

14.6.5 Events

Neben fachspezifischen Anlässen existieren zahlreiche interne Anlässe wie das jährliche Betriebsfest, zu dem auch Praktikanten eingeladen werden oder abteilungsbezogene Team-Events wie ein gemeinsamer Grillabend, um die Erweiterung des eigenen Netzwerks im Unternehmen zu unterstützen.

Die Praktikanten organisieren ebenfalls regelmäßige Treffen, wie gemeinsame Mittagessen oder Unternehmungen in der Freizeit. Ann-Kathrin Müller ist ehemalige Praktikantin in der Abteilung People and Culture, Germany in Bielefeld und beschreibt die Aktivitäten nach Feierabend:

> „Jeden Montag treffen sich alle Praktikanten. Wir sind zum Beispiel Bowlen oder Essen gegangen. Innerhalb der Adventszeit darf ein Besuch auf dem Weihnachtsmarkt natürlich auch nicht fehlen“.

Des Weiteren ergänzt Alessandra Ali:

> „Die Praktikanten-Stammtische boten mir immer eine gute Möglichkeit zum Netzwerken und um Bielefeld kennenzulernen.“

14.6.6 Offboarding und künftige Möglichkeiten der Zusammenarbeit

In den letzten Tagen des Praktikums findet ein Abschlussgespräch zwischen Praktikant und Fachbetreuer statt. In diesem Gespräch werden weitere mögliche Wege der Zusammenarbeit, wie das Schreiben einer Bachelor- und/oder Masterarbeit, ein Direkteinstieg oder offene Werkstudentenjobs, aufgezeigt.

Maximilian Kornmann ist nach dem Praktikum als Masterand wieder in das Unternehmen zurückgekommen:

„Nach meinem Praktikum habe ich die Möglichkeit erhalten, auch meine Masterarbeit bei Dr. Oetker zu schreiben. Als Masterand hat man bei Dr. Oetker alle Freiheiten. Ich kann im Unternehmen, in der Bibliothek oder flexibel von zu Hause arbeiten. Dafür habe ich ein Notebook zur Verfügung gestellt bekommen. Zudem habe ich zu Analysezwecken Zugriff auf relevante Unternehmensdaten und erfahre viel Unterstützung der Kolleginnen und Kollegen sowie meines Betreuers bei Fragen."

Außerdem wird nach einem Praktikum ein ausformuliertes, qualitatives Zeugnis überreicht, welches auf Basis der Beurteilung erstellt und mit dem Fachbereich abgesprochen wird. Anschließend gibt auch der Praktikant Feedback zu seinem Praktikum, um die zukünftige Qualität des Praktikantenprogramms sicherzustellen.

Praktikanten, die eine überdurchschnittliche Leistung bei Dr. Oetker erbracht haben, erhalten nach dem Praktikum einen Zugang zum Stay in Touch-Programm der Oetker-Gruppe.

„Durch die Aufnahme in das Stay in Touch-Programm erhalten unsere ehemalige Praktikanten Zugang zur ganzen Unternehmensgruppe und können so ihr Netzwerk erweitern",

erläutert Clarissa Lührig, Project Coordinator Oetker Group.

14.7 Die Oetker-Gruppe

Dr. Oetker ist Teil der international tätigen Oetker-Gruppe. Mit rund 34.000 Beschäftigten und einem Jahresumsatz von 7,4 Mrd. EUR zählt die Oetker-Gruppe zu den großen deutschen Familienunternehmen.

Die Oetker-Gruppe

- Holding der Oetker-Gruppe: Dr. August Oetker KG
- Mitarbeiter: rund 34.000
- Jahresumsatz: 7,4 Mrd. EUR
- Breite Diversifikation in fünf Geschäftsfeldern:
  - Nahrungsmittel (Dr. Oetker…)
  - Bier und alkoholfreie Getränke
  - Sekt, Wein und Spirituosen
  - Bank
  - Weitere Interessen

Der Erfolg der weltweit tätigen Oetker-Gruppe basiert auf ihren qualifizierten und engagierten Mitarbeitern. Deshalb nimmt die Talent- und Nachwuchsförderung einen hohen Stellenwert innerhalb der Unternehmensgruppe ein und bietet den Gruppenunternehmen ergänzende Optionen für Praktikanten.

Gap Year der Oetker-Gruppe

Das im Abschn. 14.3 bereits erwähnte Gap Year bietet Bachelorabsolventen, die ein Masterstudium anstreben, die Chance, relevante Praxiserfahrung innerhalb der Oetker-Gruppe zu sammeln. Das Programm startet jährlich im Oktober und beinhaltet zwei Praktika in verschiedenen Unternehmen der Unternehmensgruppe. Anschließend haben die Studierenden einen guten Einblick darüber, für welche Branchen und Bereiche sie sich insbesondere interessieren und welche Aufgaben ihnen Spaß machen. Sie erlangen eine optimale berufliche Orientierung. Clarissa Lührig, verantwortlich für das Gap Year Programm:

> „Das Gap Year Programm der Oetker-Gruppe bietet die einmalige Möglichkeit, die breite Diversifikation der Oetker-Gruppe zu erleben, wichtige praktische Erfahrungen zu sammeln, Kontakte zu knüpfen und sich persönlich weiterzuentwickeln."

Stay in Touch Programm der Oetker-Gruppe

Besonders qualifizierte und engagierte Praktikanten, die mit Dr. Oetker in Verbindung bleiben wollen, haben die Chance auf die Teilnahme am Stay in Touch-Programm, dem Praktikantenbindungsprogramm der Oetker-Gruppe. Neben der gruppenweiten Vernetzung werden den Teilnehmern spannende Seminare und informative Workshops geboten. Dabei werden auch aktuelle Themen aufgegriffen: Im vergangenen Jahr gab es beispielsweise einen Workshop zur Design Thinking Methode. Zudem erhalten die Stay in Touch´ler regelmäßig aktuelle Stellenausschreibungen sowie Neuigkeiten aus der Unternehmensgruppe.

Talent Days der Oetker-Gruppe

Eine gute Möglichkeit, als Student mit Dr. Oetker in Kontakt zu kommen, sind auch die im Kap. 2 bereits erwähnten Talent Days der Oetker-Gruppe.

> „Die Talent Days der Oetker-Gruppe sind eine einmalige Gelegenheit, die Vielfalt der Oetker-Gruppe in ihrer Gänze zu erleben, Kontakte zu Personalern sowie Fach- und Führungskräften zu knüpfen, die Unternehmenskultur kennenzulernen und Einstiegsmöglichkeiten auszuloten",

erläutert Clarissa Lührig. Das Besondere an dem Event ist die Vielfalt: Der erste Tag bietet die Chance, die Unternehmensgruppe sowie Fach- und Führungskräfte, Personaler und andere Teilnehmer kennenzulernen. Am zweiten Tag werden fachspezifische Workshops angeboten, für die man sich im Vorfeld bewerben muss. Die Teilnehmer arbeiten dann mit den Workshopleitern an unternehmensrelevanten und zukunftsweisenden Fragestellungen und erhalten so einen Einblick in das Tätigkeitsspektrum.

Das Praktikantenprogramm ermöglicht uns, frühzeitig junge Talente kennenzulernen und ihnen einen ersten Eindruck über das Unternehmen sowie die Arbeitswelt zu vermitteln. Viele Talente nutzen anschließend die Chance, um mit Dr. Oetker in Kontakt zu bleiben – ob über das Stay in Touch- Programm, ein weiteres Praktikum, über eine Abschlussarbeit oder einen Berufseinstieg.

Einige ehemalige Praktikanten finden den Weg zu Dr. Oetker aber auch nach ihrem Berufseinstieg. Zum Beispiel Nora Thelen, heute Executive Managerin People Engagement & Talent Management:

> „Nach meinem sechsmonatigen Praktikum während des Bachelors in der Personalabteilung bei Dr. Oetker wusste ich, dass Personal mein Thema ist! Nach meinem Masterabschluss bin ich zunächst in ein Unternehmen der Energiebranche eingestiegen. Als dann nach knapp drei Jahren eine Stelle im Personalbereich bei Dr. Oetker ausgeschrieben war, die genau auf mein Profil passte, bin ich quasi zurück zu den Wurzeln gegangen. Aus dem Praktikum wusste ich, dass ich mich mit der Unternehmenskultur identifiziere und gerne einen Teil dazu beitragen wollte, die Mitarbeiter und die Organisation in ihrer Entwicklung zu begleiten."

Nach ihrem Einstieg im Bereich People and Culture Germany hat Nora Thelen verschiedene Funktionen im Bereich People Engagement und Talent Management übernommen und leitet diesen inzwischen.

Niklas Rohde ist 2014 mit einer Ausbildung zum Industriekaufmann bei Dr. Oetker in Bielefeld gestartet. Nach erfolgreichem Abschluss übernahm er eine Position in der Abteilung Personal und Organisation, die sich neuformiert hat und nun People and Culture heißt. Zu seinen Tätigkeitsbereichen gehörten die Themen Praktikum und Hochschulmarketing. In dieser Rolle war er Hauptansprechpartner für das Schüler- und studentische Praktikum am Standort Bielefeld. Zudem verantwortete er das gesamte Bewerbermanagement. Darüber hinaus vertrat er das Familienunternehmen auf verschiedenen internen wie externen Veranstaltungen wie beispielsweise Hochschulmessen. Seit Mai 2020 ist er im Bereich People and Culture Germany als „Professional Process and Recruiting" tätig und koordiniert das Bewerbermanagement des Bielefelder Standorts. Außerdem hat er Ende 2018 das berufsbegleitende Bachelor-Studium „Digital Business Management" an der FHM Bielefeld aufgenommen.

Mareen Lange studiert an der Fachhochschule in Münster Betriebswirtschaftslehre. Von Februar bis Juli 2020 war sie Praktikantin in der Abteilung People and Culture Germany bei Dr. Oetker in Bielefeld. Innerhalb dieser Zeit hat sie bei der Erstellung dieses Buchbeitrags unterstützt.

Der selbstbestimmte Praktikant

15

Kim Zöllner und Cecile Friedrichs

Inhaltsverzeichnis

15.1 Einleitung . . . 206
15.1.1 Welche Vorteile bringt ein gelungenes Praktikumsprogramm? . . . 206
15.1.2 Hintergrundinformation . . . 206
15.2 Theoretische Grundlage: Die Selbstbestimmungstheorie . . . 207
15.3 Das Praktikum als intrinsisch motivierte Tätigkeit . . . 209
15.4 Anwendung der Selbstbestimmungstheorie für ein erfolgreiches Praktikumskonzept . . 211
15.5 Kompetenzerleben im Praktikum . . . 212
15.5.1 Vor dem Praktikum . . . 212
15.5.2 Während des Praktikums . . . 213
15.5.3 Nach dem Praktikum . . . 216
15.6 Autonomie im Praktikum . . . 216
15.6.1 Vor dem Praktikum . . . 216
15.6.2 Während des Praktikums . . . 217
15.6.3 Nach dem Praktikum . . . 218
15.7 Soziale Eingebundenheit als Praktikant . . . 218
15.7.1 Vor dem Praktikum . . . 218
15.7.2 Während des Praktikums . . . 220
15.7.3 Nach dem Praktikum . . . 220
Literatur . . . 221

K. Zöllner · C. Friedrichs (✉)
AVANTGARDE Talents GmbH, München, Deutschland
E-Mail: cecile.friedrichs@avantgarde-talents.de

K. Zöllner
E-Mail: student@avantgarde-talents.de

M. Rütten und K. Bierer (Hrsg.), *Future Talents*,
https://doi.org/10.1007/978-3-658-33023-1_15

15.1 Einleitung

15.1.1 Welche Vorteile bringt ein gelungenes Praktikumsprogramm?

Bevor es um die Selbstbestimmungstheorie und deren Anwendung auf Praktikumsprogramme gehen soll, ist zunächst einmal zu klären: Warum ist ein wohldurchdachtes und klar aufgesetztes Praktikumskonzept so wichtig?

Sowohl auf Arbeitgeber- als auch auf Arbeitnehmerseite lassen sich vielfältige Erträge ableiten, wenn ein absolviertes Praktikum als erfolgreich wahrgenommen wird. Der Praktikant gewinnt, um nur wenige Vorteile zu nennen, einen langfristigen Ansprechpartner, ein ausgebautes Kontaktnetzwerk, einen möglicherweise zukünftigen Arbeitsplatz und eine Vielzahl von Learnings, die aus dem Praktikum mitgenommen werden können. Der Arbeitgeber auf der anderen Seite kann beispielsweise durch die anfangs außenstehende Sichtweise der Praktikant:innen von neuen Ideen zu den verschiedensten Bereichen profitieren. Zugleich kann zu zufriedenen Praktikant:innen eine dauerhafte Beziehung entstehen, die weitere Möglichkeiten birgt. So kann sie zu einem Berufseinstieg im Unternehmen, zu einer Empfehlung im Bekanntenkreis oder zu einer Kontaktstelle bei potenziellen Kunden führen. Auch im Sinne der Nachhaltigkeit sollten Unternehmen der Fluktuation entgegenwirken und wieder verstärkt darauf setzen, für ihre Praktikanten sowie generell für alle Mitarbeiter Rahmenbedingungen zu schaffen, sich mit dem Unternehmen und seiner Corporate Identity zu identifizieren und sich selbst zu verwirklichen.

15.1.2 Hintergrundinformation

Angefangen als klassisches Start-up mit einer Handvoll Mitarbeitern hat sich AVANTGARDE Experts in wenigen Jahren zum führenden Spezialisten in der Vermittlung von Marketing-, Kommunikations- und Sales-Experten mit mittlerweile 250 Mitarbeiter:innen und fünf Standorten entwickelt. Neben dem Recruiting von Fach- und Führungskräften, werden in der Abteilung Future Experts auch Werkstudenten mit namhaften Unternehmen zusammengeführt. Zudem bietet AVANTGARDE Experts jungen Talenten die Möglichkeit, ein Praktikum im Bereich Personalentwicklung, Recruiting, Vertrieb, Controlling, Marketing oder auch abteilungsübergreifend zu absolvieren. Als Unternehmen, das die Bedeutung einer frühzeitigen Integration von Studierenden erkannt hat, sollen im Folgenden Best Practices dazu dienen, auch anderen Firmen Ideen an die Hand zu geben, um junge Talente nachhaltig an sich zu binden.

15.2 Theoretische Grundlage: Die Selbstbestimmungstheorie

Motivation ist das, was einen Menschen antreibt, ihn also dazu bewegt, eine Handlung auszuführen. Eine weiter ausdifferenzierte Definition schlägt Zimbardo [20, 21] vor, der Motivation als das „Ingangsetzen, Steuern und Aufrechterhalten von körperlichen und psychischen Aktivitäten“ beschreibt. Viele Theorien haben im Laufe der Zeit versucht, dieses komplexe psychologische Konstrukt zu erklären, das von der Triebtheorie Freuds über behavioristische Anschauungen bis zur kognitiven Wende und aktuelleren Theorien wie der von Deci & Ryan reichen, die Grundlage dieses Artikels sein soll.

Richard M. Ryan und Edward L. Deci sind Professoren der Psychologie an der University of Rochester und zwei der führenden Theoretiker im Bereich der menschlichen Motivation. Zudem sind sie Begründer der Selbstbestimmungstheorie [5], die Motivation in intrinsische und extrinsische Ausprägungen unterscheidet und auf die Vorhersage und Änderung von Verhalten abzielt [7]. Extrinsische Formen von Motivation sind durch äußere Anreize beeinflusst und legen sich in instrumentellen oder kontrollierten Zielrichtungen dar. Instrumentelle Motivation zeigt sich in Verhaltensweisen, die auf ein bestimmtes Ziel ausgerichtet sind, wie Macht, Geld oder Berühmtheit. Kontrollierte Zielrichtungen sind meist abhängig von externen Steuerungsinstanzen. So wird eine Handlung beispielsweise aus Angst vor Bestrafung, Zeitdruck o. Ä. ausgeführt oder um gute Noten bzw. positive Bewertungen zu erhalten. Die intrinsische Motivation hingegen liegt innerhalb des Menschen begründet und lässt sich auf persönliche Interessen oder Werte zurückführen [4].

Basierend darauf treffen Deci und Ryan Rückschlüsse zur Qualität von Motivation. Je mehr eine Aktivität als selbstbestimmt wahrgenommen wird, desto höher ist die Qualität der Motivation und dementsprechend auch die Qualität der Tätigkeit. Eine konzentrierte Aufmerksamkeitszuwendung [11] sowie eine tiefere kognitive Verarbeitung [15] sind dadurch möglich. „Intrinsisch motivierte Handlungen repräsentieren den Prototyp selbstbestimmten Verhaltens. Das Individuum fühlt sich frei in der Auswahl und Durchführung seines Tuns. Das Handeln stimmt mit der eigenen Auffassung von sich selbst überein.“ [4]. Doch wie lässt sich eine selbstbestimmte Motivation erreichen? Nach Deci und Ryan sind es drei angeborene psychologische Bedürfnisse des Individuums, welche befriedigt sein müssen, um intrinsische Motivation zu entwickeln: Kompetenz, Autonomie und soziale Eingebundenheit [4].

Unter Kompetenz lässt sich das Bedürfnis verstehen, sich in seiner Umwelt als wirksam zu erleben. Kurz gesagt: „Ich kann es!“ [13]. Jene Selbstwirksamkeit lässt sich durch Herausforderungen erfahren, die es mithilfe seiner individuellen Fähigkeiten und Fertigkeiten zu meistern gelingt. Gleichermaßen dazu zählen auch Misserfolge, wenn diese als Verbesserungsmöglichkeit genutzt werden können [6]. Es gibt verschiedene Möglichkeiten, das Kompetenzerleben eines Menschen zu fördern. Zum einen ist es wichtig, dass die zu bearbeitenden Aufgaben ein optimales Anforderungsniveau besitzen, also weder über- noch unterfordernd sind. Da es sich als schwierig darstellen kann, genau die Schwierigkeitsstufe zu bestimmen, eignen sich offene Aufgaben, die vielfältige Lösungsstrategien zulassen. Förderlich ist zudem ein konstruktives, positives Feedback, das dem Individuum prozessorientierte Rückmeldung gibt. Das bedeutet, dass weniger das Individuum selbst oder seine Lösung bewertet werden sollten, sondern vorwiegend der Lösungsweg zu betrachten ist.

Als weiteres psychologisches Bedürfnis, welches basal für die Entstehung intrinsischer Motivation ist, nennen Deci und Ryan Autonomie. Darunter versteht man einen Zustand der Selbstbestimmung, der es dem Individuum erlaubt, eigene Entscheidungen zu treffen [8] bzw. der das Gefühl auslöst, etwas aus eigenem Willen oder eigener Initiative zu tun. Vereinfacht lässt sich Autonomie durch den Satz „Ich entscheide!" ausdrücken [13]. Ein selbstbestimmter Mensch weist bei den Aktivitäten, für die er sich bewusst entschieden hat, in der Regel ein besseres Problemlöseverhalten sowie ein längeres Durchhaltevermögen auf. Zusätzlich werden als autonom wahrgenommene Tätigkeiten als übereinstimmend mit der eigenen Identität konstatiert und können somit auch in das Selbstbild integriert werden. In Opposition dazu ist Heteronomie der Zustand der Fremdbestimmung, durch den sich das Individuum als abhängig und von äußeren Zwängen bzw. Normen geleitet erkennt. Die Form der Motivation ist in diesem Fall extrinsisch, was bedeutet, dass eine Tätigkeit oder ein Verhalten nur so lange aufrechterhalten wird, wie die externalen Einflussfaktoren und Anreize als erfolgsversprechend wahrgenommen werden [12]. Allerdings konnten Deci und Ryan belegen, dass durch Prozesse der Internalisierung und Integration extrinsische Motivation ebenfalls in selbstbestimmtes Verhalten überführt werden kann [4]. Damit dies gelingt, sollten Umweltbedingungen geschaffen werden, die eine Selbstregulation fördern, indem sie (Selbst-)Vertrauen, Orientierung, Transparenz und Freiräume stiften. Dennoch muss Autonomieerleben von völliger Handlungsfreiheit abgegrenzt und vielmehr als Freiraum innerhalb von Rahmenbedingungen und Strukturen verstanden werden [9].

Der dritte Faktor, der ein intrinsisch motiviertes Verhalten begünstigt, ist die soziale Eingebundenheit, kurz „Ich gehöre dazu!" [13]. Sie beschreibt das Bedürfnis, sich einer Sozialgemeinschaft zugehörig zu fühlen, von dessen Mitgliedern Beachtung zu erfahren sowie auch ihnen nützlich zu sein [3]. Da man annehmen könnte, dass eine soziale Zugehörigkeit selbstbestimmtes Handeln eher ausschließt, verweisen jedoch Ryan und Deci darauf, dass „der Mensch die natürliche Tendenz hat, Regulationsmechanismen der sozialen Umwelt zu internalisieren, um sich mit anderen Personen verbunden zu fühlen und Mitglied der sozialen Umwelt zu werden" [4]. Als Beispiel für einen sozialen Regulationsmechanismus dient ein Schüler, der für das Abitur lernt, um gute Note zu erreichen und sich damit für ein bestimmtes Universitätsstudium zu befähigen. Somit ist der soziale Regulationsmechanismus – Lernen als persönliche Weiterentwicklung und zur Ausbildung von qualifizierten Arbeitskräften – internalisiert worden. Der Schüler hat sich einen speziellen universitären Abschluss zum Ziel gesetzt, um seinen individuellen Platz in der Gesellschaft einzunehmen [4]. Daraus lässt sich schließen, dass das Individuum die sozial vermittelten Verhaltensweisen in sein Selbstkonzept aufnehmen und sein Handeln somit als autonom erleben kann [4]. Innerhalb einer Gemeinschaft wird die soziale Eingebundenheit der Beteiligten sichtbar durch ein gegenseitiges Unterstützen oder durch ein allgemeines Wohlbefinden in Gruppensituationen [9].

15.3 Das Praktikum als intrinsisch motivierte Tätigkeit

Bevor die drei psychologischen Grundbedürfnisse nun auf die Konzeption eines Praktikums übertragen werden sollen, wird im Folgenden zunächst die Sonderstellung des Praktikums in Abgrenzung zur Werkstudententätigkeit und Festanstellung präzisiert.

Unter der Bezeichnung Werkstudent versteht man einen Studierenden, der an einer Hochschule immatrikuliert ist und nebenbei bis zu 20 h pro Woche während des Semesters bzw. bis zu 40 h pro Woche in den Semesterferien in einem Unternehmen arbeitet. Anders als bei einem Studentenjob, zu dem Aushilfs-, Promotion- oder Hostesstätigkeiten zählen, kann davon ausgegangen werden, dass bei einem Werkstudentenjob eine fachliche Verknüpfung zum Studium gegeben ist. Hier liegt somit eine Gemeinsamkeit zum Praktikum. Dennoch steht bei einer Werkstudententätigkeit die Arbeitsleistung aus Sicht des Arbeitgebers und meist der finanzielle Verdienst aus Sicht des Studierenden im Vordergrund. Diese beiden Aspekte lassen sich nicht auf das Praktikum übertragen. So liegt das durchschnittliche Gehalt eines Praktikanten bei ca. 1098,67 EUR brutto monatlich [2], also umgerechnet 6,39 EUR pro Stunde. Ein Werkstudent hingegen muss laut Mindestlohn-Gesetz mindestens 9,19 EUR pro Stunde (brutto) erhalten, allerdings geht das Werkstudentengehalt meist über 10 EUR pro Stunde hinaus und kann je nach Branche sogar bis über 20 EUR pro Stunde steigen [14]. Dafür verlangt der Arbeitgeber jedoch auch eine vollwertige Teilzeitarbeitskraft. Eine kleinschrittige Heranführung an das Tätigkeitsfeld sowie die Unterstützung durch einen Mentor sind bei vielen Firmen eher selten.

Bei einem Arbeitsverhältnis in Festanstellung verhält es sich so, dass der Arbeitnehmer genau wie der Praktikant Vollzeit arbeitet. Unterschiede lassen sich allerdings sowohl im Gehalt als auch in der zu verrichtenden Arbeit ausmachen. Während der Festangestellte seine Tätigkeiten nach Weisung des Arbeitgebers ausrichten und von ihm festgesetzte Leistungen erzielen muss, sollten bei einem Praktikum der Studierende selbst und seine Weiterentwicklung im Vordergrund stehen. So wird als häufigster Grund für ein Praktikum das erwartete Lernpotenzial angeführt, gefolgt von dem Kennenlernen einer bestimmten Branche und der praktischen Umsetzung des im Studium erworbenen Wissens [2]. Diese Anreize lassen sich eindeutig als intrinsische Motivation klassifizieren. Natürlich können bei Festanstellung und Werkstudenstätigkeit gleichermaßen Gründe wie Interessen, Werte und die Chance zur Weiterentwicklung eine Rolle spielen, dennoch sind das Gehalt, die Fremdbestimmtheit der Aufgaben und die festgelegten erwarteten Leistungen eindeutige externale Reize, die sich in einer extrinsischen Motivation widerspiegeln.

Ein Unternehmen, welches Studierenden die Möglichkeit eines Praktikums anbieten möchte, sollte sich bewusstmachen, wie es die intrinsische Motivation der jungen Talente nutzen kann, damit beide Seiten davon profitieren. Dafür lohnt es sich zunächst, einen genaueren Blick auf die Beweggründe der Studierenden für ein Praktikum zu werfen. Einerseits soll ein Praktikum dazu dienen, die im Studium erlernte Theorie mit Anwendungskompetenzen zu erweitern. Für den Arbeitgeber bedeutet das, sich mit den Studieninhalten der Praktikanten zu beschäftigen, um so eine Übereinstimmung zwischen Theorie und Praxis zu gewährleisten. Hierfür bietet sich ein Gespräch mit dem Praktikanten an, durch das Fragen wie, „In welchem Semester befindet sich der Praktikant?", „Welche Kurse hat er bisher absolviert?" oder „Was sind Schwerpunkte, die ihn dabei besonders interessiert haben und die er gern vertiefen möchte?", beantwortet werden sollen. Zum anderen lässt sich die Qualifizierungs- und Orientierungsfunktion nennen, die ein Praktikum ermöglichen soll. Fragen wie, „Ist die Branche etwas für mich?", „Könnte ich mir vorstellen, jahrelang diesen Job auszuführen?" oder „Passt dieses Berufsfeld zu mir, meinem Charakter, meinen Fähigkeiten, meinen Einstellungen?" sollten nach dem Praktikum Rückschlüsse für die Planung der weiteren Bildungs- und Karrierelaufbahn erlauben. Zusätzlich kann ein Praktikum auch als Präsentation bei einem potenziellen Arbeitgeber dienen, vor allem wenn der Student sich am Ende seiner universitären Ausbildung befindet [1]. Auch hier empfiehlt sich ein Gespräch mit dem Praktikanten, um abzustecken, inwiefern das Unternehmen auch als zukünftiger Arbeitgeber in Betracht gezogen wird und welche Voraussetzungen dafür erfüllt sein müssten.

Wie sich anhand der bereits erwähnten Ergebnisse der CLEVIS-Studie [2] zeigt, haben die Experten von Morgen hohe Ansprüche an ein Praktikum. Aber auch seitens des Arbeitgebers sind die Anforderungen nicht gering. So sollen die potenziellen Praktikanten bereits über Berufserfahrung verfügen, bestenfalls aus der gleichen Branche. Dies wird bereits in den detaillierten Stellenausschreibungen deutlich, die eine lange Liste von Qualifikationsmerkmalen aufführen, wie ein bestimmter Studiengang, fachspezifische Vorkenntnisse, ein routinierter Umgang mit verschiedenen Software-Programmen usw. Hinzu kommen oft Aufgabenbeschreibungen mit Fachbegriffen, die vielen Studierenden oftmals fremd sind. Was vielleicht herausfordernd anmuten soll, wirkt jedoch meist einschüchternd für den Studierenden, sodass dieser entweder schon vor der Kontaktaufnahme mit negativen Emotionen in den Bewerbungsprozess hineingeht oder im schlimmsten Fall ganz von einer Bewerbung absieht.

Wie man als Unternehmen ein Praktikumskonzept gestalten kann, welches von Beginn der Stellenausschreibung, der Kandidatensuche und Bewerbung, über die Praktikumszeit hinweg, über das Kontakthalten und das letztliche Ziel der Festanstellung des ehemaligen Praktikanten, an als positiv erlebte Erfahrung und als systematische Eingliederung in das Unternehmen fungiert, soll im Folgenden mithilfe der drei psychologischen Bedürfnisse von Deci und Ryan sowie Best Practices aus der langjährigen Erfahrung von AVANTGARDE Experts erklärt und anhand von Beispielen demonstriert werden.

15.4 Anwendung der Selbstbestimmungstheorie für ein erfolgreiches Praktikumskonzept

Der erste Schritt, der Voraussetzung für die Entwicklung eines Praktikumskonzepts ist, liegt darin, sich als Unternehmen seiner Corporate Identity bewusst zu werden. Diese lässt sich definieren als Verbindung von Unternehmensverhalten, -erscheinungsbild und -kommunikation „mit der Unternehmenspersönlichkeit als dem manifestierten Selbstverständnis des Unternehmens“ [1]. Kurz gesagt ist die Corporate Identity das, was ein Unternehmen ausmacht.

Anhand abstrakter Unternehmensstereotype soll im Weiteren veranschaulicht werden, welche gezielte Förderung eines psychologischen Grundbedürfnisses sich bei dem jeweiligen Praktikantenkonzept besonders eignen könnte. Als erstes Beispiel soll ein Ingenieurbüro dienen, das über wenige, aber langjährige Mitarbeiter verfügt. Jeder der Angestellten hat seine eigenen Projekte, die er bearbeitet, weshalb nur wenig Teamwork stattfindet. Die Arbeitsprozesse haben sich jahrelang als erfolgreich erwiesen, sodass kaum Bedarf an Innovation gesehen wird. Dennoch soll das Fortbestehen des Ingenieurbüros durch Praktikanten gesichert werden, die bestenfalls nach ihrem Studium übernommen werden. Für das skizzierte Ingenieurbüro würde sich daher ein Praktikumskonzept anbieten, welches vorwiegend auf das Kompetenzerleben ausgerichtet ist. So könnte der Praktikant nach einer Einarbeitung an Projekten mitwirken, kleine Aufgaben bekommen, die seinen Interessen und Fähigkeiten entsprechen, und dabei stets Rückmeldung zu seinen Tätigkeiten sowie zu den Fortschritten des Projekts erhalten, was gleichzeitig auch zur sozialen Eingebundenheit beitragen würde. Ziel sollte es sein, dass der Praktikant das Gefühl bekommt, dass er etwas zum Erfolg des Projekts beigesteuert hat und sich somit als kompetent erlebt.

Bei einem Start-up wiederum können andere Voraussetzungen gegeben sein. Man stelle sich vor, dass viele Prozesse noch nicht vollständig entwickelt sind, das Team noch im Aufbau ist, das Geschäftsmodell noch unkonkret ist und Überstunden als selbstverständlich gelten. Gerade in diesem Fall sind Praktikanten hilfreich, um ein wenig Arbeit abnehmen zu können und mit ihrem Ideenreichtum das Start-up weiterzubringen. Die wenigen Mitarbeiter werden vermutlich wenig Zeit haben, sich um die Praktikanten zu kümmern, was vor allem für selbstbewusste oder erfahrenere Studierende von Vorteil sein kann. Denn dadurch können sie von einer Autonomie profitieren, die in länger bestehenden Unternehmen wahrscheinlich schwer zu finden ist. Wenn der Studierende Eigeninitiative zeigt, kann er bei einem Start-up wohlmöglich überall mit „anpacken“, wo er möchte, da vermutlich kein Bereich schon gänzlich entwickelt ist. Daher ist der Grad an Selbstbestimmung, den ein Praktikant hinsichtlich seiner Aufgaben, Strategien, Ziele und Weiterbildungsmöglichkeiten hat, fast unerschöpflich.

Als letztes Beispiel soll AVANTGARDE Experts genannt werden, ein Personaldienstleister mit moderner Ausrichtung, in dem der Altersdurchschnitt bei Ende 20 liegt und viele der Mitarbeiter ein freundschaftliches Verhältnis miteinander haben. Der Fokus wird hier auf die soziale Eingebundenheit gesetzt. Praktikanten sollen hier genau wie

Festangestellte behandelt werden, die gleichen Benefits erhalten, an Konferenzen teilnehmen und keine Mittagspause allein verbringen müssen. Durch das Wir-Gefühl fällt es Praktikanten meist leicht, sich wohlzufühlen und somit auch schnell an Selbstvertrauen zu gewinnen. Außerdem trägt die soziale Bindung dazu bei, dass viele Praktikanten sich wünschen, bei ihrem Team zu bleiben und oftmals nach ihrem Studium direkt übernommen werden. Weitere Beispiele aus dem Praktikumskonzept von AVANTGARDE Experts werden in den folgenden Unterkapiteln thematisiert.

Eine wichtige Erkenntnis, die diese prototypischen Szenarien übermitteln sollten, ist also die: Ein Unternehmen sollte nicht zwanghaft versuchen, etwas aus sich zu machen, was es nicht ist bzw. etwas anzubieten, was es nicht hat. Stattdessen sollte das Unternehmen seine Eigenart, seine Corporate Identity nutzen, um dem Praktikanten damit einen Mehrwert zu bieten und auf diese Art seine psychologischen Bedürfnisse zu erfüllen. Authentizität ist das Stichwort. Ziel sollte es sein, alle drei Bedürfnisse in einem Praktikumskonzept zu berücksichtigen, die Schwerpunkte und Umsetzungsmöglichkeiten jedoch individuell auszuarbeiten. Soziale Eingebundenheit kann beispielsweise in jedem Unternehmen anders aussehen. Während der eine Arbeitgeber Feiern oder Team-Ausflüge veranstaltet, kann ein anderer mit einem Mentor punkten, der dem Praktikanten während der ganzen Zeit zur Seite steht, seine Fragen beantwortet und ihn in das Team integriert. Deshalb sollen die folgenden Best Practices lediglich Anregungen darstellen, die jedes Unternehmen für sich abwandeln und in ein individuelles Praktikumskonzept integrieren muss.

15.5 Kompetenzerleben im Praktikum

15.5.1 Vor dem Praktikum

Bereits vor dem Praktikum kann den potenziellen Kandidaten ein Gefühl der eigenen Kompetenz vermittelt werden. Wir von AVANTGARDE Experts setzen dies einerseits durch leicht verständliche Stellenausschreibungen mit relativ offenem Qualifikationsprofil um. Anstelle von Fachvokabular umschreiben wir in einfachen und klaren Stichpunkten, welche Tätigkeitsfelder bei uns möglich sind. Auch hier bietet es sich an, von einer zu detaillierten und spezifischen Stellenbeschreibung abzusehen, da dies für einen Außenstehenden den Eindruck erwecken könnte, dass seine Fähigkeiten nicht ausreichen und keine individuellen Anpassungen sowie eigenen Wünsche umsetzbar sind. Auf Anfrage erhält der Kandidat selbstverständlich weitere Informationen. Gleichermaßen kurz und offen gestalten wir das Qualifikationsprofil unserer Praktikanten. Es wird kein bestimmter Studiengang vorgeschlagen, lediglich gewisse Sprachkenntnisse werden vorausgesetzt. Im Vordergrund stehen auch schon hier die Soft Skills. Dies hat den Sinn, dass sich möglichst viele Studierende angesprochen fühlen und zugleich vermittelt bekommen, wie wichtig uns das Zwischenmenschliche ist.

Auch in den telefonischen oder persönlichen Bewerbungsgesprächen honorieren wir die bisherigen Leistungen des Studierenden und finden im Lebenslauf Anhaltspunkte, die sich mit den Tätigkeiten bei AVANTGARDE Experts überschneiden könnten. Hierfür eignen sich Fragen, die eine Verknüpfung zum Studium herstellen, wie: „Welche Inhalte hast du im bisherigen Studium behandelt?“, „Wo siehst du deine Stärken?“, „Was fällt dir schwer?“, „Was würdest du gern vertiefen?“. Auf diese Weise machen wir dem Praktikanten bewusst, wie viele theoretische Kenntnisse, Kompetenzen und Erfolge er bereits vorzuweisen hat, obwohl er erst am Anfang seiner Karriere steht und wie seine nächsten Schritte aussehen könnten. Kommt es zum Vorstellungsgespräch, halten wir es für sinnvoll, dem Bewerber Transparenz über den weiteren Prozess sowie unsere Erwartungshaltung zu schaffen. Denn der Arbeitgeber sollte bedenken: Die jungen Talente haben vielleicht noch keinerlei Erfahrung mit Bewerbungsprozessen. Woher sollen sie wissen, dass man sich vorab über die Firma und deren Corporate Identity informieren, sich Gedanken über seine Erwartungen und Wünsche machen sollte oder, dass es zum Beispiel bei vielen Firmen einen Dresscode gibt. Deshalb geben wir dem Kandidaten, wenn wir ihn zu uns einladen, gleichzeitig Tipps, wie er uns am besten von sich überzeugen kann. Wir möchten dem Bewerber bei seinem vermutlich ersten Vorstellungsgespräch zur Seite stehen, ihm negative Emotionen wie Angst oder Zweifel nehmen, sodass er sich selbst als kompetent und souverän erleben kann.

Eine weitere Maßnahme, die sich bei AVANTGARDE Experts aktuell noch in der Planungsphase befindet, besteht darin, den erfolgreichen Bewerbern vor ihrem Praktikumsbeginn Materialien mit Informationen zur räumlichen Orientierung, zum Unternehmen, zu Chancen, die das Praktikum bereithält, FAQs und zur allgemeinen Vorbereitung zur Verfügung zu stellen. Auch dies kann vorbeugen, dass der Praktikant sich planlos oder „ins kalte Wasser geworfen“ fühlt.

15.5.2 Während des Praktikums

Wenn der erste Tag des Praktikums gekommen ist, wird der neue Kollege mit einem vollständigen und funktionsfähigen Arbeitsplatz sowie einem Welcome-Package, bestehend u. a. aus einem Jutebeutel mit Block, Stiften und noch anderen kleinen personalisierten Geschenken, von seinem Team begrüßt. Nachdem der Praktikant seinen neuen Arbeitsplatz erkundet hat, im Büro herumgeführt und überall vorgestellt wurde, verbringt er den restlichen Tag mit seinem Mentor, der ihm einen Überblick über die wichtigsten Systeme gibt, eine Checkliste durchgeht und ihm ein Dokument überreicht, mithilfe dessen er seine Erwartungen, Wünsche und Ziele formulieren soll. Dieses wird am nächsten Tag mit dem Mentor besprochen und in Abstimmung mit unseren Erwartungen gemeinsame Ziele festgelegt. Wie solche Zielvereinbarungen aussehen können, wird im Abschn. 15.6 illustriert. Zudem ist es in jedem Fall sinnvoll, dem Praktikanten auch am ersten Tag zumindest eine kleine Aufgabe zu übertragen, da er bestenfalls voller Tatendrang ist und dies auch beweisen möchte.

In den kommenden Wochen lernt ein Praktikant, der sich für den Bereich Recruiting beworben hat, die Tätigkeitsfelder von Recruitment Consultants und Account Managern, die verschiedenen Vertragsarten, den gesamten Prozess vom Kundenauftrag bis zur besetzten Stelle und das Unternehmen mit seinen verschiedenen Schnittstellen kennen. Hierbei wird er nicht nur durch seinen Mentor, sondern auch von den Teammitgliedern und Kollegen aus anderen Abteilungen unterstützt und das Gelernte in weiteren Gesprächen gesichert. Damit sind die Grundpfeiler für die Übernahme eigener Aufgaben gelegt, die nach folgenden Fragen differenziert und mit dem Praktikanten abgestimmt werden: „Was interessiert dich am meisten?", „Was würdest du dir schon zutrauen?", „Wie können deine Kollegen dir helfen?". Wichtig ist es, dem Studierenden eine positive Fehlerkultur bewusst zu machen. Gerade bei Praktikanten empfiehlt es sich, gar nicht von Fehlern zu sprechen, sondern von Lerngelegenheiten. Das Ziel sollte nicht sein, Fehler zu vermeiden, sondern diese zur Sprache zu bringen, um einen Lernprozess anzuregen. Diese Sichtweise ist Voraussetzung für ein Kompetenzerleben und um dem Praktikanten zu vermitteln, dass Fehler einen normalen Bestandteil des Arbeitsalltags darstellen und jedem passieren können.

Hinsichtlich der ersten eigenen Aufgaben des Praktikanten bieten sich Recherchen, Brainstormings, das Sammeln von Eindrücken und Informationen zur Außenwirkung der Firma an, die beispielsweise in einer Präsentation festgehalten werden könnten. Diese Tätigkeiten eignen sich zum einen, weil sie offen gestellt sind, d. h. dass es hier nicht nur einen Bearbeitungs- oder Lösungsweg gibt, und zum anderen, weil das Unternehmen gleichermaßen von den Ergebnissen profitieren kann. Die Aufgaben, die der Praktikant im weiteren Verlauf seines Praktikums übernimmt, sollten sich an seinen Interessen, Kompetenzen und Lernzielen orientieren und gleichzeitig herausfordernd sein, also die Chance eröffnen, Neues zu lernen oder bereits angeeignete Fertigkeiten zu festigen. Weiterhin sollte das Praktikum nicht nur Situationen bereitstellen, in denen Fachkompetenz erworben wird, sondern auch Raum schaffen, um Methoden-, Sozial- und Selbstkompetenzen weiterzuentwickeln.

Auf zwei Methoden, die wir bei AVANTGARDE Experts sowohl bei Praktikanten als auch bei Berufseinsteigern nutzen und die nicht nur das Kompetenzerleben, sondern auch die soziale Eingebundenheit stärken, soll im Folgenden genauer eingegangen werden: Mentoring und Feedback. Die beiden Prinzipien, die eng miteinander verzahnt sind, haben eine Wechselwirkung, die dazu führt, dass die fachliche und sozialemotionale Förderung des Praktikanten ihn in eben diesen Dimensionen an das Unternehmen bindet. Sattelberger bezeichnet die gegenseitige Anziehung von Talent und Unternehmen als Talentmagnetismus [16]. Im Gegensatz zu einer gebündelten Einarbeitung von Praktikanten in Seminaren kann mithilfe eines Mentors, der den Praktikanten auf seinem Entwicklungs- und Lernweg individuell unterstützt, das Fundament für eine fruchtbare berufliche Beziehung geschaffen werden.

Mentoring ist ein individueller Lernprozess, „in dem eine erfahrene Person (Mentor oder Mentorin) eine weniger erfahrene Person (Mentee) über einen längeren Zeitraum in »Vier-Augen-Gesprächen« berät" [17]. Diese Methode hat das Ziel, „für persönliche und berufliche Themen und Fragestellungen individuelle Lösungen zu finden und den Mentee in seiner persönlichen Entwicklung zu unterstützen“ [17]. Neben regelmäßig stattfindenden Terminen der fachlichen Einarbeitung und der Überprüfung der Lernziele, ist es darüber hinaus Aufgabe des Mentors, den Mentee bei Fragen oder Problemen zu beraten. Dabei ist es essenziell, dem Praktikanten bewusst zu machen, dass er sich in einem vertraulichen Umfeld befindet, in dem er seine Gedanken äußern kann, ohne dass diese nach außen dringen. Was sich ebenfalls anbieten kann, ist ein Peer-to-peer-Mentoring, in dem ein erfahrener Praktikant Mentor für einen Neustarter wird. In jedem Fall sollten die Kompetenzen, die ein Mitarbeiter benötigt, um die Funktion eines Mentors zu übernehmen, nicht vorausgesetzt, sondern in Trainings erworben werden.

Die zweite Methode, die Teil des Mentorings sein sollte, ist das gegenseitige Feedback, das auf unterschiedlichen Ebenen zu verschiedensten Inhalten erfolgen kann und in allen sozialen Prozessen eines jeden Unternehmens eine Hauptrolle einnehmen sollte, u. a. auch, um negativen Bewertungen über den Arbeitgeber entgegenzuwirken. Die Effizienz von Feedback konnte beispielsweise John Hattie in seiner Metastudie „Visible Learning“ als eine der wirksamsten Faktoren für Lern- und Entwicklungsprozesse herausstellen [10]. Feedback bezeichnet eine inhaltliche und strategische Rückmeldung über bestimmte Verhaltensweisen und zu deren möglicher Verbesserung [19]. Schon beim Bewerbungsprozess sollte die Feedback-Kultur praktiziert werden. Ein Bewerber sollte so schnell wie möglich, d. h. spätestens nach einer Woche, Rückmeldung zu seiner Bewerbung erhalten. Sowohl bei Einstellung als auch bei Ablehnung sollte der Bewerber um eine bewertende Auskunft zum Verlauf des Bewerbungsprozesses gebeten werden, einerseits um Rückschlüsse zur Optimierung der Abläufe zu ziehen und andererseits um verärgerten Bewerbern den Nährboden für eine schlechte Online-Bewertung zu nehmen. Auch während des Praktikums ist gegenseitiges Feedback für eine gelungene Zusammenarbeit unentbehrlich. Zu jeder Aufgabe, jedem Lernziel, zu Arbeitsweisen und Haltungen des Praktikanten sollte der Mentor konstruktive Rückmeldungen formulieren. Der Praktikant auf der anderen Seite sollte gleichermaßen die Möglichkeit erhalten, sich bezüglich seines Kompetenzerlebens, seiner Autonomie und seiner sozialen Eingebundenheit zu äußern. Jedes Feedback kann dabei als Impuls für neue Lernziele oder die Anpassung festgelegter Lernziele fungieren. Bei Rückmeldungen, die sich auf bearbeitete Aufgaben beziehen, ist es zentral, dass diese prozessorientiert sind, also vorwiegend den Lösungsweg und nicht das Ergebnis beurteilen. Denn nur ein prozessorientiertes Feedback erlaubt Einsichten, wie die Aufgabe beim nächsten Mal besser zu erfüllen ist. Mit einem „richtig“ oder „falsch“ kann der Praktikant nicht viel anfangen.

Empfehlenswert ist, in regelmäßigen Terminen (z. B. einmal im Monat) mit dem Mentor ausführlichere Feedbackgespräche durchzuführen, für die vorab Fragebögen in Selbst- und Fremdauskunft auszufüllen sind. Auf diese Weise erhalten Mentor und Mentee eine detaillierte Rückmeldung zum Stand ihrer Kompetenzen, ihrer Fortschritte sowie Verbesserungsmöglichkeiten und schärfen gleichzeitig ihre Selbsteinschätzung. Nur durch konstruktives, prozessbezogenes Feedback kann ein Kompetenzerleben des

Praktikanten stattfinden, denn vor allem am Anfang fehlen ihm die Erfahrungen und die Maßstäbe, sein Handeln allein einordnen und auf seine Entwicklung überprüfen zu können. Zum Ende eines Praktikums lohnt sich ebenfalls ein umfangreiches Feedback, welches evaluiert, wie das Praktikum aus Sicht des Mentors, des Unternehmens und des Praktikanten gelaufen ist. Ein solches Abschlussgespräch ist zudem ein guter Anlass, um über die Zukunft des Studierenden zu sprechen und ihm ggf. eine Weiterbeschäftigung anzubieten. Je nach beidseitiger Zufriedenheit empfiehlt es sich allerdings auch, die Aussichten für eine Weiterbeschäftigung bereits zu einem früheren Zeitpunkt zur Sprache zu bringen.

15.5.3 Nach dem Praktikum

Auch nach dem Praktikum gibt es Möglichkeiten, wie das Unternehmen das Kompetenzerleben seines ehemaligen Praktikanten stärken kann. Das wichtigste Instrument dabei ist das Praktikumszeugnis, welches für den Studierenden zum einen als Grundlage für weitere Bewerbungen dient und zum anderen eine Beurteilung seiner Fähigkeiten und letztlich eine Einschätzung seiner Eignung für den angestrebten Beruf darstellt. Ein aussagekräftiges und qualifiziertes Arbeitszeugnis kann daher sowohl für das eigene Selbstkonzept, als auch für die weitere berufliche Laufbahn richtungsweisend sein. Außerdem ist es unmittelbarer Ausdruck der Wertschätzung eines Praktikanten, nicht nur ein Musterzeugnis zu verwenden. AVANTGARDE Experts verzichtet deshalb auf Standardfloskeln und richtet das Zeugnis abgestimmt auf den einzelnen Praktikanten, individuell nach den ausgeübten Tätigkeiten, den Lernzielen und deren Erreichung aus. Neben den fachlichen Kompetenzen sollten auch hier Methoden-, Sozial- und Selbstkompetenzen erwähnt werden. Zudem sollte im Zeugnis nichts Neues stehen, was nicht schon in den Feedbackgesprächen mit dem Mentor besprochen wurde, um Missverständnisse oder negative Überraschungen seitens des Praktikanten zu vermeiden, welche das Verhältnis zwischen Unternehmen und Praktikant nach dem Offboarding schädigen könnten.

Eine weitere Maßnahme besteht darin, den ehemaligen Praktikanten über Fortschritte in Projekten, an denen er mitgearbeitet hat, zu informieren. Auf diese Weise wird der Praktikant auch in Zukunft an Teamerfolgen beteiligt, seine Leistung honoriert und eine andauernde Identifikation mit dem Unternehmen begünstigt.

15.6 Autonomie im Praktikum

15.6.1 Vor dem Praktikum

Um dem Studierenden schon vor Beginn des Praktikums zu signalisieren, dass seine Tätigkeit im Unternehmen nicht nach fremdbestimmten, festgesetzten Strukturen verläuft, ermöglichen wir von AVANTGARDE Experts individuelle Anpassungen, nach

Startdatum, Dauer, Zeiteinteilung und anderen Rahmenbedingungen. Wünscht sich der Praktikant zum Beispiel Einblicke in mehrere Abteilungen oder möchte er gern mehrere Standorte kennenlernen? Zusätzlich ist es sinnvoll, dass der Praktikant sich noch vor dem ersten Tag mithilfe eines Fragebogens überlegt, was er dazulernen möchte und welche Wünsche und Erwartungen er mitbringt. Solche Fragen, die eine intensive Beschäftigung mit dem Unternehmen und sich selbst als Arbeitnehmer anregen, können ebenfalls dem Kandidaten für das Vorstellungsgespräch mit an die Hand gegeben werden.

15.6.2 Während des Praktikums

Damit der Praktikant sich als autonom erlebt, müssen ihm Freiräume zur Eigeninitiative und zu Handlungsalternativen zugestanden werden. Bei AVANTGARDE Experts fördern wir deshalb die Entwicklung eigener Vorgehensweisen (Wie komme ich ans Ziel?), die selbstständige Einteilung des Arbeitstages (Strukturierung, flexible Arbeitszeiten, mobiles Arbeiten und Home-Office), Wahlmöglichkeiten (Welches Projekt interessiert mich?) und das Setzen eigener Ziele. Die Annahme, es gäbe für Unternehmen und Praktikanten nur einen Weg, wie ein Praktikum verlaufen sollte, den *one best way,* muss fallen gelassen werden [18]. Damit ist nicht gemeint, dass der Praktikant die vollständige Entscheidungsfreiheit über seine Aufgaben, sein Zeitmanagement und seine Vorgehensweisen eingeräumt bekommen sollte – dies würde ihn überfordern. Zu Beginn sollte der Grad der Fremdbestimmung noch höher sein, da sie zunächst als Orientierungshilfe im neuen Umfeld dient. Vorwiegend geht es darum, dem Praktikanten zu vermitteln, er könne den Verlauf, die Ziele und die Aufgaben seines Praktikums mitbestimmen. Nach einiger Zeit sollte der Vorgesetzte oder Mentor dann ein Gespür dafür entwickeln, wie weit der Praktikant ist und wie ausgeprägt dessen Wunsch nach Selbstregulation ist.

Eine Form der Selbststeuerung sollte besondere Berücksichtigung in jedem Praktikumskonzept finden: die Festlegung eigener Ziele und deren Überprüfung, beides in Kooperation mit dem Mentor. Die Ziele sollten, wie schon in Abschn. 15.5.1 erwähnt, zwischen Fachkompetenzen („Ich kann die Vor- und Nachteile des Unternehmens im Vergleich mit Konkurrenzunternehmen nennen."), Methodenkompetenzen („Ich kenne verschiedene Möglichkeiten, Informationen zu recherchieren und wende diese entsprechend an."), Sozialkompetenzen („Ich gehe in kooperativen Arbeitsformen angemessen mit Konflikten um.") und Selbstkompetenzen („Ich nutze Feedback, um meine Leistung zu verbessern.") differenzieren. Als Ausgangspunkt für die Zielvereinbarung dient der vor Praktikumsbeginn ausgefüllte Fragebogen sowie der aktuelle Lernstand des Praktikanten. Der Mentor hat die Funktion, den Praktikanten bei der Formulierung der Lernziele zu unterstützen, indem er überprüft, inwiefern diese im Rahmen des Praktikums realisierbar sind. Des Weiteren begleitet er die selbstständige Kontrolle der Lernziele und zeigt seinem Mentee alternative Möglichkeiten auf, sollten Ziele nicht erreicht worden sein. Die Ziele, die schriftlich festgehalten werden, stiften außerdem für beide Seiten eine Transparenz, die Missverständnisse oder unklare Erwartungen vorbeugt.

Auch bei der Wahl der Vorgehensweisen zur Zielerreichung sollten dem Studierenden Freiräume gewährt werden. Möchte der Praktikant sich in eine Thematik erst einmal einlesen? Möchte er seinem Mentor über die Schulter schauen? Oder möchte er sich an konstruierten Fällen selbst erproben? Der Praktikant kennt sich selbst schließlich am besten und weiß, von welchen Lernsituationen er am meisten profitiert. Zusätzlich sollte der Praktikant seine Tätigkeiten hinsichtlich des Inhaltes, Aufgabenart und Schwierigkeitsgrad selbst beeinflussen können. Nach einer gewissen Zeit ist es sinnvoll, den Praktikanten seinen Arbeitstag mehr und mehr selbst organisieren zu lassen. Fragen wie, „Was sind meine heutigen To Do's?", „Womit fange ich an?", „Welche Informationen oder Hilfsmittel benötige ich für diese Aufgabe und wo kann ich mir diese besorgen?" sollte der Praktikant selbstständig beantworten können. Angebote wie flexible Arbeitszeiten oder mobiles Arbeiten können bei AVANTGARDE Experts von Praktikanten genauso wie von Festangestellten genutzt werden – denn hier darf dem Praktikanten gegenüber kein Nachteil bestehen. Allerdings sollte dies – wie auch bei Festangestellten – in einem angemessenen Rahmen geschehen.

Eine Aufgabe, die nahezu jedes Unternehmen in sein Praktikumskonzept integrieren kann, ist die Rekrutierung eines Nachfolgers. Viele Abteilungen bei AVANTGARDE Experts nutzen diese Möglichkeit, da der aktuelle Praktikant einerseits sein eigenes Projekt hat, bei dem er verschiedene Strategien, die er im Laufe des Praktikums erworben hat, anwenden kann. Andererseits kann der Praktikant so authentisch wie kaum ein Festangestellter den Bewerbern von Ablauf und Tätigkeiten seines Praktikums berichten.

15.6.3 Nach dem Praktikum

Ist das Praktikum erfolgreich beendet, sollte der Praktikant ebenfalls selbst bestimmen können, wie sich die Beziehung zum ehemaligen Arbeitgeber gestaltet. Wird ein weiterer Kontakt gewünscht? Wie soll dieser aussehen? Möchte er über passende Stellenangebote informiert werden? Anhand solcher Fragen können die individuellen Bedürfnisse des Studierenden ermittelt und umgesetzt werden.

15.7 Soziale Eingebundenheit als Praktikant

15.7.1 Vor dem Praktikum

Bei AVANTGARDE Experts setzen wir einen Schwerpunkt auf die soziale Einbindung der Mitarbeiter, und somit auch der Praktikanten. Dieser Prozess beginnt bei uns bereits beim Erstkontakt. Um die Distanz zu den Studierenden zu verringern, holen wir sie im übertragenden Sinne dort ab, wo sie sind. Die Präsenz auf Hochschul- oder Karrieremessen ist ein wichtiger Bestandteil unserer Talent Akquisition, um die Studierenden auf uns aufmerksam zu machen, Berührungsängste zu nehmen, Fragen zu klären und sie hinsichtlich ihrer Karriereplanung zu beraten. Weiterhin setzen wir auf eine Kontaktstelle, wo junge Talente einen Großteil ihrer Zeit verbringen: soziale Netzwerke. So verwenden wir Facebook, Instagram, Twitter, aber auch berufliche Netzwerke wie Xing oder LinkedIn für verschiedene Zwecke der Vernetzung und Kontaktaufnahme. Zum einen informieren wir hier potenzielle Kandidaten über offenen Stellen und veröffentlichen Artikel zu karriererelevanten Themen wie Work-Life-Balance, Selbstoptimierung, Motivation, Networking usw. Zum anderen bieten wir eher passiven Talenten eine Plattform, schnell und unkompliziert mit uns in Kontakt zu treten, mittels Chatfunktion oder direkten Nachrichten.

Was ebenfalls zu unserer Corporate Identity dazugehört, ist die Duz-Kultur, die bereits in den Stellenanzeigen und beim ersten Kontakt praktiziert wird. Diese passt besser zur Lebenswelt der jungen Kandidaten, schafft eine entspanntere Atmosphäre und mindert gleichermaßen die Distanz zwischen Kandidat und Personaler.

Worauf die beschriebenen Initiativen zusätzlich abzielen, ist der Aufbau von Vertrauen zu uns – nicht nur als potenzieller Arbeitgeber, sondern auch als kompetenter Ansprechpartner, Berater oder Coach, wenn es um die Planung der eigenen Karriere geht. Deshalb ist es AVANTGARDE Experts vor allem bei jungen Talenten wichtig, auf jeden Bewerber individuell einzugehen. Das bedeutet zum Beispiel, dass es sich lohnt, sich Zeit für ausführliche Erstbriefings, d. h. Telefoninterviews, zu nehmen, auch mit Kandidaten, die auf den ersten Blick vielleicht weniger geeignet erscheinen. Im Gegensatz zu einer Massenabsage können durch ein Erstbriefing die Bewerbung des Kandidaten gewürdigt und gleichzeitig mögliche Fehlschlüsse aufgedeckt werden. Vielleicht hat der Bewerber eine Leserechtschreibschwäche und deshalb viele Fehler im Anschreiben, aber stellt sich am Telefon als wahres Kommunikationstalent heraus. Oder es handelt sich um seine erste Bewerbung, weshalb der Kandidat wichtige Informationen im Lebenslauf vergessen hat, in Wirklichkeit jedoch schon Erfahrung im Betrieb seiner Eltern sammeln konnte. Beim Bewerbungsgespräch nutzen wir gern die Gelegenheit, den Kandidaten kurz in den Räumlichkeiten herumzuführen und ihn mit seinem zukünftigen Team bekannt zu machen. Gemeint ist damit kein Zuwinken aus der Ferne, sondern ein gegenseitiges Kennenlernen, das auch die Tätigkeiten der einzelnen Teammitglieder umfasst. Eine weitere Maßnahme zur sozialen Eingliederung noch vor Beginn des Praktikums ist, den Studierenden in eine WhatsApp-Gruppe mit den anderen Praktikanten aufzunehmen. Hier haben die Praktikanten die Möglichkeit, im geschützten Raum mit Gleichaltrigen in Kontakt zu treten, Fragen zu stellen, eventuelle Unsicherheiten zu klären oder sich neben der Arbeit zu verabreden.

Eine Initiative, die wir erst vor wenigen Monaten ins Leben gerufen haben, ist der Career Day. Hier laden wir interessierte Studenten zu AVANTGARDE Experts ein und bieten dort in gelockerter Atmosphäre eine Lebenslaufberatung, die Erstellung professioneller Bewerbungsfotos, Informationen zu unterschiedlichen Berufsfeldern oder

Branchen, eine realistische Einschätzung zu Gehaltsvorstellungen und die Möglichkeit zum Networking. Auch dies kann eine Chance sein, Berührungsängste abzubauen und eine positive Beziehung zwischen Unternehmen und den potenziellen Kandidaten herzustellen.

15.7.2 Während des Praktikums

Die soziale Eingebundenheit sollte während des Praktikums vor allem dadurch gesichert werden, dass sich der Praktikant mit den anderen Mitarbeitern gleichberechtigt fühlt. Das bedeutet einerseits, dass er genauso von Corporate Benefits wie Vergünstigungen, einer Kantine, kostenfreien Getränken, Sportangeboten oder Ähnlichem profitieren sollte. Andererseits muss sich die Gleichstellung auch in der Teilnahme an Meetings, Team-Events und Sommer- und Weihnachtsfeiern widerspiegeln. Was sich ebenfalls anbietet, sind regelmäßige After-Work-Events, an denen Praktikanten selbstverständlich auch teilnehmen können. Diese Gelegenheiten können sie nutzen um ihre Vernetzung innerhalb des Unternehmens auch über die Grenzen des eigenen Teams hinaus zu erhöhen. Bei AVANTGARDE Experts wird beispielsweise nach Feierabend oft gemeinsam Fußball geschaut, Geburtstage gefeiert oder Kicker gespielt. Die Teilnahme an Sportveranstaltungen wie dem Firmenlauf B2-Run, das Angebot von Pre-Work-Yoga oder Firmenfußball sind weitere Wege, wie ein Praktikant mit Kollegen außerhalb seines Teams in Kontakt treten kann. Was ebenso verbindet, ist gemeinsames Engagement – sei es eine gemeinschaftliche Registrierung für Knochenmarkspenden oder eine Weihnachtspäckchenaktion für Kinder in Not. Es gibt zahlreiche Ideen, wie ein Arbeitgeber die Zugehörigkeit seiner Mitarbeiter zueinander und zum Unternehmen stärken kann.

Auch wenn bei zahlreichen der genannten Aktivitäten und Veranstaltungen der Spaß im Vordergrund zu stehen scheint, liegt bei AVANTGARDE Experts der Fokus bei der Schaffung des Wir-Gefühls. Denn entscheidend ist, dass der Praktikant (wie auch der Werkstudent oder Festangestellte) das Gefühl hat, etwas zum Erfolg des Teams beizutragen sowie seinen Kollegen und seiner Firma hilfreich zu sein. Aus diesem Grund sollten proaktiv Gelegenheiten geschaffen werden, in denen der Praktikant seine Kollegen unterstützen kann. Dies kann auch in Form von teamübergreifender Zusammenarbeit geschehen, beispielsweise bei der Planung der Weihnachtsfeier oder Innovationsprojekten.

15.7.3 Nach dem Praktikum

Soziale Eingebundenheit ist etwas, das auch nach dem Praktikum aufrechterhalten werden sollte. Das systematische Kontakthalten kann mithilfe sozialer Netzwerke, E-Mail-Newsletter, regelmäßigen telefonischen Updates, Alumni-Stammtischen oder

Workshops geschehen. Bei uns ist es zudem üblich, auch ehemalige Praktikanten bzw. Mitarbeiter zu After-Work-Events einzuladen. Eine attraktive Möglichkeit für den Praktikanten, wieder zusammenzuarbeiten, kann außerdem das Schreiben seiner Abschlussarbeit im Unternehmen oder weitere Angebote für Praktika in einer anderen Abteilung oder ggf. an einem internationalen Standort des Unternehmens sein. Vorteile, die man sich durch eine langfristige Beziehung erhoffen darf, sind eventuell Empfehlungen aus dem Bekanntenkreis des Praktikanten oder bestenfalls die Übernahme des Praktikanten nach erfolgreicher Beendigung seines Studiums.

Fazit

In der heutigen Zeit wird es immer wichtiger für Unternehmen, junge Talente frühzeitig, systematisch und nachhaltig an sich zu binden. Praktika stellen eine oftmals unterschätzte Quelle dar, um Studierende nach ihrem Abschluss als Berufseinsteiger für das eigene Unternehmen zu gewinnen. Damit dieser Talentmagnetismus wirken kann, muss das Unternehmen verschiedene Maßnahmen umsetzen, um die Bedürfnisse der Praktikanten nach Kompetenzerleben, Autonomie und sozialer Eingebundenheit zu erfüllen. Mithilfe der hier aufgeführten Ideen können individuelle Praktikumskonzepte konzipiert werden, um einen Talentpool zu generieren, der den Nachwuchs an zukünftigen High Potentials sichert. So gelingt es uns regelmäßig, ehemalige Praktikanten als Werkstudenten oder direkt als Young Professionals in die „AVANTGARDE Experts"-Familie einzugliedern. Wir sind sehr glücklich, die Laufbahn junger Talente von Beginn an zu begleiten, mit ihnen eine Vision zu teilen und sie bestmöglich dabei zu unterstützen, eine Karriere nach ihren Vorstellungen zu kreieren. ◀

Literatur

1. Birkigt, K., Stadler, M. M., & Funck, H. J. (Hrsg). (2002). *Corporate Identity: Grundlagen, Funktionen, Fallbeispiele* (11., überarb. und aktualisierte Aufl.). München: Redline Wirtschaft bei Verl. Moderne Industrie.
2. Bundesministerium für Arbeit und Soziales, Bundesministerium für Bildung und Forschung, Bundesvereinigung der Deutschen Arbeitgeberverbände, et al. (2011). Praktika – Nutzen für Praktikanten und Unternehmen. https://www.arbeitgeber.de/www%5Carbeitgeber.nsf/res/Leitfaden_Praktika.pdf/$file/Leitfaden_Praktika.pdf. Zugegriffen: 1. Febr. 2020.
3. CLEVIS GmbH. (2018). CLEVIS Praktikantenspiegel 2018. Future Talents im Fokus. Eine Studie zum Thema Arbeitgeberqualität im Praktikum. https://www.clevis.de/CLEVIS_Praktikantenspiegel/2018.pdf. Zugegriffen: 1. Febr. 2020.
4. Deci, E. L. (1998). The relation of interest to motivation and human needs – The self-determination theory viewpoint. In L. Hoffmann, A. Krapp, K. A. Renninger, & J. Baumert (Hrsg.), *Interest and learning: Proceedings of the Seeon conference on interest and gender* (S. 146–162). Kiel: IPN.

5. Deci, E. L., & Ryan, R. M. (1993). Die Selbstbestimmungstheorie der Motivation und ihre Bedeutung für die Pädagogik. *Zeitschrift für Pädagogik, 39,* 223–238.
6. Deci, E. L., & Ryan, R. M. (1985). *Intrinsic motivation and self-determination in human behavior*. New York: Plenum.
7. Deci, E. L., & Ryan, R. M. (2000). The „what" and „why" of goal pursuits: Human needs and the self-determination of behavior. *Psychological Inquiry, 11,* 227–268. https://doi.org/10.1207/S15327965PLI1104_01.
8. Deutsche Gesellschaft für Positive Psychologie. (o. D.). Führende Forscher. https://www.dgpp-online.de/home/führende-forscher/richard-ryan/. Zugegriffen: 1. Febr. 2020.
9. Dorsch, F., Wirtz, M. A., & Strohmer, J. (Hrsg.). (2017). *Dorsch – Lexikon der Psychologie* (18., überarbeitete Aufl.). Bern: Hogrefe.
10. Harteis, C., Bauer, J., Festner, D., & Gruber, H. (2003). Selbstbestimmung im Arbeitsalltag. Forschungsbericht Nr. 6, Universität Regensburg, Lehrstuhl für Lehr-Lern-Forschung und Medienpädagogik, Regensburg.
11. Hattie, J. (2014). *Lernen sichtbar machen. Überarbeitete deutschsprachige Ausgabe von Visible Learning* (2., korr. Aufl.). Baltmannsweiler: Schneider.
12. Krapp, A. (1992). Interesse – Ein neu entdecktes Forschungsgebiet der empirischen Pädagogik. In K. Ingenkamp, R. S. Jäger, B. Wolf, & H. Petillon (Hrsg.), *Empirische Pädagogik, 1970–1990: Eine Bestandsaufnahme der Forschung in der Bundesrepublik Deutschland* (S. 617–623). Weinheim: Deutscher Studien Verlag.
13. Krapp, A., & Ryan, R. M. (2002). Selbstwirksamkeit und Lernmotivation. Eine kritische Betrachtung der Theorie von Bandura aus der Sicht der Selbstbestimmungstheorie und der pädagogisch-psychologischen Interessentheorie. *Zeitschrift für Pädagogik, 44,* 54–82.
14. Looser, D. (2011). *Soziale Beziehungen und Leistungsmotivation: Die Bedeutung von Bezugspersonen für die längerfristige Aufrechterhaltung der Lern- und Leistungsmotivation. Beiträge der Schweizer Bildungsforschung* (Bd. 2). Opladen: Budrich UniPress.
15. Nelles, S. (2018). Was verdient man eigentlich als Werkstudent? *stellenwerk Hochschul-Jobportale*. https://www.stellenwerk.de/magazin/jobsuche/was-verdient-man-eigentlich-als-werkstudent. Zugegriffen: 1. Febr. 2020.
16. Pekrun, R., & Schiefele, U. (1996). Emotions- und motivationspsychologische Bedingungen der Lernleistung. In F. E. Weinert (Hrsg.), *Psychologie des Lernens und der Instruktion* (S. 153–180). Göttingen: Hogrefe.
17. Sattelberger, T. (2013). *Arbeitswelt 2.0: Talentmagnetismus und Talentmanagement*. Köln.
18. Schmid, B., & Haasen, N. (2011). *Einführung in das systemische Mentoring* (1. Aufl.). Heidelberg: Carl-Auer.
19. Sichler, R. (2006). *Autonomie in der Arbeitswelt*. Göttingen: Vandenhoeck & Ruprecht.
20. Wild, E., & Möller, J. (Hrsg.). (2015). *Pädagogische Psychologie* (2., vollständig überarbeitete und aktualisierte Aufl.). Berlin: Springer.
21. Zimbardo, P. G., & Hoppe-Graff, S. (1995). *Psychologie* (6., neu bearb. und erw. Aufl.). Berlin: Springer.

Kim Zöllner ist ein in München gestrandetes Nordlicht, das vor sieben Jahren aus Kiel wegzog, um an der Ludwig-Maximilians-Universität Germanistik zu studieren. Während ihres Studiums arbeitete sie als freie Journalistin und Lektorin. Nach dem Bachelor kam der Berufseinstieg als Recruitment Consultant bei AVANTGARDE Experts, wo sie in der Abteilung Future Experts im Auftrag namhafter Kunden Praktikums- und Werkstudentenstellen besetzte und den gesamten Bewerbungsprozess begleitete. Außerdem entwickelte sie mit ihrem Team innovative Strategien für die Gewinnung und Bindung der Experten von morgen. Vor drei Jahren schlug Kim Zöllner einen neuen Weg ein, studierte Grundschullehramt und ist aktuell Referendarin an einer Münchner Schule. Von AVANTGARDE konnte die 29-Jährige sich allerdings nie trennen, sodass sie bis heute junge Talente mit nachwuchsorientierten Unternehmen zusammenbringt. Der psychologische Schwerpunkt ihres Studiums half ihr dabei, die Bedürfnisse der Generation Y und Z zu verstehen und diese auf die Arbeitswelt zu übertragen.

Cecile Friedrichs ist 1984 in Düsseldorf geboren und hat hat zum Berufsstart eine Ausbildung als Kommunikationskauffrau in der Zentrale des Modehauses Peek & Cloppenburg KG absolviert. Anschließend schloss sie in Köln ein Bachelorstudium mit Schwerpunkt Marketing an der Hochschule Fresenius an. Während des Studiums arbeitete sie auf Messen, Events und in der Gastronomie. 2010 zog sie für ein Praktikum bei Scholz&Friends nach Hamburg, um anschließend 2011 in München bei AVANTGARDE, Deutschlands größter Kommunikationsagentur mit Schwerpunkt Brand Experience, ihre erste Festanstellung im Eventmanagement zu starten. 2013 folgte dann der Wechsel zu AVANTGARDE Experts, Deutschlands führender Personalvermittlung. Heute leitet Cecile Friedrichs die Abteilung „Future Experts" – mit dem Fokus auf die Vermittlung und Beratung von Werkstudenten und unterstützt Kunden, vorrangig aus der Automobilbranche, bei der Umsetzung von Großprojekten.

Wie Career Services in Deutschland für die Employability von Future Talents sorgen 16

Marcel Rütten

Inhaltsverzeichnis

16.1 Career Services in Deutschland . . . 225
16.2 Aufgabe und Ziele . . . 226
16.2.1 Information und Beratung . . . 226
16.2.2 Praxisbezug in Lehrveranstaltungen . . . 227
16.2.3 Kontakt zwischen Hochschulen und Arbeitgebern . . . 228
Literatur . . . 230

16.1 Career Services in Deutschland

Career Services oder auch Career Center sind um die Jahrtausendwende an deutschen Hochschulen entstanden und heutzutage weit verbreitet. Sie haben das Ziel, Fachbereiche und Fakultäten darin zu unterstützen, die Studierenden auf den Übergang in die Berufstätigkeit vorzubereiten und dienen den Unternehmen gleichzeitig als Anlaufstelle [1]. Im angelsächsischen Raum sind diese Einrichtungen deutlich früher als in Deutschland eingeführt worden.

Der Hochschulkompass der Hochschulrektorenkonferenz weist aktuell 392 Hochschulen in Deutschland aus, die über ein Career Center verfügen.[1] Der Dachverband

[1]www.hochschulkompass.de, Abgerufen am 10.10.2020.

M. Rütten (✉)
HR4Good, Duisburg, Deutschland
E-Mail: marcel.ruetten@icloud.com

M. Rütten und K. Bierer (Hrsg.), *Future Talents*,
https://doi.org/10.1007/978-3-658-33023-1_16

Career Service Netzwerk Deutschland e. V. verweist in seiner Studie zur Lage der Career Services in Deutschland 2017 auf insgesamt 260 Career Service Einrichtungen [2, 3]. Egal welche Zahl man nun zugrunde legt, sie zeigt eines ganz sicher: Einrichtungen dieser Art sind in der deutschen Hochschullandschaft heutzutage fest etabliert, unverzichtbar und eine absolute Selbstverständlichkeit. Aber welche Funktionen haben Career Services eigentlich? Wer ist ihre Zielgruppe? Und wie sieht das Aufgabenspektrum aus?

Wie das Angebot konkret gestaltet wird, hängt letztlich von jeder einzelnen Hochschule bzw. ihres Career Centers ab. In der Regel umfassen diese Angebote aber Coachings und Trainings, die Studierende für Bewerbungen und den Berufseinstieg vorbereiten und junge Talente fit für den Arbeitsmarkt machen. Das fächerübergreifende Angebot richtet sich außerdem nicht nur an Masterstudierende, sondern auch an Studierende während ihres Bachelorstudiums. Teilweise nutzen Studierende die Angebote des Career Services sogar als Alumni über das Studium hinaus [1]. Darüber hinaus werden auch zusätzliche Angebote für spezielle Zielgruppen wie Studienabbrecher:innen, Studierende mit Migrationshintergrund, Beeinträchtigung oder nicht-akademischem Elternhaus gemacht. In manchen Fällen erhalten Studierende für die Teilnahme an Angeboten des Career Services sogar Credits, die sie für ihr Studium als Studien- oder Prüfungsleistung anrechnen lassen können. So soll ein Anreiz geschaffen werden, sich am Programm des Career Services zu beteiligen.

16.2 Aufgabe und Ziele

16.2.1 Information und Beratung

Career Services haben die Aufgabe, Studierende während ihres Studiums, aber vor allem in der Übergangsphase zu ihrem beruflichen Werdegang zu informieren und zu beraten. Ihre Hauptaufgabe besteht also in dem Auf- und Ausbau berufsvorbereitender Angebote der Hochschulen sowie der Berufsorientierung und -vorbereitung der Studierenden. Wie bereits geschrieben, unterscheiden sich die konkreten Maßnahmen je Hochschule zwar, doch die meisten Einrichtungen offerieren folgende Beratungsleistungen:

Informationsangebote
Viele Career Center haben klassische Informationsangebote wie Mediatheken und Bibliotheken, die sie entweder in ihren Räumlichkeiten oder auf ihrer Webseite präsentieren und für Interessierte verfügbar machen. Hierbei handelt es sich in der Regel um Erstinformationen zur Berufsorientierung bzw. Berufseinstieg, wie. z. B. Templates und Orientierungshilfen für Lebenslauf und Anschreiben oder aber Eventkalender. Oft werden in diesem Kontext auch rechtliche Informationen zum Praktikum angeboten oder Informationen zum Praktikum im Ausland bereitgestellt.

Karriereberatung und Coaching
Das Karrierecoaching ist eine Hilfe zur Selbsthilfe. Studierende sollen dabei Klarheit im Hinblick auf Entscheidungen, Ziele und Potenziale für das Studium und den Berufs- und Lebensweg gewinnen. Dadurch erhalten Studierende die Möglichkeit zu sehen, in welchen beruflichen Tätigkeitsfeldern sie mit ihrem Studienabschluss einsteigen können oder welche mittel- und langfristigen Entwicklungsperspektiven mit diesen beruflichen Möglichkeiten verbunden sind. In der Karriereberatung werden Wunscharbeitsfelder reflektiert, potenzielle Arbeitsfelder eruiert und langfristige Berufs- und Lebenswünsche bewertet. Wenn Studierende schon konkrete Ideen zu einzelnen Berufsfeldern haben, können diese Angebote dazu beitragen, Wege, Strategien und Ideen zu entwickeln, wie der perfekte Arbeitgeber gefunden werden kann.

Unterlagencheck
Beim Bewerbungsmappencheck erhalten Studierende und Alumni insbesondere ein Feedback zur inhaltlichen Formulierung von Anschreiben und Lebenslauf. Die exemplarische Durchsicht einer Bewerbung soll es der Zielgruppe ermöglichen, Strategien zur Verbesserung auf weitere Bewerbungen anzuwenden, sodass diese ihre Chance erhöhen von Recruiter:innen während des Bewerbungsprozesses beachtet zu werden.

Interviewtraining
Oft bieten Career Services für ihre Studierenden ein Interviewtraining an, damit diese während eines Bewerbungsprozesses nicht ins kalte Wasser geworfen werden und bestens auf die besondere Gesprächssituation vorbereitet sind. Dabei wird in der Regel ein Rollenspiel durchgeführt, das ein Bewerberinterview simuliert, sodass die Teilnehmenden anschließenden die Möglichkeit bekommen, ein Feedback zu Inhalt, Aufbau und Rahmenbedingungen zu erhalten.

Qualifikation
Neben Trainings, die Studierende auf den Bewerbungsprozess vorbereiten, arbeiten Career Center ebenso an Maßnahmen, die die Qualifikation ihrer Zielgruppe erhöhen. Hierzu zählen vor allem Trainings, die die sozialen Kompetenzen, die Kommunikationskompetenzen und die Methodenkompetenzen der Studierenden erhöhen sollen. Doch auch fachliche oder fachspezifische Zusatzqualifikationen zählen hierzu [2].

16.2.2 Praxisbezug in Lehrveranstaltungen

Neben der Information und Beratung von Studierenden und Alumni arbeiten Career Services daran, den Praxisbezug von Studienprogrammen zu verbessern und die Berufsfähigkeit bzw. Employability von Studierenden zu erhöhen. Hierzu arbeiten Career Services mehr oder weniger eng mit Studiengangsentwickler:innen, Lehrenden,

Hochschulmanager:innen, Mitarbeiter:innen von Akkreditierungsagenturen und Gutachter:innen im Akkreditierungsverfahren zusammen, um die Zusammenarbeit zwischen Lehre und Arbeitswelt zu verbessern und Praxis als festen Bestandteil von Studiengängen zu implementieren.

Das einfachste und vermutlich bekannteste Mittel, um den Praxisbezug in Lehrveranstaltungen zu gewährleisten, ist vermutlich das Pflichtpraktikum. Doch darüber hinaus existieren noch eine Vielzahl weiterer Möglichkeiten, um Studiengänge praxisbezogener zu gestalten und die Berufsfähigkeit von Studierenden auszubauen. Konkret bieten sich hierfür vor allem die Integration von Praxisbeispielen oder Planspielen in Lehrveranstaltungen, praxisbezogene Seminar- und Abschlussarbeiten oder aber der Einsatz qualifizierter Lehrkräfte aus der Praxis oder durch von Lehrenden begleitete Praxisphasen.

Aus Sicht der Arbeitgeber ist dies wohl die nachhaltigste Möglichkeit der Zusammenarbeit, da sie bei dieser Form der Kooperation einen direkten Kontakt zu den Fachbereichen haben, bei dem sie gemeinsam mit dem Lehrstuhl an einer bestimmten Forschungsfrage arbeiten können und gleichzeitig Problemstellungen im Rahmen von studentischen Projekten wie Praxisbeispielen, Planspielen oder ähnlichem direkter Teil der Lehrveranstaltung sind. Die Wirkung, die hierbei für das Employer Branding des Arbeitgebers ausgeht, dürfte bei Lehrveranstaltungen dieser Art wohl am größten sein.

16.2.3 Kontakt zwischen Hochschulen und Arbeitgebern

Die Kooperationen zu Arbeitgebern sind für Career Center eine zentrale Aufgabe. Career Center fungieren als direkte Schnittstelle und Brückenbauer zwischen Hochschulen und Arbeitgebern. Das bedeutet, sie übernehmen eine wichtige Funktion, damit junge Talente bereits während des Studiums Kontakte zu potenziellen Arbeitgebern erhalten. Denn das Ziel ist, dass sie unmittelbar nach ihrem Studium den direkten Einstieg in die Berufswelt schaffen [4]. Aus Sicht eines Arbeitgebers ergeben sich dadurch entscheidende Möglichkeiten, die Zielgruppe bereits in diesem frühen Stadium zu erreichen und durch unterschiedliche Angebote auf sich aufmerksam zu machen.

In welcher Form Career Services mit Arbeitgebern kooperieren, hängt von mehreren Faktoren ab. So kommt es zum Beispiel darauf an, welche Fachrichtungen überhaupt an der Hochschule existieren, welche Arbeitgeber bereits im Portfolio der Hochschule sind, welche Interessen die Studierenden haben oder welche Arbeitgeber sich in der Region stärker mit dem Hochschulstandort identifizieren bzw. engagieren wollen. Letztlich geht es bei einer Kooperation zwischen Hochschule und Arbeitgeber aber darum, dass beide Seiten ihre Ziele erreichen. Die einen wollen, dass ihre Studierenden so schnell wie möglich in Lohn und Brot stehen, und die anderen wollen sich die besten Talente so früh wie möglich sichern (Abschn. 4.2). Und was Studierende wollen, haben Sie bereits in den Kapiteln von Kristina Bierer (Abschn. 3.6) und Peter Wald (Abschn. 4.3) erfahren. Grundsätzlich ist es für beide Seiten empfehlenswert, eine langfristige Partnerschaft anzustreben, um die jeweiligen Angebote und Aktivitäten nachhaltig gestalten zu können. In der Regel achten Career Center zu Recht sehr genau darauf, dass die gemeinsame Kooperation nicht zur Verkaufsveranstaltung verkommt, sondern der Nutzen für die Vorbereitung auf und die Gestaltung des Berufseinstiegs der Studierenden im Vordergrund stehen.

Der Ausgestaltung einer Kooperation sind inhaltlich natürlich kaum Grenzen gesetzt und hängt inhaltlich von dem Engagement der Kooperationspartner ab. Zu den wesentlichen Angeboten zählen hier beispielsweise Praktikums- und Stellenbörsen, Direktvermittlungen von Absolvent:innen oder die Veranstaltung von eigenen Karrieremessen.

Stellen- und Praktikumsbörsen
Weit verbreitet sind natürlich Stellen- und Praktikumsbörsen, bei denen Career Center (teilweise sogar exklusive) Stellenanzeigen von ausgewählten Arbeitgebern präsentieren. Neben der Zusammenarbeit mit Arbeitgebern arbeiten Career Services in diesem Kontext auch oft mit den örtlichen Industrie- und Handelskammern zusammen, um lokale Synergieeffekte zu erzeugen.

Werbung im Programmheft und auf Webseiten
In der Regel geben Career Center pro Semester ein Programmheft als Printausgabe und/oder Digitalvariante aus, indem interessierte Arbeitgeber für sich werben dürfen und somit ihre Arbeitgebermarke bei der Zielgruppe vorstellen dürfen. Sowohl das Programmheft als auch die Karriereportale sind für viele Einrichtungen außerdem eine willkommene Einnahmequelle.

Fachliche Beiträge
Im Rahmen einer Kooperation werden Unternehmensvertreter häufig für Vorträge, Workshops, Seminare oder Webinare eingebunden. Inhaltlich reicht die Bandbreite hier von klassischen Bewerbungs- und Interviewtrainings bis hin zur Vorstellung und Diskussion von aktuellen Themen aus bestimmten Branchen und Berufsfeldern. Durch den Input können Unternehmen sich nicht nur den Studierenden als attraktiver Arbeitgeber präsentieren, sondern liefern auch noch einen entsprechenden Mehrwert. Teilweise finden solche Veranstaltungen auch im Rahmen einer Summer- oder Winter-School während der vorlesungsfreien Zeit statt, um potenziellen Arbeitgebern mehr Zeit für ihr Angebot einzuräumen und Studierenden die Möglichkeit zu geben, außerhalb des Regelbetriebs am extracurricularem Part teilzunehmen.

Karriereevents
Neben den Formaten mit fachlichem Bezug gibt es außerdem eine ganze Reihe von Karriereevents wie zum Beispiel Campus- oder Karrieremessen oder Career Days. Auf Campusmessen können Unternehmen mit Studierenden und Absolvent:innen ins Gespräch kommen und Kontakte zu Hochschulangehörigen knüpfen. Diese Messen werden meistens entweder für alle Studierenden der Hochschule oder gezielt für

spezielle Studienrichtungen angeboten. Weitere Eventformate sind z. B. Career Talks oder Career Dinner, bei denen sich ausgewählte Unternehmen wiederum ausgewählten jungen Talenten vorstellen können.

Exkursionen
Wer sagt eigentlich, dass Kooperationsveranstaltungen immer am Campus stattfinden müssen? Unternehmen können sich bei Firmenexkursionen oder Job-Touren dem akademischen Nachwuchs auch dadurch präsentieren, dass sie ihre Türen öffnen und zu einer Unternehmensbesichtigung einladen. Diese Formate hängen natürlich stark von der inhaltlichen Ausgestaltung des Tages und von der Strahlkraft des zu besuchenden Betriebes ab. Aufwendige Programmgestaltungen mit wenigen Besuchern sind ebenso enttäuschend wie oberflächliche Produktpräsentationen in einer langweiligen Arbeitsumgebung.

Direktvermittlung
Bei der Direktvermittlung geht es meistens um Praktikumsvermittlungen während des Studiums oder einem Jobplacement nach Abschluss oder aber auch Abbruch des Studiums, bei denen der Career Service als direkter Personalvermittler fungiert. An manchen Hochschulen werden ganze Auswahltage organisiert, um die Direktvermittlung von Studierenden zu potenziellen Arbeitgebern zu fördern.

Literatur

1. Assel, J. (2019). Career-Service-Arbeit in Deutschland. *CSP,* 17.
2. Career Services, Empfehlung der 11. Mitgliederversammlung der HRK am 22.11.2011.
3. CSND e. V. (2009). Qualitätssicherung in der Career Service Arbeit an deutschen Hochschulen.
4. CSND e. V. (2018). Ausgangslage der Career Services in Deutschland 2017.

Marcel Rütten ist seit über einem Jahrzehnt im Personalmanagement tätig und verantwortet seit 2020 als Global Director Talent Acquisition & Employer Branding bei PACCOR die Personalgewinnung des international ausgerichteten Konzerns. Zuvor konnte er bereits vielseitige Erfahrungen in verschiedenen Unternehmen vom Global Player bis zur NGO sammeln und hat durch seine Arbeit das Recruiting, Personalmarketing und Employer Branding in Deutschland über viele Jahre mitgeprägt. In seinem Blog HR4Good schreibt er über Ideen, Innovationen und Trends im Personalmanagement. Seine Konzepte im HR-Bereich wurden bereits mehrfach ausgezeichnet.

Herausforderungen und Chancen bei der Vermittlung internationaler Praktikanten

17

Eva Wittenzellner und Torben Dreusicke

Inhaltsverzeichnis

17.1 Einleitung 232
17.2 AIESEC – die internationale Studierendenorganisation zur Vermittlung von Auslandsaufenthalten 233
17.2.1 AIESEC Global 233
17.2.2 AIESEC Deutschland 235
17.3 Das AIESEC Global Talent Programm 236
17.3.1 Rekrutierungsprozess 237
17.3.2 Voraussetzungen 237
17.4 Beispiele zur Rekrutierung internationaler Praktikanten 238
17.4.1 Internationale Praktikanten zur Erhöhung der Diversität 238
17.4.2 Internationalisierung der Belegschaft mit ausländischen Praktikanten 240
17.5 Herausforderung bei der Rekrutierung internationaler Praktikanten 241
17.5.1 Youth Global Employability Report 241
17.5.2 Hauptgründe gegen eine bisherige Einstellung von Praktikanten 242
17.6 Einflüsse von internationalen Praktika 244
Literatur 246

E. Wittenzellner (✉)
Deloitte Consulting, München, Deutschland

T. Dreusicke
AIESEC, Maastricht, Niederlande

M. Rütten und K. Bierer (Hrsg.), *Future Talents*,
https://doi.org/10.1007/978-3-658-33023-1_17

17.1 Einleitung

Im Zuge der Globalisierung und einer zunehmend international ausgerichteten Arbeitswelt ist es heute schon für viele Unternehmen an der Tagesordnung, auch Arbeitskräfte aus dem Ausland anzuwerben. So gibt es zahlreiche Initiativen, die zum Ziel haben, gerade in Mangelberufen im internationalen Umfeld Mitarbeiter zu suchen. Diese Entwicklung lässt sich auch bei jungen Menschen beobachten, insbesondere bei Akademikern, die während oder nach dem Studium auch praktische Erfahrung im Ausland sammeln möchten. Nicht zuletzt durch das ERASMUS-Programm der Europäischen Union zieht es immer mehr junge Personen ins Ausland, um dort ein Praxissemester oder nach Abschluss ihres Studiums einen ersten Berufseinstieg zu verfolgen. So waren 2018 ca. 8500 Teilnehmer durch das Erasmus + Programm in der gesamten EU in einem Praktikumsverhältnis außerhalb ihres Heimatlandes angestellt [9].

Zwar ist es heute wesentlich einfacher als noch vor 15 Jahren, ein Auslandspraktikum zu finden und selbstständig zu organisieren; jedoch stellt diese Aufgabe v. a. im nichteuropäischen Ausland junge Erwachsene vor Herausforderungen, sobald es beispielsweise um Visa- oder Wohnungs-Angelegenheiten geht. Hinzu kommt, dass gerade ausländische Praktikanten oft in Arbeitsverhältnissen landen, die unbezahlt sind oder nur eine geringe Aufwandsentschädigung beinhalten.

Gleichzeitig scheuen noch zahlreiche Unternehmen in Deutschland davor zurück, internationale Praktikanten in Ihren Arbeitsalltag zu holen. Nicht nur die Unsicherheit bei rechtlichen Themen, sondern v. a. die Auswahl, zusätzliche Betreuung und Sprachbarriere bedeutet für den Arbeitgeber einen zusätzlichen Aufwand gegenüber der Anstellung eines Praktikanten aus Deutschland (Abschn. 17.5.1). Während gerade Großkonzerne oft standardisierte Prozesse und Vereinbarungen bei internationalen Praktikanten besitzen, ist dies für kleinere und mittelständische Betriebe oftmals unmöglich und unrentabel.

Bei näherer Betrachtung jedoch lässt sich festhalten, dass die Anstellung internationaler Praktikanten für deutsche Unternehmen große Vorteile mit sich bringt: Zum einen wird dadurch auf unkomplizierte Weise die Belegschaft diverser und die Notwendigkeit der Beherrschung der englischen Sprache im Arbeitsalltag klar. Zum anderen bringen junge, motivierte Studenten oder Absolventen häufig andere Sichtweisen auf die zu bearbeitenden Themen mit, können ihre eigenen Erfahrungen aus dem Heimatland einfließen lassen und somit für Vielfalt an Meinungen und Hintergründe im Unternehmen sorgen. Gerade die Tatsache, dass diese Personen die Herausforderung auf sich genommen haben, Praxiserfahrung in einem meist völlig unbekannten Land mit oft nur begrenzten Sprachkenntnissen zu sammeln, beweist, dass sie in der Regel selbstständiger und engagierter sind, als der durchschnittliche Student in Deutschland. Zudem sind in vielen Fällen gerade frische Absolventen stark daran interessiert, langfristig in Deutschland zu bleiben und von der starken Wirtschaftslage gegenüber ihrem Heimatland zu profitieren.

Im folgenden Artikel soll daher darauf eingegangen werden, welche Chancen die Einstellung von Praktikanten aus dem (insb. Nicht-EU) Ausland für Unternehmen bereithält. Daneben wird betrachtet, wie man den Herausforderungen einer solchen Rekrutierung begegnen kann – hierfür wird die Expertise von AIESEC Deutschland genutzt, der weltweit größten Studierendenorganisation, die seit 1948 Auslandspraktika an junge Menschen vermittelt.

17.2 AIESEC – die internationale Studierendenorganisation zur Vermittlung von Auslandsaufenthalten

17.2.1 AIESEC Global

1948 wurde AIESEC („Association Internationale des Etudiants de Sciences Economiques et Commerciales") von Studierenden aus Belgien, Dänemark, Finnland, Frankreich, Niederlanden, Norwegen und Schweden gegründet. Kurz nach dem zweiten Weltkrieg sollte eine Plattform geschaffen werden, über die sich junge Menschen im internationalen Kontext bewegen können und somit Verständnis füreinander geschaffen wird. Wie es Jean Choplin, einer der Gründer, ausdrückte, waren die Studierenden der Überzeugung, dass sie gemeinsam Frieden in der Welt erreichen können und dafür die junge Generation aktivieren müssen [5].

Mit Beginn der Aktivitäten wurde auch die Vision der Organisation festgelegt: „Peace & fulfilment of humankind's potential", also einerseits Völkerverständigung und andererseits die Ausschöpfung aller Möglichkeiten für jeden Einzelnen.

Dabei sollen junge Menschen dazu befähigt werden, wesentliche Führungsqualitäten zu entwickeln – diese definiert AIESEC in seinem Führungskräfteentwicklungsmodell (siehe Abb. 17.1) als 1) Zusammenarbeit mit anderen („empowering others"), 2) Lösungsfindung und Risikobereitschaft („solution-orientation"), 3) Kenntnis der eigenen

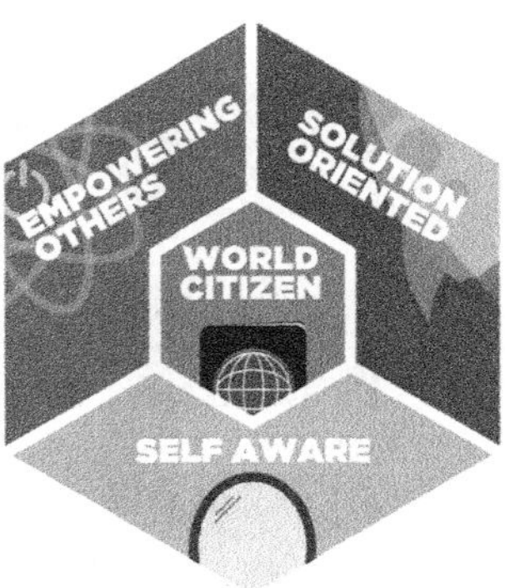

Abb. 17.1 Führungskräfteentwicklungsmodell von AIESEC (AIESEC International, 2018)

Stärken & Schwächen („self-awareness“) sowie 4) globales Verständnis und Handeln („world citizen“).

Die zwei Wege, um diesem Ziel näher zu kommen, waren und sind seitdem das Ermöglichen internationaler Aufenthalte sowie die Mitgliedschaft bei AIESEC für junge Personen bis zum Alter von 30 Jahren. Konkret werden die internationalen Aufenthalte zunächst in Form von

- kurz- bis längerfristigen Auslandspraktika („Global Talent“),
- seit einiger Zeit auch durch soziale Projekte („Global Volunteer“)
- und Start-Up Praktika („Global Entrepreneur“)

weltweit angeboten. Dabei sieht sich AIESEC als nicht-profitorientierte Nichtregierungs-Organisation, die sich selbst als nicht-politisch und unabhängig definiert.

Nachdem AIESEC anfangs vor allem im europäischen und nordamerikanischen Raum verbreitet war, begann in den 1960er Jahren auch die Expansion nach Afrika und Südamerika, so dass die Organisation kurz danach bereits auf sechs Kontinenten vertreten war. Über die Jahrzehnte hinweg kamen neue Mitgliedsländer aus der ganzen Welt hinzu, sodass AIESEC heute in über 120 Ländern und Territorien aktiv ist. Die Struktur ist dabei so aufgebaut, dass ein internationaler Vorstand (AIESEC International) die Strategie vorgibt und dabei von vier regionalen Vorständen unterstützt wird (Regional Offices). Diese wiederum arbeiten mit den einzelnen AIESEC-Ländern zusammen (Member Comittees), die zusammen mit den lokalen Büros (Local Comittees/Lokalkomittees) die Strategien umsetzen und Programme durchführen (Abb. 17.2).

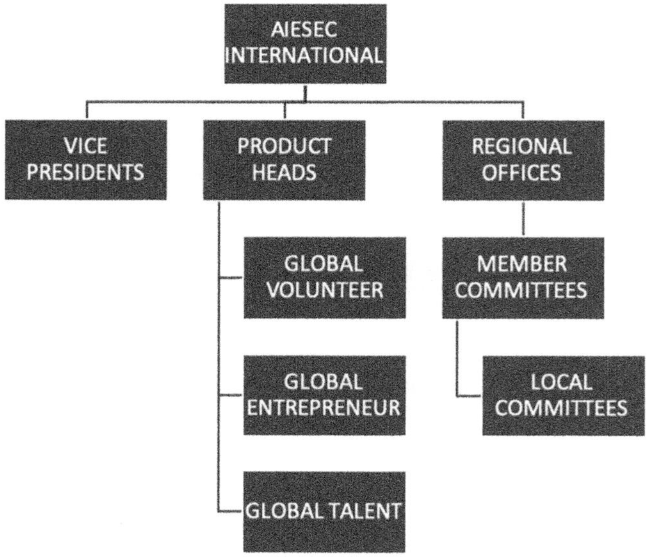

Abb. 17.2 Organigramm von AIESEC International

Eine wesentliche Besonderheit von AIESEC ist dabei die Tatsache, dass sie ausschließlich von Studenten bzw. Absolventen betrieben wird. Somit stellt es die heute weltweit größte Studentenorganisation dar, die aktuell ca. 50.000 aktive Mitglieder sowie ca. eine Million Alumni vereint. Weiterhin wechselt der Vorstand von AIESEC auf allen Ebenen im jährlichen Turnus, sodass eine konstante Erneuerung der Führungsverantwortlichen und Strategieschwerpunkte gegeben ist.

AIESEC hatte in den vergangenen Jahrzehnten immer wieder starke Verbindungen zu Verantwortlichen in Wirtschaft und Politik, um die Bedeutung der Organisation weltweit zu steigern. 2015 gelang etwa eine Kooperation mit den Vereinten Nationen, um die Sustainable Development Goals (SDGs) stärker in den Fokus der Organisation zu rücken. Daraufhin gründete AIESEC die Initiative Youth for Global Goals (Y4GG). Diese Initiative zielt darauf ab, den Austausch und die Projekte von AIESEC mit den Sustainable Development Goals in Einklang zu bringen.

Die Länder, die heute am stärksten zum Wachstum der Organisation beitragen sind Brasilien, Indien, Ägypten und die Türkei. Es gibt derzeit Standorte an über 4000 Universitäten weltweit, die die verschiedenen Programme von AIESEC im Outgoing- (Entsendung von Teilnehmern ins Ausland) und Incoming-Bereich (Empfang internationaler Teilnehmer im Heimatland) durchführen [4].

Insgesamt wurden im Amtsjahr 2017/2018 über 41.000 Auslandsaufenthalte weltweit durch AIESEC vermittelt, wovon ca. 4000 professionelle Fachpraktika darstellten [4].

17.2.2 AIESEC Deutschland

Kurz nach dem Start von AIESEC wurde auch eine Gründung in Deutschland angeregt; welche 1951 durch Albert Kaltenthaler mit den ersten Standorten in Köln, Mannheim und Nürnberg stattfand Dabei wurde die Organisation durch zahlreiche Politiker wie Dr. Ludwig Erhard, Horst Köhler und Dr. Walter Scheel unterstützt, u. a. auch bei der Ausrichtung von internationalen Kongressen in Deutschland. Zudem half AIESEC in Deutschland beim Aufbau von AIESEC in China, Iran und Afghanistan sowie Namibia.

Über die kommenden Jahrzehnte hinweg wurden zusehends Lokalkomittees in ganz Deutschland gegründet, sodass AIESEC in 37 Städten vertreten ist. Die Organisation besitzt ca. 1000 Mitglieder auf lokaler Ebene, die sich um die Vermittlung von sozialen Projekten im In- und Ausland, Start-Up Praktika im Ausland sowie Fachpraktika im In- und Ausland kümmern. Der überwiegende Studienhintergrund der Mitglieder sind Wirtschafts- und Sozialwissenschaften. Die Natur- und Ingenieurwissenschaften sowie IT-Studenten stellen eine Minderheit dar. Es werden im Schnitt jedes Jahr ca. 1500 bis 2000 internationale Erfahrungen mit AIESEC Deutschland ermöglicht, wovon ca. 250 bis 300 Internationale Praktikanten nach Deutschland kommen. [1]

AIESEC Deutschland ist nicht gewinnorientiert und hat zwei prinzipielle Einnahmequellen: die Spenden und Zuwendungen aus öffentlicher Hand (u. a. Auswärtiges Amt) oder Firmenpartnerschaften sowie die Gebühren (ca. 400 bis 1000 €), die für die Vermittlung der Auslandsaufenthalte für Firmen und Teilnehmer erhoben wird.

17.3 Das AIESEC Global Talent Programm

Bereits kurz nach Beginn der Aktivitäten von AIESEC wurde das „Global Talent" Programm ins Leben gerufen, um jungen Menschen eine Plattform zum Sammeln internationaler Arbeitserfahrung zu bieten. Anfangs wurden zwei- bis dreimonatige Praktika in großen Unternehmen in den Mitgliedsländern vermittelt, etwa IBM in den USA.

Über die nächsten Jahrzehnte entwickelte sich das Programm zum wichtigsten Instrument von AIESEC, um Studierenden Praxiserfahrung zu geben und diese mit der Wirtschaft zusammen zu bringen. Die Bewerbung erfolgte dabei über Gespräche mit den AIESEC Ansprechpartnern an der Universität vor Ort, die die Lebensläufe und Interessen der Bewerber an die jeweiligen Zuständigen von AIESEC im Ausland leiteten. Dieser Matching-Prozess fand zunächst auf den internationalen Konferenzen statt und wurde ab den 1970er Jahren zunehmend digitalisiert. Nach Zusage eines Praktikums unterstützte AIESEC bei allen Formalitäten und der Wohnungssuche und stand auch während und nach dem Auslandsaufenthalt als Ansprechpartner zur Verfügung.

Durch die internationale Bekanntheit von AIESEC seit der Gründung und der engen Verbindung zu Wirtschaft und Politik waren zahlreiche Unternehmen daran interessiert, internationale Praktikanten als Unterstützung in der täglichen Arbeit zu nutzen. Vor allem der Aspekt der Führungskräfteentwicklung spielte neben der interkulturellen Begegnung eine Rolle für die Zusammenarbeit. Im Rahmen von Partnerschaftsabkommen wurde festgehalten, wieviele Praktikanten jährlich über AIESEC vermittelt werden sollten. In Deutschland war beispielsweise die Lufthansa AG ein starker Partner, der sich dadurch auch als potenzieller Arbeitgeber bei AIESEC Mitgliedern platzierte.

Nach 89 Vermittlungen im ersten Jahr (1949) [5] stieg die Zahl auf mehr als 7000 Personen 1989 [5]. In den 2000er Jahren verlor das Programm durch die wachsende Globalisierung und die damit verbundene weniger große Notwendigkeit der Praktikantenvermittlung innerhalb AIESEC etwas an Bedeutung. Der Großteil der Stellen lag zusehends in Entwicklungs- und Schwellenländern wie Brasilien oder Indien und weniger in den westlichen Staaten wie Deutschland oder Kanada. Gleichzeitig stieg die generelle Nachfrage nach Praktika in eben jenen nordamerikanischen oder europäischen Ländern. Somit entstand ein Ungleichgewicht von Nachfrage und Angebot, was durch starken Fokus auf IT- und Business-Stellen und langfristigen Partnerschaften überwindet werden konnte. Zudem wurden die Praktika länger ausgelegt, sodass diese in der Regel zwischen 6 und 18 Monaten dauern. Bei Befragungen von kooperierenden Unternehmen wurde klar, dass die AIESEC Praktikanten wesentliche Merkmale haben, die sie von klassisch rekrutierten Praktikanten unterscheiden und entsprechend attraktiv machen. Die grundsätzliche Attraktivität des Programms ist somit weitergegeben. Im Jahr 2018 konnte AIESEC Deutschland mehr als 300 Praktikanten an knapp 20 Standorten empfangen und liegt damit global in den Top 10. In den Jahren 2018 und 2019 (bis zum 31. April) waren die hauptsächlichen Herkunftsländer der Praktikanten Brasilien und Tunesien. Dabei kamen 21 % der Praktikanten aus Tunesien und 16 % aus Brasilien. Ansonsten kamen aus 50 weiteren Ländern Praktikanten über AIESEC nach Deutschland. [1]

17.3.1 Rekrutierungsprozess

Heute kann mit AIESEC in Deutschland ein Praktikant innerhalb von drei Monaten angestellt werden und dabei ebenso wenig Aufwand verursachen wie die Rekrutierung eines deutschen Praktikanten. Der Prozess sieht dabei – nach Erfüllung aller Voraussetzungen – folgendermaßen aus:

1. **Entscheidungsfindung:** Das Unternehmen teilt AIESEC durch Unterzeichnung eines Vertrags mit, mindestens einen Praktikanten über das Global Talent Programm einstellen zu wollen.
2. **Ausschreibung & Bewerbung:** Nach Definition des Stellenprofils (Fähigkeiten, Qualifikationen, Anforderungen) wird die Praktikumsstelle im exklusiven Online-Portal von AIESEC veröffentlicht. In der Regel bleibt diese zehn Tage geöffnet und wird von den Verantwortlichen über direkte Kontakte ins Ausland zusätzlich beworben.
3. **Interviews & Auswahl:** AIESEC stellt aus allen Bewerbungen eine „Shortlist" mit den qualifiziertesten Kandidaten zu, die ans Unternehmen weitergeleitet wird. Das Unternehmen führt innerhalb von zwei Wochen telefonische Interviews durch und entscheidet sich für einen der Bewerber.
4. **Rechtliche Grundlagen & Vorbereitung:** Nach der Auswahl des Kandidaten wird von AIESEC eine Arbeitserlaubnis beantragt und der Visumsprozess unterstützt. Dieser Prozess dauert bei Nicht-EU-Kandidaten sechs bis acht Wochen. Gleichzeitig wird eine Unterkunft für den Praktikanten gefunden. Das Unternehmen kümmert sich parallel um die internen Onboarding-Prozesse.
5. **Ankunft & Integration:** Der Praktikant wird von AIESEC bei Ankunft abgeholt und am ersten Arbeitstag begleitet. Weiterhin unterstützt AIESEC bei den Behördengängen und bietet Aktivitäten für die Praktikanten vor Ort und in ganz Deutschland an.
6. **Rückkehr & Nachbereitung:** Nach Praktikumsende erfolgt eine Evaluation des Programms und mögliche weitere Kooperationsschritte.

17.3.2 Voraussetzungen

Grundsätzlich dürfen ausländische Praktikanten in Deutschland nicht gegenüber inländischen benachteiligt werden, weshalb gewisse Voraussetzungen für die Rekrutierung mit AIESEC gewährleistet sein müssen. So ist zu beachten, ob es sich bei den Ausschreibungen um freiwillige oder Pflichtpraktika handelt, die entsprechend auch verschieden entlohnt werden: bei freiwilligen Praktika muss der gesetzliche Mindestlohn gezahlt werden, bei Pflichtpraktika mindestens der aktuell gültige BaFÖG-Höchstsatz (735 € im Mai 2019) [8]. Zusätzlich muss das Unternehmen intern klären, welche Rahmenbedingungen bzgl. Immatrikulation oder bereits bestehendem Abschluss des

Studiums gelten. Intern bei AIESEC geltende Regeln schreiben zudem vor, dass keine fließenden Deutschkenntnisse verlangt werden, das Praktikum relevante Aufgabenfelder beinhaltet und mindestens drei; idealerweise sechs bis zwölf Monate dauert.

Nach Praktikumsbeginn ist eine Vermittlungsgebühr fällig – als nicht-profitorientierte Organisation verlangt AIESEC hierfür eine Administrationsgebühr in Höhe von 950 € für bis zu sechsmonatigen Praktika und 1400 € für längere Praktikumszeiträume.

Zudem gelten auch Bestimmungen für die potenziellen Praktikanten, um in Deutschland arbeiten zu können. So muss das Praktikum fachlich zum Studienhintergrund passen, um genehmigt zu werden. Zu berücksichtigen ist hier die Tatsache, dass eine Arbeitserlaubnis bis zu einem Jahr sowohl für immatrikulierte Studierende als auch für Personen, deren Abschluss nicht länger als 18 Monate zurückliegt, beantragt werden kann.

Talent Pool

Da die Praktikumsvermittlung komplett über eine AIESEC-interne Plattform abgebildet wird, auf der nach Registrierung alle offenen Stellen zugänglich sind, gibt es wesentliche Erkenntnisse zum Pool an Bewerbern. So sind weltweit derzeit über 10.000 Personen auf dem Portal registriert, wovon ca. 60 % weiblich sind. Knapp zwei Drittel der Bewerber sind zwischen 24 und 30 Jahre alt, knapp 30 % zwischen 18 und 23 Jahren. Die große Mehrheit hat einen wirtschaftswissenschaftlichen Hintergrund (etwa BWL, VWL, Marketing), es findet sich aber auch eine hohe Anzahl an Informatik- und technischen Profilen. Alle Kandidaten sprechen mindestens gutes bis sehr gutes Englisch, häufig sind auch Spanisch- und Französischkenntnisse vorhanden. Die Interessensgebiete für Praktikastellen liegen in Deutschland im betriebswirtschaftlichen Bereich, gefolgt von IT und Ingenieurwissenschaften.

17.4 Beispiele zur Rekrutierung internationaler Praktikanten

Zur Verdeutlichung der Vorteile bei der Rekrutierung internationaler Praktikanten und der Motivation seitens der Unternehmen, werden im Folgenden ausgewählte Partnerschaften von AIESEC Deutschland näher betrachtet.

17.4.1 Internationale Praktikanten zur Erhöhung der Diversität

Seit mehreren Jahren rekrutiert ein großes Pharmazie-Unternehmen in Deutschland über AIESEC Deutschland internationale Praktikanten. Bis zu diesem Zeitpunkt waren wenig bis keine internationalen Talente in Praktika-Positionen vertreten, da sie über die klassischen Ausschreibungen nicht angesprochen wurden. Das Unternehmen agiert weltweit und wollte diese internationale Ausrichtung auch in der Belegschaft widerspiegeln. Zudem wurden vor allem in Ingenieurbereichen vorwiegend männliche

Bewerber rekrutiert, was zu einem unausgewogenen Verhältnis von Frauen und Männern in gewissen Abteilungen führte. Weiterhin stand das Unternehmen vor der Herausforderung, gerade für eher spezielle Positionen teilweise keine passenden Profile für Praktikanten- und Berufseinstieg-Stellen zu erhalten.

Die Zusammenarbeit mit AIESEC wurde daher 2015 initiiert, um zunächst die Diversität innerhalb des Unternehmens zu erhöhen. Diese sollte sowohl auf der Ebene des Geschlechts als auch bei den kulturellen Hintergründen der Mitarbeiter widergespiegelt werden. Gleichzeitig sollten durch die internationalen Praktikanten dem Fachkräftemangel entgegengewirkt und die Versorgung mit hochqualifizierten Talenten sichergestellt werden.

Schon nach kurzer Zeit erwies sich die Rekrutierung der internationalen Praktikanten zur Talentsicherung als Erfolg. Selbst für eher schwierig zu besetzenden Stellen mit spezifischem Profilanforderungen wurden qualifizierte Kandidaten aus dem AIESEC-Pool ausgesucht. Ausgewählte Praktikanten wurden bei passender Qualifikation in eine Festanstellung im Unternehmen übernommen. Zudem erfolgte aufgrund der hohen Zufriedenheit mit den Fähigkeiten und Hintergründen der Bewerber in vielen Fällen die Nachbesetzung der Praktika wieder über denselben Kanal.

Auch das Ziel der höheren Diversität wurde durch die Zusammenarbeit mit AIESEC vorangetrieben: Innerhalb der ersten beiden Jahre wurden Praktikanten aus acht verschiedenen Nationen eingestellt. Dank der verschiedenen Hintergründe konnten wertvolle Erkenntnisse zu den ausländischen Märkten erlangt werden und der interkulturelle Austausch vorangebracht werden. Durch die Teilnahme an internen Diversitäts-Initiativen, eigenen Veranstaltungen und der regelmäßigen Präsenz im Intranet, bei denen die Praktikanten von ihren Erfahrungen in Deutschland berichten konnten, wird der Mehrwert des Programms ebenfalls für andere Mitarbeiter sichtbar.

Nachdem die interne Nachfrage nach internationalen Praktikanten schnell höher wurde, wurde im Unternehmen ein interner Koordinator des Programms platziert. Dieser übernimmt zusammen mit AIESEC die Abwicklung des Rekrutierungsprozess, wie beispielsweise Kommunikation mit den Fachbereichen oder Sichten der Kandidaten. Dabei kann diese Person sicherstellen, dass alle internen Prozesse ebenfalls abgedeckt werden. Weiterhin dient er als Schnittstelle zu den Verantwortlichen bei AIESEC hinsichtlich der Betreuung der Praktikanten während ihres Aufenthalts. Schließlich soll durch diese Position das Programm im Unternehmen an Bekanntheit gewinnen, etwa indem neue Abteilungen darauf aufmerksam gemacht werden.

Wie einer der Personalverantwortlichen im Unternehmen bestätigt, ist die Rekrutierung von internationalen Praktikanten somit für alle Beteiligten eine lohnende Erfahrung:

> „Neben dem Angebot für die Studierenden selbst stellen wir fest, dass auch unsere Mitarbeitenden vom internationalen Austausch profitieren und immer offener werden für andere Kulturen. Wir sind kontinuierlich in Kontakt mit AIESEC und freuen uns über Studierende, die sich für einen Aufenthalt in Deutschland und bei uns interessieren."
>
> (Personalverantwortlicher eines großen Pharmazie-Unternehmens zur Zusammenarbeit mit AIESEC)

17.4.2 Internationalisierung der Belegschaft mit ausländischen Praktikanten

Auch Unternehmen, deren Geschäfte bereits in hohem Maße internationalisiert sind, profitieren durch eine Zusammenarbeit mit AIESEC bei der Rekrutierung von internationalen Praktikanten. So initiierte etwa der Personalvorstand eines großen Automobilkonzerns in Deutschland 2018 eine Zusammenarbeit mit AIESEC, um das Unternehmen in der strategischen, internationalen Ausrichtung zu unterstützen. Zwar werden dort bereits viele Geschäfte mit anderen Ländern gemacht, dies spiegelt sich jedoch nicht auf der Ebene des Personalbestands wider. So stammt der Großteil der Angestellten aus Deutschland oder hat zumindest sehr gute Deutschkenntnisse, weswegen Deutsch in der Unternehmenskommunikation dominant ist. Durch die Kooperation mit AIESEC sollte ein erster Schritt getan werden, indem sukzessive internationale Praktikanten in verschiedenen Abteilungen platziert werden und entsprechend die Bereitschaft der Mitarbeiter gegenüber der englischen Sprache angeregt wird.

Nach anfänglichen Herausforderungen bei der Identifizierung von passenden Stellen in unterschiedlichen Abteilungen konnten 2019 die ersten Praktikanten in der Konzernzentrale begrüßt werden. Diese besaßen zwar Grundkenntnisse der deutschen Sprache, es stellte sich jedoch schnell heraus, dass diese weniger nötig waren als gedacht. Die angestellten Praktikanten werden vielfach zur Unterstützung beim Vertrieb im Ausland genutzt und können dort ihre lokalen Marktkenntnisse einbringen. Durch den Einsatz der internationalen Studierenden in den verschiedenen Bereichen wird die englische Sprache zur Normalität im Arbeitsalltag, zudem wird die Erfahrung der Fachbereiche mit den Praktikanten insgesamt überaus positiv bewertet.

Auch in diesem Fall bewährte sich das Konzept eines internen Koordinators des Programms, um einerseits die Möglichkeiten vom Einsatz internationaler Praktikanten zu bewerben und andererseits alle notwendigen Prozesse hierfür abzubilden und zu begleiten. So besteht eine konstante Rücksprache mit den Fachbereichen während des Einstellungsprozess, aber auch nach Beginn des Praktikums, um die Zufriedenheit für beide Seiten zu gewährleisten.

Weiter war das Ziel der Partnerschaft, für einen binationalen Austausch mit den Werken in Polen zu sorgen, um damit auch langfristig Nachwuchskräfte auszubilden. Hierfür sollen ausgewählte Studierende aus Polen für ein Praktikum nach Deutschland kommen und im weiteren Verlauf in ihrer Heimat angestellt werden. Dabei ist es dem Unternehmen wichtig, dass die Ansprache potenzieller Bewerber auf lokaler Ebene erfolgt, um die Nachwuchskräfte in der umliegenden Region der Werke anzusprechen, damit diese im Anschluss dortbleiben. Nach der Praxiserfahrung in der Konzernzentrale sollten die Studierenden anschließend als Werkstudent bzw. zukünftige Nachwuchsführungskraft in Polen arbeiten und das Gelernte dort anwenden. Auch bei diesem Projekt war die Unterstützung durch AIESEC gegeben: Zunächst wurde der Kontakt zu den nationalen und lokalen Verantwortlichen hergestellt und ein gemeinsames Telefonat durchgeführt. Hier konnten die polnischen Kollegen wertvolle Informationen über die Universitäts-Zeitpläne, die Interessen der Studierenden und den generellen Ablauf von Praktika innerhalb des Studiums geben. Zudem wurde sich darauf verständigt, dass über die physischen und digitalen Kanäle bei der passenden Zielgruppe auf das Praktikum Werbung gemacht wird, um ausreichend Bewerber zu generieren. Basierend darauf wurde ein Konzept erstellt, bei dem ein Praktikant zunächst für drei Monate in Deutschland und anschließend für drei Monate in Polen angestellt werden sollte. Die konkrete Umsetzung soll nach positiver Rückmeldung der passenden Abteilungen auf beiden Seiten erfolgen.

17.5 Herausforderung bei der Rekrutierung internationaler Praktikanten

Die meisten Unternehmen erhoffen sich durch das Rekrutieren von internationalen Nachwuchskräften langfristig einen weiteren Rekrutierungskanal aufzubauen. Dabei existieren speziell bei der Ansprache und Bindung von ausländischen Talenten die unterschiedlichsten Herausforderungen. Manche sind dabei berechtigt, andere wiederum beruhen auf falschen Erwartungen. Mehreren dieser Herausforderungen wird im Folgenden auf den Grund gegangen, wobei Erfahrungen aus der Zusammenarbeit mit Unternehmen in Deutschland einfließen.

17.5.1 Youth Global Employability Report

Im Jahr 2017 startete AIESEC International eine globale Initiative, bei der in 65 Ländern über 400 Firmen zu ihrer Rekrutierungsstrategie von Nachwuchstalenten befragt wurden. Ziel dieser Initiative war es, den globalen Jobmarkt und die Herausforderungen für Unternehmen bei der Rekrutierung von Nachwuchstalenten zu verstehen. Die vier Hauptbereiche, die dabei untersucht wurden, waren: Globale Beschäftigung („Global Employment"), Fähigkeiten und Erfahrungen („Skills and Experiences"), Bildung („Education") und das Engagement von Nachwuchskräften („Youth Engagement") [2].

Durch die Untersuchungen konnten die Herausforderungen von Arbeitgebern bei der Rekrutierung von jungen Talenten identifiziert werden. Des Weiteren wurde dem Punkt nachgegangen, welche Art von ausländischen Praktikanten besonders attraktiv für Unternehmen sind und welche Gründe dafür eine Rolle spielen. Zudem wurde dargestellt, welchen Mehrwert Unternehmen durch das Rekrutieren von internationalen Nachwuchskräften erhalten.

17.5.2 Hauptgründe gegen eine bisherige Einstellung von Praktikanten

Aus den Ergebnissen des Youth Global Employability Report kann entnommen werden, dass in Unternehmen unterschiedliche Gründe herrschen, die gegen eine bisherige Einstellung eines internationalen Praktikanten sprechen.

Folgende Gegenargumente wurden dabei identifiziert:

1. Bedarf noch nicht identifiziert (29 %)
2. Zu hohe Kosten (27 %)
3. Bedenken bezüglich des Visums (24 %)
4. Sprachbarriere (13 %)
5. Zu großer Aufwand für die kulturelle Integration (7 %)

Die Herausforderungen, die dabei von den Unternehmen genannt wurden, werden daher genauer betrachtet, die Hauptargumentationen der Verantwortlichen aufgelistet und mögliche Ursachen dafür beschrieben.

Die fehlende Identifikation, dass überhaupt ein Bedarf an internationalen Praktikanten besteht, wird dabei am meisten von Unternehmen genannt. In Gesprächen mit Personalverantwortlichen wird häufig klar, dass es oftmals gar nicht in Betracht gezogen wird, einen internationalen Praktikanten einzustellen. Dabei spielen mehrere Ursachen eine Rolle. Auf der einen Seite fehlt das Wissen über den potenziellen Markt an Bewerbern. Dies wird häufig dadurch deutlich, dass Personen nicht darüber informiert sind, welche Fähigkeiten und Erfahrungen die Praktikanten aus anderen Ländern mitbringen können. So sind sich viele Personalverantwortliche nicht bewusst, welche Anzahl an Informatikern und Entwicklern aus den Maghreb-Staaten jedes Jahr nach Deutschland kommen. Zudem wurde festgestellt, dass, sobald ein Problem durch Personalmangel entsteht bzw. direkt Nachwuchs rekrutiert werden soll, ein Praktikant als mögliche Lösung dafür nicht sofort in Betracht gezogen wird. Umso weniger wird dann über einen internationalen Praktikanten nachgedacht. Häufig wird erst im Gespräch klar, dass ein Praktikant bei bestimmten Herausforderungen des Unternehmens als Unterstützung dienen kann. Darüber hinaus wurde sichtbar, dass sich die Definition von einem Praktikanten in den Unternehmen sehr stark unterscheidet. Während manchen Firmen in einem Praktikanten eine große Unterstützung im Alltag sehen und das Praktikum als Kennenlernen für eine anschließende Festanstellung sehen, sind Praktikanten für andere Firmen eher eine Last. Diese sehen ein Praktikum eher als nett gemeinten Aufwand, um den Praktikanten eine professionelle Erfahrung zu ermöglichen. Dabei erkennen die Unternehmen keinen direkten Mehrwert für sich selbst. Dies führt soweit, dass Personalverantwortliche den Praktikanten eher als Belastung sehen und es daher generell ablehnen, überhaupt Praktikanten einzustellen.

Zumeist werden internationale Praktikanten mit sehr hohen Kosten verbunden. Durch die Einführung des Mindestlohns wurde die Einstellung eines freiwilligen Praktikanten zwingend teurer. Zudem werden internationale Praktikanten durch den Mehraufwand und fehlendes Wissen über den Prozess schnell mit hohen Kosten assoziiert. Dies hängt unserer Meinung nach sehr stark mit der Erwartungshaltung an einen Praktikanten zusammen. So entgegnen Firmenvertreter, die Praktika als möglichen Rekrutierungskanal für Festangestellte sehen, deutlich positiver gegenüber dem Preis für den Praktikanten und die Gebühr für die Vermittlung von AIESEC. Wohingegen Unternehmen, die Praktika eher als einen großen Aufwand sehen, den Kosten deutlich kritischer gegenüberstehen. Dabei spielen auch persönliche Erfahrungen häufig eine wichtige Rolle. So konnten in einem Gespräch mit einem Geschäftsführer für Logistiklösungen aus Sachsen-Anhalt beobachtet werden, wie dieser zwar häufig von seiner Erfahrung als Praktikant sprach, aber nicht verstehen konnte, warum er Praktikanten bezahlen sollte, da er selbst nur unbezahlte Praktika absolviert hatte. Ein weiterer Punkt, der jedoch auch nicht vernachlässigt werden sollte, sind die indirekten Kosten. Durch den Mehraufwand, den ein Praktikant in der Einarbeitung mit sich bringt, entstehen Kosten, die nicht direkt wieder zurückgeholt werden können. Daher bemerken wir auch immer einen weiteren Trend zu längeren Praktika von sechs bis zwölf Monaten. Tatsächlich nutzen manche Unternehmen die Möglichkeit, den ausscheidenden Praktikanten für die Übergabe und Einarbeitung des neuen Praktikanten zu beauftragen. Unserer Erfahrung nach hilft dies enorm bei der Integration und Reduzierung des Mehraufwandes.

Die Bedenken bezüglich des Visums spielen in Deutschland eher eine untergeordnete Rolle. Es wird vermutet, dass Unternehmen den Visumsprozess nicht direkt als größte Herausforderung wahrnehmen, da viele Firmen sich nicht bewusst sind, welche Probleme und Herausforderungen bei der Visumsbeantragung auf sie zukommen könnten. Dies kann eventuell durch die Einfachheit von Visa für deutsche Staatsbürger erklärt werden. So konnten wir in Gesprächen mit unseren Kollegen aus Ägypten und Indien herausfinden, dass die Unternehmen dort deutlich größere Probleme beim Visum erwarten. Diese sind zum Teil auch berechtigt, da in beiden Ländern Personen aus bestimmten Ländern eine Einreise verwehrt bekommen. In Deutschland hingegen können, dank der Zusammenarbeit zwischen AIESEC und der Zentrale für Auslands- und Fachvermittlung (ZAV) sowie der damit verbundenen unkomplizierten und schnellen Beantragung von Arbeitserlaubnissen, die Bedenken meist im ersten Gespräch mit dem Unternehmen geklärt werden.

Die Sprachbarriere wurde für Deutschland als weiterhin die größte Herausforderung bei der Einstellung eines ausländischen Praktikanten identifiziert. In mehreren Gesprächen mit Geschäftsführern, Personalverantwortlichen und Abteilungsleitern wurde dabei deutlich, wie wichtig die deutsche Sprache immer noch im Geschäftsalltag für sie ist. Dabei sind Firmen, die auf lokaler und nationaler Ebene operieren, häufig auf die deutsche Sprache angewiesen. Dies führt dazu, dass internationale Praktikanten für Rollen mit Kundenkontakt überhaupt nicht in Betracht gezogen werden können. Zusätzlich wird in den Firmen selbst Wert auf eine Kommunikation in deutscher Sprache gelegt, weshalb viele Firmen einen ausländischen Praktikanten ohne fließende Deutschkenntnisse nicht einstellen. Unserer Erfahrung nach wird sich jedoch deutlich häufiger für einen internationalen Praktikanten entschieden, sobald der Entscheidungsträger sich auch ohne Herausforderungen auf Englisch verständigen kann. Es konnte zudem beobachten werden, dass mehrere Firmen sich gerade wegen fehlender Englischkenntnisse für einen internationalen Praktikanten entscheiden, um die Sprachfähigkeit von sich selbst und ihrem Team zu verbessern.

Insbesondere der Faktor Sprache entscheidet, ob eine kulturelle Integration in der Firma erfolgreich verläuft. Einige Firmen, mit denen AIESEC bereits in Kontakt stand, sehen die kulturelle Integration von bestimmten Herkunftsländern als besonders große Herausforderung. Dabei spielen bereits gemachte Erfahrungen eine große Rolle. Durch missglückte Versuche, Personen in das Unternehmen zu integrieren, führt dies in einigen Fällen zu einer generellen Ablehnung von internationalen Praktikanten. Im Gegensatz dazu führen positive Erfahrungen mit bestehenden oder ehemaligen ausländischen Mitarbeitern zu einer deutlich größeren Bereitschaft, internationale Praktikanten aufzunehmen.

Zusammengefasst sind all diese Herausforderungen einige der Gründe, weswegen sich Personen bei AIESEC engagieren. Durch die Vermittlung und Betreuung, die AIESEC in Deutschland anbietet, sollen genau diesen Herausforderungen bei der Rekrutierung von internationalen Praktikanten begegnet werden. Durch die gemeinsame Bedarfsanalyse, Unterstützung durch die Beantragung der Arbeitsgenehmigung, relativ niedrige Kosten im Vergleich zu einer festangestellten Fachkraft, finanzielle Unterstützung des Praktikanten bei Sprachkursen und die gemeinsame Integration in die Gesellschaft durch Aktivitäten in Deutschland, sollen die Praktikanten mit so wenigen Herausforderungen wie möglich assoziiert werden.

17.6 Einflüsse von internationalen Praktika

In diesem abschließenden Teil wird nun noch genauer auf die kurz- sowie langfristigen Auswirkungen für Unternehmen und die Gesellschaft durch das Rekrutieren von internationalen Praktikanten eingegangen. Dabei wird sich auf die Themen Diversität, Deutschland als Wirtschaftsstandort und das Rekrutieren von AIESEC-Mitgliedern konzentriert.

Durch die Einstellungen von internationalen Praktikanten, erhöht sich die Diversität in Unternehmen (Abschn. 17.4.1). Dabei bietet Diversität Unternehmen eine Chance, sich langfristig gegenüber ihrer Konkurrenz abzugrenzen und erfolgreicher zu agieren. In einer Studie wurden die Ergebnisse und der finanzielle Erfolg von über 1000 Unternehmen verglichen. Dabei wurde deutlich, dass Unternehmen, die diverse ethnische Hintergründe und verhältnismäßig mehr Frauen in Managementposition besitzen, im Vergleich zum Industriedurchschnitt deutlich bessere finanzielle Ergebnisse als ihre Konkurrenz erzielten [11]. In einer vorherigen Studie wurden bereits mehrere Punkte als mögliche Ursache für dieses Ergebnis identifiziert. Einer davon ist die Vergrößerung des Talentpools. Dieser Punkt kann aktiv durch die Rekrutierung von internationalen Praktikanten angegangen werden. Unserer Vermutung nach und basierend auf persönlichen Erfahrungen könnten internationale Praktikanten auch dabei helfen, die weiteren Punkte wie Entscheidungsprozesse, Kundenorientierung, Unternehmenswahrnehmung und Mitarbeiterzufriedenheit im Unternehmen zu verbessern [10].

Der Einfluss, den internationale Praktikanten auf Unternehmen haben können, spielt auch aus makroökonomischer Perspektive eine große Rolle. So beschreibt eine Studie der Bertelsmann Stiftung wie Deutschland bis 2060 jedes Jahr eine Zuwanderung von 260.000 Personen aus dem Ausland benötigt, um die Erwerbstätigkeit zu decken [6]. Der Zuzug durch internationale Praktikanten kann dabei natürlich helfen. Dabei besitzt insbesondere Deutschland den Vorteil, dass das Land als zweitbeliebtestes Ziel für ausländische Fachkräfte auf der Welt angesehen wird. Diese Beliebtheit wird dabei nur von den Vereinigten Staaten von Amerika übertroffen. Dadurch kann sich Deutschland als attraktives Ziel für die verschiedensten Nachwuchstalente auf der Welt positionieren. Ein weiterer Beleg dafür ist, dass Deutschland die meisten Bewerbungen aus dem Ausland auf der internen AIESEC Plattform für Praktika erhält [3]. Dies führt unserer Erfahrung nach teilweise soweit, dass die Personen ihr Studium nach dem herrschenden Bedarf in Deutschland bzw. Europa richten. Daher bieten internationale Praktika die Chance für Deutschland, in den Themen Migration und Digitalisierung die benötigten Talente anzusprechen und langfristig zu binden.

Internationale Praktikanten bieten auch die Möglichkeit, gezielt AIESEC Talente anzusprechen und zu binden. Durch das ehrenamtliche Engagement bietet AIESEC den Mitgliedern bereits neben dem Studium die Möglichkeit, Fähigkeiten zu entwickeln, die gezielt auf einen späteren Berufseinstieg vorbereiten sollen. In einer vom Trendence Institut durchgeführten Studie wurden daher 360 AIESEC Mitglieder mit anderen Studenten und Absolventen verglichen. Dabei wurde offensichtlich, dass AIESECer deutlich offener gegenüber internationalen und mobilen Arbeitsplätzen sind. Des Weiteren sind ihre Erwartungen an das Gehalt mit ca. 6000 € im Vergleich zu den durchschnittlichen Erwartungen von männlichen Befragten an das Einstiegsgehalt deutlich geringer. Jedoch sind die Erwartungen an die dafür geleisteten Arbeitszeiten höher als bei den durchschnittlichen Erwartungen der Frauen. Schlussendlich ist für AIESECer insbesondere ein Arbeitsumfeld interessant, das eine möglichst herausfordernde aber auch für die persönliche Weiterentwicklung passendes Umfeld bietet [12].

Da diese Talente meist in einem internationalen bzw. professionellen Kontext Erfahrungen sammeln konnten, sind Firmen daran interessiert, diese Personen auch in ihr Unternehmen zu rekrutieren. Damit dieses Ziel erreicht werden kann, investieren die Unternehmen, um ihre Arbeitgebermarke auch im Netzwerk bekannter und attraktiver darzustellen. Dies geschieht in der Hoffnung, mehr Bewerber und insbesondere mehr AIESEC Talente durch internationale Praktika für das Unternehmen zu erhalten.

Fazit

Schlussendlich wollen wir Unternehmen weiterhin ermutigen, ausländischen Praktikanten die Möglichkeit zu geben, ein Praktikum zu absolvieren. Wir sind überzeugt, dass es für alle Beteiligten eine wertvolle Möglichkeit bietet, sich weiterzuentwickeln und Nutzen zu schaffen. Daher hoffen wir, dass sich jedes Unternehmen durch die Darstellung der Herausforderungen und die Fallbeispiele die Frage stellen kann, in welchen Bereichen ein internationaler Praktikant einen Mehrwert schaffen kann. ◀

Literatur

1. AIESEC Deutschland. (2018). AIESEC Jahresbericht 2017/18.
2. AIESEC International. (2017). Youth global employability report. https://status.aiesec.org/files/YGER_Report.pdf. Zugegriffen: 26. Mai 2019.
3. AIESEC in Egypt. Bewerberzahlen von dem Zeitraum 01.08.2018 bis 30.04.2019. https://core.aiesec.org.eg. Zugegriffen: 26. Mai.2019
4. AIESEC International. (2018). Global annual report 2017–2018. https://issuu.com/aiesecinternational/docs/aiesec_global_annual_report_17.18.c. Zugegriffen: 26. Mai 2019.
5. AIESEC International. (2019). The AIESEC history book. https://issuu.com/aiesecinternational/docs/aiesec_history_book. Zugegriffen: 26. Mai 2019.
6. Bertelsmann Stiftung. (2019). Zuwanderung und Digitalisierung. https://www.bertelsmannstiftung.de/fileadmin/files/Projekte/Migration_fair_gestalten/IB_Studie_Zuwanderung_und_Digitalisierung_2019.pdf. Zugegriffen: 26. Mai 2019.
7. The Boston Consulting Group. (2018). Decoding global talent. https://image-src.bcg.com/Images/BCG-Decoding-Global-Talent-2018-Jun-2018_tcm9-207928.pdf. Zugegriffen: 26. Mai 2019.
8. Bundesministerium für Bildung und Forschung. (2019). Welche Bedarfssätze sieht das BAföG vor? https://www.xn--bafg-7qa.de/de/welche-bedarfssaetze-sieht-das-bafoeg-vor--375.php. Zugegriffen: 26. Mai 2019.
9. The Erasmus Annual Report. (2019). Erasmus annual report factsheets Germany. https://ec.europa.eu/programmes/erasmus-plus/resources/documents/erasmus-annual-report-factsheets-germany_en. Zugegriffen: 26. Mai 2019.
10. McKinsey & Company. (2015). Diversity matters. https://www.mckinsey.com/~/media/mckinsey/business%20functions/organization/our%20insights/why%20diversity%20matters/diversity%20matters.ashx. Zugegriffen: 26. Mai 2019.
11. McKinsey & Company. (2018). Delivering through diversity. https://www.mckinsey.com/~/media/mckinsey/business%20functions/organization/our%20insights/delivering%20through%20diversity/delivering-through-diversity_full-report.ashx. Zugegriffen: 26. Mai 2019.
12. Trendence Report. (2016). AIESEC Sonderauswertung Business. https://drive.google.com/file/d/0B5LJj3OkHfw1ZWZKS2tueEh1czQ/view?usp=sharing. Zugegriffen: 27. Mai 2019.

Eva Wittenzellner, geboren 1993, war Teil der Studentenorganisation AIESEC und dort Mitglied des deutschen Vorstandes im Bereich Business Development. In dieser Rolle arbeitete sie mit verschiedenen Unternehmen in Deutschland (von Start-Ups bis DAX30-Konzernen) im Bereich Nachwuchsförderung und Personalgewinnung zusammen. Der Fokus lag dabei auf der Rekrutierung internationaler Praktikanten für die Standorte in Deutschland sowie der Vermittlung von Auslandsaufenthalten für Nachwuchsführungskräfte. Während ihrer akademischen Ausbildung erlangte sie einen Bachelor in International Business an der TH Nürnberg sowie einen Master in Personalmanagement an der OTH Regensburg. Daneben war sie als Praktikantin und Werkstudentin in der Personal- und Organisationsentwicklung im In- und Ausland tätig. Nach ihrer Rolle im Bundesvorstand von AIESEC trat sie als Consultant für Change Management & Organisationsentwicklung in einer großen Managementberatung ein.

Torben Dreusicke, 1996 im Schwarzwald geboren, war Teil des deutschen sowie globalen Vorstandes für AIESEC. Dabei arbeitete er eng mit Exekutiven aus Konzernen und mittelständischen Unternehmen zusammen, wodurch neue Initiativen rund um die Zukunft der Arbeit entstanden, die insbesondere junge Nachwuchsführungskräfte betreffen. Neben seiner Arbeit absolvierte Torben sein Studium an der Otto von Guericke Universität Magdeburg und Maastricht Universität im Bereich der Internationalen Betriebswirtschaftslehre. Durch seinen Beruf und das Studium konnte Torben Dreusicke mehr als 35 Länder bereisen und an der General Assembly der Vereinten Nationen im Jahr 2019 teilnehmen.

Interessante weiterführende Quellen zum Thema 18

Marcel Rütten und Kristina Bierer

Inhaltsverzeichnis

18.1 Arbeitshilfen 249
18.2 Auslandspraktika und Freiwilligendienste 250
18.3 Jobbörsen 251
18.4 Blogs 251
18.5 Veranstaltungen 252

18.1 Arbeitshilfen

Bevor Arbeitgeber damit beginnen, ein Praktikumsangebot in ihren Unternehmen zu schaffen, geht es darum, die Basis dafür zu schaffen. Dabei muss man das Rad natürlich nicht neu erfinden, sondern kann sich bei offiziellen Stellen wie dem Bundesministerium für Arbeit und Soziales, den örtlichen oder regionalen IHKn oder bei Arbeitgeber- und Berufsverbänden informieren. Dort gibt es bereits umfassende (rechtliche) Informationen, Handlungsempfehlungen und Arbeitshilfen, die den Start deutlich erleichtern.

M. Rütten (✉)
HR4Good, Duisburg, Deutschland
E-Mail: marcel.ruetten@hr4good.com

K. Bierer
CLEVIS GmbH, München, Deutschland
E-Mail: k.bierer@clevis.de

M. Rütten und K. Bierer (Hrsg.), *Future Talents*,
https://doi.org/10.1007/978-3-658-33023-1_18

Bundesministerium für Arbeit und Soziales
Das Bundesministerium für Arbeit und Soziales (BMAS) bietet auf seinen Seiten neben einem Praktikumsleitfaden für Unternehmen eine Vielzahl weiterer Publikationen und News rund um das Thema Praktikum. Außerdem finden Sie dort aktuelle Gesetzesänderungen sowie arbeitsrechtliche Informationen.

Fair Company
Auch wenn die Zeiten der „Generation Praktikum" lange vorbei sind und zumindest das Gehalt mittlerweile deutlicher gesetzlich geregelt ist, sind die Guidelines der größten Arbeitgeberinitiative Deutschlands nicht weniger wichtig. Unternehmen finden dort Richtlinien, wann es beispielsweise noch fair ist, Absolvent:innen überhaupt ein Praktikum anzubieten.

IHK
Die allermeisten Industrie- und Handelskammern bieten ihren Mitgliedsunternehmen ein umfassendes Angebot an Arbeitshilfen und Templates an. So finden sich dort häufig Musterverträge und Leitfäden oder aber ganze Praktikumsbörsen.

18.2 Auslandspraktika und Freiwilligendienste

Viele junge Talente nutzen die Möglichkeit, neue Perspektiven zu erfahren und neue Kompetenzen zu erlernen, indem sie vor, während oder nach dem Studium ein Auslandspraktikum machen oder an einem Freiwilligendienst teilnehmen. Die drei relevantesten Angebote in diesem Bereich sind AIESEC, kulturweit und weltwärts:

AIESEC
AIESEC ist eine internationale Austauschorganisation, die Praktika und Freiwilligenprojekte für junge Menschen im Ausland vermittelt.

kulturweit
kulturweit ist der internationale Freiwilligendienst in der Auswärtigen Kultur- und Bildungspolitik. Der Kultur-Freiwilligendienst der Deutschen UNESCO-Kommission bietet Menschen zwischen 18 und 26 Jahren die Möglichkeit, sich für ein halbes oder ganzes Jahr in Bildungs- und Kultureinrichtungen weltweit zu engagieren.

weltwärts
weltwärts ist der entwicklungspolitische Freiwilligendienst des deutschen Bundesministeriums für wirtschaftliche Zusammenarbeit und Entwicklung (BMZ) und der zivilgesellschaftlichen Organisationen. Der Lerndienst richtet sich an Menschen im Alter von 18 bis 28 Jahren, in Form eines Auslandaufenthaltes, der das Ziel hat, entwicklungspolitisches Engagement, Globales Lernen und Begegnung auf Augenhöhe zu stärken.

18.3 Jobbörsen

Praktika werden nahezu in jeder generalistischen Stellenbörse ausgeschrieben. Es gibt jedoch auch Spezialjobbörsen, die sich explizit an Praktikant:innen und Studierende wenden. Hier finden Sie eine Auswahl der relevantesten Portale in Deutschland:

Campusjäger
Die Plattform Campusjäger ist nicht nur eine Spezialjobbörse, die sich an junge Talente richtet, sondern gleichzeitig auch noch eine studentische Jobvermittlungsplattform.

Meinpraktikum.de
Die Talentplattform meinpraktikum.de ist vermutlich die größte Spezialjobbörse, die sich explizit an Praktikant:innen richtet. Sie bietet neben Praktikumsausschreibungen und Arbeitgeberprofilen von Praktikumsgebern auch Wissenswertes über Praktika und Co. sowie die Möglichkeit für Praktikant:innen, ihre aktuellen oder ehemaligen Praktikumsgeber zu bewerten.

Praktikum.info
Praktikum.info ist ebenfalls eine Spezialjobbörse für Praktikant:innen und bietet neben Stellenanzeigen für Praktika auch noch Onlinemarketing-Lösungen für das Employer Branding sowie Auditierungen und Zertifizierungen für Praktikumsgeber.

18.4 Blogs

In der Flut der HR-Blogs im deutschsprachigen Raum gibt es eine Vielzahl von Blogs, die sich immer wieder der Gewinnung von jungen Talenten widmen. Die Liste lässt sich daher unendlich fortführen. Hier finden Sie daher eine Auswahl von Blogs, die sie unbedingt verfolgen sollten, wenn Sie frühzeitig die Trends in dem Bereich kennenlernen möchten:

HR4Good
Der Blog HR4Good des Herausgebers Marcel Rütten beschäftigt sich mit Ideen, Innovationen und Trends im Personalmanagement und behandelt vielfach das Thema Future Talents.

Recrutainment
Jo Diercks stellt in seinem Blog Recrutainment neben vielen anderen spannenden HR Themen in aller Regelmäßigkeit immer wieder praktische Cases vor, wie man junge Talente mit Online Assessments begeistern kann.

Saatkorn
Gero Hesse zählt mit Saatkorn zu den Pionieren der deutschen HR-Blogger:innen-Szene. Auch wenn es die Plattform schon weit über zehn Jahre gibt, hat diese nichts an Aktualität eingebüßt. Ganz im Gegenteil: Regelmäßig werden zum Beispiel Kampagnen oder HR-Startups vorgestellt, die den Lesern neue Trends im Employer Branding und Personalmarketing näherbringen.

Team HR
Melanie Marquardt und Maren Kaspers vom Team HR beschäftigen sich seit vielen Jahren mit Employer Branding und Personalmarketing jüngerer Zielgruppen. Oft behandeln sie in ihrem Blog das Thema Azubimarketing. Gerade wenn es um das Thema Social Media Recruiting geht, haben die beiden immer ein gutes Gespür dafür, was junge Zielgruppen ansprechen kann.

18.5 Veranstaltungen

Neben einem reichen Informationsangebot im Internet gibt es natürlich auch noch Präsenzveranstaltungen, die für alle Personaler:innen relevant sind, die auf der Suche nach Future Talents sind. Die Corona-Pandemie hat zwar dazu geführt, dass viele Veranstaltungen nicht (mehr) stattfinden konnten. Viele Veranstalter haben daher zusätzlich den Weg in die Onlinewelt gesucht, sodass viele Veranstaltungen ausschließlich oder zusätzlich als Onlineformat angeboten werden.

Absolventenkongress
Der Absolventenkongress ist eine Karrieremesse, die sich an Student:innen, Absolvent:innen und Berufseinsteiger:innen mit maximal drei Jahren Erfahrung im Job richtet. Nachwuchstalente finden auf den Veranstaltungen Angebote der unterschiedlichsten Arbeitgeber zu Praktikums- oder Werkstudentenstellen, Traineeprogramme, Direkteinstiege oder Stellen mit erster Führungsverantwortung.

Future Talents Forum
Das Future Talents Forum ist die jährliche Leitkonferenz zum Thema Praktikant:innen. Veranstalter ist die CLEVIS GmbH, die seit 2012 jährlich zu diesem Event einlädt und dort die Ergebnisse des Future Talents Reports vorstellt. Das Future Talents Forum ist ursprünglich aus dem Tag der Praktikanten hervorgegangen.

HR Tec Night
Die HR TEC Night ist eine Mischung aus kurzweiligen Learning Events und eine Plattform, auf der HR Technologie für jedermann greifbar wird und jeder unkompliziert die Chance bekommt, mit seiner persönlichen Geschwindigkeit seinen Wissensstand zu

erhöhen. Häufig werden hier Themen vorgestellt, die Personaler:innen zeigen, wie sie junge Talente für sich gewinnen, zum Beispiel indem sie neue Technologien nutzen.

Marcel Rütten ist seit über einem Jahrzehnt im Personalmanagement tätig und verantwortet seit 2020 als Global Director Talent Acquisition & Employer Branding bei PACCOR die Personalgewinnung des international ausgerichteten Konzerns. Zuvor konnte er bereits vielseitige Erfahrungen in verschiedenen Unternehmen vom Global Player bis zur NGO sammeln und hat durch seine Arbeit das Recruiting, Personalmarketing und Employer Branding in Deutschland über viele Jahre mitgeprägt. In seinem Blog HR4Good schreibt er über Ideen, Innovationen und Trends im Personalmanagement. Seine Konzepte im HR-Bereich wurden bereits mehrfach ausgezeichnet.

Kristina Bierer ist seit 2010 bei der CLEVIS GmbH tätig und vom ersten Tag an für das Thema Future Talents zuständig. In den vergangenen zehn Jahren hat sie den Future Talents Report zur größten, regelmäßigen Befragung zu allen Themen rund um die Nachwuchskräfte der nächsten Generationen aufgebaut und kennt wie wenig andere die Zielgruppe, die sie als Game Changer im Fokus der Digitalisierung beschreibt. Als Projektleiterin und Partnerin bei der CLEVIS GmbH leitet sie außerdem erfolgreich Projekte rund um die Digitalisierung und Transformation von zukunftsfähigen HR-Prozessen und betreut Kunden verschiedenster Branchen und Größen von der Konzeption bis zur Umsetzung.

Printed by Printforce, the Netherlands